We are Open In September.

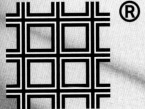 ®

인천광역시 서구 봉오대로 270,
303동 140~142호
(가정동, 루원시티 2차 SK리더스뷰)

더 머서리 오리지널 가죽 줄자.

Germany 독일

인기 수예점 '더 머서리(Die Mercerie)' 10주년 기념

녹음이 우거진 프랑스풍 아틀리에 입구.

독일 제3의 도시인 뮌헨 중심가에 인기 수예점 더 머서리(Die Mercerie)가 있습니다. 더 머서리는 뮌헨 중앙역에서 지하철 U반(U-Bahn)으로 3분, 걸어서 1분 거리에 위치해 접근성이 좋고, 한적한 분위기를 자아내는 거리의 한편에 있습니다.

가게 안에는 미국, 스위스, 이탈리아, 프랑스, 덴마크, 일본과 세계 곳곳에서 건너온 고품질의 털실이 30개 브랜드나 갖춰져 있고 귀여운 영국 자수용품, 그 밖의 수예용품을 벨기에산 앤티크 가구에 진열해놓았어요. 니브라 자비네 점장의 취향과 감각이 넘치는 제품과 더불어 지속 가능한 미래를 위한 '지속 가능 상품' 제공과 공급자 선별에도 신경을 썼습니다. 가게에서 취급하는 울 공급자 대다수는 수작업으로 제품을 생산하며 대부분의 실은 손염색하는 등 전통 기법을 유지하는 소규모 가족 회사를 경영하고 있습니다.

가게 내부에는 카페도 있어서 차와 수제 케이크를 즐기면서 뜨개질하거나 우아하고 편안한 공간에서 아이디어를 교환하면서 작품 구상의 새로운 영감을 얻을 것

행복한 공간을 만끽할 수 있는 가게 안쪽의 카페. 드롱기 커피와 수제 과자를 즐길 수 있다.

같습니다. 프렌치 컨트리풍의 아틀리에는 1902년에 지어진 마구간을 수리한 것입니다. 여기에서 입문자부터 상급자까지 손뜨개, 자수 교실은 물론 저명한 디자이너의 워크숍을 개최합니다. 2023년 3월에 10주년을 기념해 '10가지 실을 사용한 톱다운 스웨터' 워크숍을 열었습니다.

이렇게 매력이 넘치는 더 머서리는 독일을 비롯해 해외에서도 손님이 찾아와 교류와 만남의 장이 되기도 합니다. 자비네 점장은 "손뜨개는 단순히 실을 이어 뜨기만 하는 게 아니에요. 색과 다양한 소재를 사용해 무한한 가능성으로 넘치는 세계에 빠져드는 거지요"라고 말합니다.

수공예품 시장에 새바람을 불러일으켜 현재 트렌드와의 접점을 만들고 싶다는 비전을 실현한 지금, 앞으로도 더 머서리를 찾는 많은 사람이 다양한 세계를 발견해 나가겠지요.

취재／플뢰겔 아키코
주소 : Nymphenburger Str.96, 80636 Munich
URL : https://diemercerie.com
YouTube : Die Mercerie
Instagram : diemerceriemuenchen

알록달록한 색상에 풍성한 상품 구성으로 두근거림이 멈추지 않는다.

오른쪽／수업과 워크숍이 열리는 공간. 오른쪽 아래／내추럴 모던 스타일의 더 머서리. 실로 칭칭 감아놓은 자전거가 눈길을 끈다. 왼쪽 아래／니브라 자비네 점장.

Taiwan 타이완
타이완의 손뜨개 풍경에 새바람을 일으키다

위／레트로 감성이 넘치는 가게 내부.
아래／팅 사장이 직접 뜬 여러 샘플.

타이완의 어딘가 향수를 자극하는 거리에 나타난 세련된 털실 가게 '직물학(織物學)– Ting Knitting'. 직물(織物)은 중국어로 뜨개를 가리킵니다.

천장이 높아 탁 트인 가게 내부에는 앤티크 가구가 놓여 있어 공간이 아늑합니다. 손염색실 애호가를 자처하는 팅(Ting) 사장은 시스템엔지니어 출신입니다. 어릴 적에 잠깐 해봤다는 손뜨개, 어른이 돼서 선물을 뜨려고 다시 시작했다고 합니다. 이로써 손뜨개와 '운명적으로 재회'해 그 후 세계 곳곳의 니트 페스티벌과 털실 가게를 방문하면서 구상을 다듬어가다가 2019년 타이완에 가게를 열었습니다.

이런 팅 사장의 감각으로 채워진 가게 내부에서 손염색실 코너가 유달리 눈길을 끕니다. 오픈 초기, 취급 브랜드 선택에 시행착오를 겪으며 고전했지만, 손염색실이 지닌 아름다움과 예술성, 배경 스토리를 니터에게 전하고자 하는 마음에서 결국 자신이 만족할 만한 브랜드를 골랐다고 합니다. 타이완에서는 주로 일본식 도안으로 뜨지만, 최근에는 영문 패턴이 인기를 끌면서

센스가 빛나는 앤티크 가구와 털실 셀렉션.

외국의 컬러풀한 손염색실과 소재로 무엇을 어떻게 뜨면 좋을지 조언을 구하기 위해 재방문하는 사람도 많답니다.

코로나19가 종식되면서 타이, 싱가포르, 말레이시아, 한국, 일본 같은 아시아 국가와 유럽, 미국 등지에서 온 손님들도 보입니다. 해외 방문객이 타이완에서 뜨개실을 사고 싶을 때 맨 처음 떠오르는 가게가 되기를 바란다는 팅 사장의 시야는 세계를 무대로 하고 있었습니다. 몇 년 전, 에딘버러 얀 페스타에서 경쟁 상대가 분명한 털실 가게들이 서로 동료로서 돕는 모습에 감명받은 팅 사장은 코로나19라는 어려운 상황에서도 지인과 협력해 타이완판 미니 버전의 얀 페스타를 성공적으로 개최했습니다.

타이완 니터들에게 새로운 설렘과 즐거움을 전파하는 '직물학'. 타이완 손뜨개계에서 태풍의 눈 같은 존재로 눈을 뗄 수 없을 것 같습니다.

취재/이토 마미(Chappy Yarn)
https://shop.tingknitting.design/(織物學)

Germany 독일
세계 수예 현황, 유럽 편

위／프림 부스를 방문해 인터뷰하는 노르웨이 니터 듀오, 아르네 & 카를로스. 아래／메인 출입구에 걸린 현수막.

2019년에 발생한 코로나19, 이제는 유럽에서도 각종 규제를 완화해 코로나19 이전의 일상으로 돌아가고 있습니다. 그런 상황에서 3월 31일부터 4월 2일까지 유럽 최대 규모의 수예전시회 'h+h cologne'가 독일 쾰른에서 열렸습니다.

'h+h'란 handarbeit(핸드아르바이트, 수예)와 hobby(취미)라는 의미로 handarbeit를 일본 수예업계 관계자들은 '한다바이트'라고 부릅니다.

유럽은 물론 미국, 아시아, 오세아니아 지역에서 많은 수예 팬이 찾아와 오래간만에 열린 전시회를 즐겼습니다.

독일은 유럽에서도 손꼽히는 수예 왕국입니다. 이번 페어에서도 레이스 뜨기, 자수, 니팅, 펠트 공예 등 다양한 장르의 유럽 수예 제조사를 비롯해 아시아 제조사도 전시회에 참여했습니다.

그중에서도 프림(Prym) 부스가 유난히 눈길을 사로잡았습니다. 알 만한 사람은 다 아는 제조사지만 실제로 세계 최대 수예 브랜드인 프림의 부스는 남달랐습니다. DMC, addi, Gütermann, Mettlar 같

은 유명한 브랜드와 아직 잘 알려지지 않은 브랜드도 많이 참여해, 관람객은 새롭게 선보이는 상품을 체험하면서 즐기는 모습이었습니다.

취재/오쓰카 다케히토

오른쪽／프림 부스 안쪽 전시품. 오른쪽 아래／신제품 체험 코너는 대성황이었다. 왼쪽 아래／니트 팬이 뜬 뜨개바탕으로 꾸민 귀여운 친퀘첸토 자동차.

Knit Wit ®

Do Knit, Be Witty.

털실타래 keitodama 2023 vol.5 [가을호]
Contents

아름답고 실용적인
건지 니트

… 8

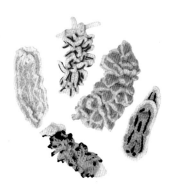

아름답고 실용적인
건지 니트
Guernsey Knit

영국 해협의 채널 제도에 속한 건지섬에서 유래한 피셔맨 스웨터. 단순한 겉뜨기와 안뜨기를 조합해 만든 정밀한 무늬, 뜨기 쉽고 입기 편하게 고안된 합리적인 형태. 영국 동부 해안가의 항구 도시에서 뜨던, 실용적인 어부의 스웨터로서 발달한 건지 니트는 쓰임의 미를 잘 구현하고 있습니다.

photograph Shigeki Nakashima styling Kuniko Okabe,Yuumi Sano hair&make-up Hitoshi Sakaguchi model Anna(173cm),Henri(180cm)

조금 빛바랜 듯한 세이지그린이 아름다운 풀오
버는 본고장 영국의 건지 얀으로 떴습니다. 채
널 제도의 기초코, 원형으로 뜨는 몸판, 겨드랑
이 아래의 거싯, 목둘레의 단추 트임과 같은 전
통을 살리면서 중앙에 무늬를 크게 배치해 새로
움을 더했습니다.

Design／가와이 마유미
Knitter／오키타 기미코
How to make／P.118
Yarn／프랑지파니 5플라이 건지 울

'피시맨스 아이언(어부의 철)'이라 불린 남색은 건지 니트를 상징하는 색입니다. 무늬가 뚜렷이 나타나는 5플라이 건지 얀으로 뜨는 것이 기본입니다. 착용감과 내구성을 높이는 겨드랑이 아래의 거싯, 일직선의 목둘레에 숄더 스트랩을 뜨면서 앞뒤 몸판을 잇는 방법도 압권입니다.

Design／바람공방
How to make／P.120
Yarn／프랑지파니 5플라이 건지 울

앞뒤 몸판을 원형으로 뜨는 전통은 지키며 낙
낙한 실루엣의 입기 쉬운 사이즈로 완성했습니
다. 베이직한 회색 실로 뜬 스웨터는 남녀노소
누구에게나 잘 어울립니다.

Design／YOSHIKO HYODO
Knitter／구라타 시즈카
How to make／P.116
Yarn／다이아몬드케이토 다이아 에포카
Glasses／글로브 스펙스 에이전트

드라마틱한 붉은색으로 도시적인 어레인지를
한 풀오버. 겉뜨기와 안뜨기 무늬가 무심하게
존재감을 뽐냅니다. 영국 양털을 사용한 실은
적당한 굵기로 얇게 완성되므로 부해 보이지 않
고 날씬한 핏을 연출합니다.

Design／시바타 준
How to make／P.122
Yarn／다이아몬드케이토 다이아 타탄

어부의 작업복으로 만들어진 건지 니트는 요크
아래에는 무늬가 없는 경우도 많지만, 이번에는
색다르게 디자인해봤어요. 요크의 헤링본 무늬
의 겉뜨기와 안뜨기를 뒤바꿔 세로로 배치해
변화를 줬지요. 세트로 뜬 스누드(넥워머)를 더
해서 터틀넥처럼 입어도 예쁘답니다.

Design／가사마 아야
How to make／P.115
Yarn／데오리야 모크 울 B
Glasses／글로브 스펙스 에이전트

어부에게 꼭 필요한 밧줄을 본뜬 꽈배기무늬 또한 건지 니트에 쓰입니다. 계단을 나타내는 무늬와 조합해 옛 그대로 몸에 딱 맞게 떴지만, 몸판을 원형으로 뜨고 겨드랑이 아래에 거싯을 만든 다음 목 쪽에는 단추 트임을 만들어 착용하기 쉽습니다.

Design／하라다 카산드라
Knitter／스기우라 유키에
How to make／P.124
Yarn／데오리야 모크 울 A

입고 벗기 편한 카디건은 깊은 가을색으로 비침무늬를 떠서 경쾌함을 가미했어요. 요크의 무늬와 드롭 숄더에 건지 니트의 특징을 남겼습니다. 고풍스러운 느낌을 주지 않는 무난함도 멋져요.

Design／기시 무쓰코
How to make／P.126
Yarn／스키 얀 스키 프로일라인

16

단순하고 아름다운 연속무늬를 만끽할 수 있는
풀오버. 바텀업 니트에 사용한 채널 제도의 기
초코는 장식성과 더불어 해지기 쉬운 밑단의 내
구성을 높여줍니다.

Design／다케다 아쓰코
Knitter／마쓰노 가오리
How to make／P.128
Yarn／스키 얀 스키 UK 블렌드 멜란지

여유 있는 롱 카디건은 화사한 라임색을 사용
해 인상적이에요. 큼직한 지그재그 무늬와 작은
다이아몬드 무늬, 격자무늬와 바둑판무늬, 소매
에는 꽈배기무늬, 겨드랑이 아래에는 삼각형 거
싯을 넣어 자연스럽게 변화를 주어서 뜰 때도
지루하지 않습니다.

Design／이토 나오타카
How to make／P.129
Yarn／나이토상사 브란도

궁극의 베이직 아이템이라고도 할 수 있는 베스트는 스타일링에 따라 돌려 입기 좋습니다. 정장이나 캐주얼 어느 쪽에나 잘 어울립니다. 어깨 외에 연결할 부분이 없는 베스트는 편하게 마음먹고 뜰 수 있어 좋지요. 애교 있는 모자도 세트로 떠보세요.

Design／쓰마가리 다케히토
How to make／P.131
Yarn／나이토상사 에브리데이 노르웨지아

Glasses／글로브 스펙스 에이전트

19

건지 무늬를 패치워크처럼 어우러지게 해서 패션 아이템으로 승화했어요. 짧은 기장과 긴 소매의 밸런스도 멋지네요. 겉뜨기와 안뜨기가 자아내는 조화를 즐기며 스타일리시하게 입을 수 있어요.

Design／오카모토 마키코
How to make／P.136
Yarn／올림포스 시젠노쓰무기(병태)

차분한 모습이 아름답고 입기 쉬운 베이직 재킷
은 이번 겨울에 크게 활약할 거예요. 편물 전체
에 무늬가 들어가 있지만, 전혀 요란스럽지 않
고 시크하게 입을 수 있는 것은 건지 니트만의
장점일지도 모릅니다.

Design／가마타 에미코
Knitter／이즈카 시즈요
How to make／P.134
Yarn／올림포스 시젠노쓰무기(병태)

열매달 이틀
· knitting studio ·

언제나 나를 위한, 열매달 이틀 첫번째 공간
서울시 마포구 대흥로 175, 신촌그랑자이상가 4동 106호

인스타그램

카카오채널

홈페

노구치 히카루의 다닝을 이용한 리페어 메이크

'리페어 메이크'라는 말에는 수선하지만, 그 작업을 통해 그 물건이 발전하고 진보한다는 생각을 담았습니다.

노구치 히카루(野口光)

'hikaru noguchi'라는 브랜드를 운영하는 니트 디자이너. 유럽의 전통적인 의류 수선법 '다닝(Darning)'에 푹 빠져 다닝을 지도하고 오리지널 다닝 기법을 연구하는 등 다양하게 활동하고 있다. 심혈을 기울여 오리지널 다닝 머시룸(다닝용 도구)까지 만들었다. 저서로는《노구치 히카루의 다닝으로 리페어 메이크》, 제2탄《수선하는 책》등이 있다.
http://darning.net

【이번 타이틀】
작업자를 위한 다닝

before

작업복답게 여기저기
찢어졌어요…

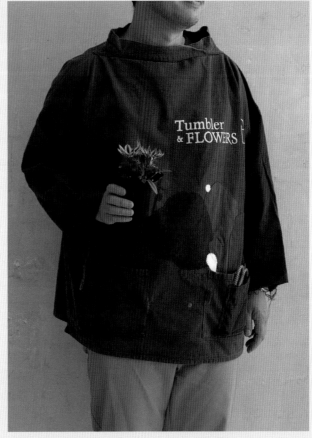

photograph Toshikatsu Watanabe styling Terumi Inoue model Kenichi
instagram : @tumblerandflowers

이번에는 '다닝 디스크'를 사용했습니다.

이번에는 플로리스트 와타라이 도루의 작업복을 수선했습니다. 그는 편집자로 일하다가 플로리스트로 전직했습니다. 꽃꽂이에 관해 잘 모르는 제가 보기에 그의 작품에서는 꽃의 아름다움과 더불어 꽃꽂이로 만든 선과 공간에서 새가 지저귀고 바람이 부는 소리가 들리는 것 같았습니다. 그러한 그의 작업복은 기성복에 직접 로고를 스크린 인쇄해 쓰고 있었습니다.

그는 주 활동지인 가마쿠라의 산에서 나뭇가지나 가위에 베는 탓에 늘 작업복에 흠이 생깁니다. 그에게 요청 사항이 있는지 물었습니다. "가위를 넣는 주머니의 구멍을 와이어로 수선할 수 있나요?" 마침 비즈 공예용 와이어가 있어서 써봤습니다. 꿰매기 힘들지 않아서 다음에도 이번에 새로 발견한 와이어 다닝을 활용할 생각입니다! 가장자리 마무리는 계속 연구해야 할 과제라 그에게 수선한 곳의 변화에 대해 보고를 받으며 기술을 향상하려고 해요. 다닝은 나날이 진보하고 있습니다.

이번에 제안할 옷은 쓱 걸치듯이 입을 수 있어 편리한 아이템.
멋 부린 듯한 느낌도 줄 수 있어 적극 추천합니다!

photograph Shigeki Nakashima styling Kuniko Okabe, Yuumi Sano hair&make-up Daisuke Yamada model Luka(167cm)

페어아일 무늬로 뜨는
풀오버 느낌의 판초

슬슬 추워지기 시작하는 초가을 무렵의 겉옷으로도 편리한 판초. 거기에 소매를 달아 풀오버 느낌으로 완성해봤습니다. 낙낙한 플레어에 소매를 달면 훨씬 웨어러블해집니다.

뜨는 법은 목부터 떠내려가는 방식으로, 앞뒤 차이를 확실히 준 다음 페어아일 무늬로 배색을 넣었습니다. 까다로운 무늬로 느껴질 수 있지만, 배색 부분은 10cm 정도의 폭으로 콧수도 많지 않은 위치에 들어가며 원형뜨기로 겉면만 보고 떠서 자신이 없는 분도 쉽게 도전할 수 있습니다. 배색무늬 부분은 아무래도 코가 오그라들기 쉬우므로 늘리는 방법도 나름대로 궁리했습니다.

내추럴 컬러와 페어아일 무늬라는 유행을 타지 않는 기본 조합이 플레어 판초에 포인트가 되어 무척 만족스럽습니다.

티셔츠나 블라우스, 원피스 위에 레이어드해서 입어보세요.

겉옷과 풀오버의 장점만 합친 듯한 디자인으로
완성해봤습니다. 플레어 판초는 지금 유행하고
있는 소매가 풍성한 블라우스 위에도 여유롭게
입을 수 있습니다. 물론 타이트한 상의 위에 쑥
뒤집어써도 귀엽습니다. 캐주얼한 차림은 물론이
고 플레어의 실루엣은 원피스에도 잘 어울립니
다. 빨리 떠서 많이 입어주세요.

Knitter／이지마 유코
How to make／P.138
Yarnr／다루마 메리노 스타일 '병태'

목둘레 아래의 앞뒤 차
모든 사이즈의 단수는 동일하지만, 늘림코
수를 다르게 했습니다.

배색무늬뜨기
1무늬의 콧수와 넣는 위치를 조절하며
S사이즈부터 1무늬씩 늘렸습니다.

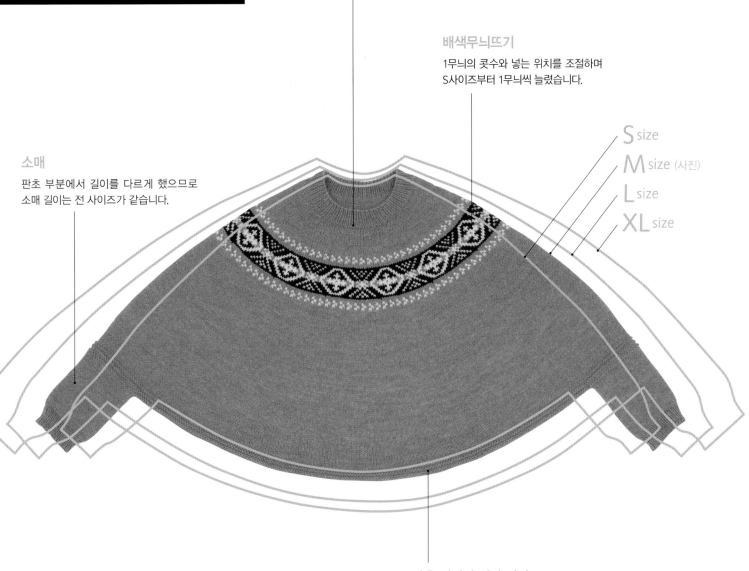

S size
M size (사진)
L size
XL size

소매
판초 부분에서 길이를 다르게 했으므로
소매 길이는 전 사이즈가 같습니다.

판초 길이와 밑단 너비
배색이 끝난 지점의 밑단 쪽 단수를 다르
게 했습니다. 그에 따라 사이즈가 커질수
록 늘림코 횟수가 1회씩 늘어납니다.

michiyo
어패럴 메이커에서 니트 기획 업무를 하다가 지금은 니트
작가로 활동하고 있다. 아기 옷부터 성인 옷까지 여러 권
의 저서가 있다. 현재는 온라인 숍(Andemee)을 중심으
로 디자인을 발표하고 있다.
Instagram : michiyo_amimono

※무늬를 기준으로 한 사이즈이므로 치수 차이는 균등하지 않습니다.

성원에 힘입어 최선을 다해 뜬다
신디 요시에다

photograph Bunsaku Nakagawa text Hiroko Tagaya

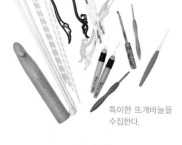

특이한 뜨개바늘을 수집한다.

헤비메탈 뜨개 선수권 참가증.

헤비메탈을 모티프로 한 니트.

해양 생물 해우를 뜰 때 참고한 책.

비늘이 뜨개코처럼 보여서 뜬 왕도마뱀.

신디 요시에다(シンディ・ヨシエダ)
도쿄도 거주. '손뜨개로 뭐든지 만드는' 수예가. '요시에다제작소'라는 이름으로도 활동하고 있다. 재봉부터 기업에서 주문한 작품, 해우까지 뜨는 자유인이다. '나카노 수예부'를 운영했고 라이브 클럽에서 '뜨개 이야기'라는 공연을 하기도 했으며 헤비메탈 뜨개 선수권에도 나가는 등 틀에 얽매이지 않는 활동으로 열성적인 팬을 모으고 있다. 뜨는 행위 자체를 사랑하는 그녀의 꿈은 집을 손뜨개로 감싸는 것이다.
http://yoshieda-seisakujyo.com(요시에다제작소)

이번 게스트는 신디 요시에다입니다. 어릴 적부터 테이블 커버 같은 큰 작품을 떠서 완성하면 실을 풀어 다시 떴다는 타고난 뜨개 애호가입니다.
"다양한 털실을 살 수 있을 것 같아 도쿄에 온 거예요. 자유롭게 살고 싶어서 일정한 직업이 없는 백수가 꿈이었어요(웃음). 그러다가 TV 방송의 인형탈을 만드는 회사와 인연이 닿았죠."
프리랜서인 지금도 인형탈 제작을 본업으로 하고 있습니다.
"니트 작품과 브라이스 인형 등의 인형 옷도 판매하는데, 제 작품을 자주 사던 분이 '나카노 수예부'라는 가게의 오너였고 그분이 가게 점장을 하지 않겠냐고 하더라고요. 그래서 2010년부터 폐점할 때까지 점장으로 일했어요. 2022년에는 1년간 도쿄 신주쿠 2초메에 있는 바에서 한 달에 한 번 '뜨개 바'를 했고요. 손뜨개 하면 건전한 이미지지만 니터 중에는 약간 별난 사람도 있어서 그런 사람들이 즐기러 왔죠." 뜨개 바를 하게 된 계기는 우연히 그 바에 술을 마시러 가서 오너와 이야기를 나누던 중에 한 달에 한 번 점장을 해보지 않겠냐는 권유를 받아서라고 합니다.
"무슨 일을 하냐고 묻길래 그때부터 이미 핀란드 헤비메탈 뜨개 선수권에 나가고 있어서 그 얘기를 했더니 재밌어하더라고요."
헤비메탈 뜨개 선수권은 핀란드의 요엔수라는 도시를 부흥시키려고 그 지역 헤비메탈 밴드의 과제곡에 맞춰 무언가를 뜨는 퍼포먼스를 선보이는 대회입니다. 그녀는 2019년부터 매년 결승에 진출했습니다.

"계기를 따지자면 지인의 라이브 클럽 이벤트에서 부탁받아 유명한 앰프 마샬에서 이름을 따온 '아마샬'이라는 앰프 모양의 뜨개 작품을 사용해 선보인 '뜨개 이야기'라는 퍼포먼스예요. 곡에 맞춰 머리를 흔들며 뜨개질을 하면 아마샬 안에서 뜨개 작품이 나옵니다(웃음). 그즈음에 헤비메탈 뜨개 선수권을 인터넷에서 발견했는데, 음악이랑 뜨개를 합친 거니까 나도 참가해야 하나라고 농담 삼아 리트윗했더니 해보라는 사람들이 의외로 많았어요. 그래서 응모만 해보자 했죠."
이외에도 인터넷 지인들의 성원에 힘입어 열심히 하고 있는 작업이 해우 뜨기입니다. "도감에 실린 해우를 하루에 1마리씩 뜨던 게 팬들 덕분에 999마리가 됐어요. 사람들이 '이제 안 뜨세요?'라고 묻지 않았다면 게으름을 피웠을 거예요." 그녀의 활동을 되돌아보면 모두 '한번 해봐요'라는 목소리에 온 힘을 다해 답한 결과입니다. 그 결과물은 개그맨이 떠오를 만큼 유쾌합니다.
"재미있는 걸 진짜 좋아해요. 글쎄요, 계속 누군가가 던진 화제에 올라타는 거죠(웃음)." 그건 올라탈 수 있는 기술이 있으니까 가능한 일입니다. 해우도 자택 겸 아틀리에를 지키는 왕도마뱀도 도안 없이 뜨면서 구부릴 부분을 조정한다는데 관절과 발끝의 리얼한 모양 등 조형력이 뛰어납니다. "도마뱀은 손뜨개 인형을 시작했을 때 곰이랑 토끼 말고 다른 게 뜨고 싶어서 만들었어요."
뜨개의 다양성. 니트의 이미지와는 거리가 먼 듯한 사물이 뜨개와 융합하는 즐거움. 그녀 덕분에 뜨개는 자유롭다는 걸 알았습니다.

1／우선 100마리로 시작한 해우. 도감을 참고해 떴다. 2／반려묘 토리코가 모습을 보였다. 3／방 중앙에 자리 잡은 오버로크 재봉틀. 3대를 능숙하게 사용한다. 4／도마뱀 같은 파충류를 뜬 시기도 있었다. 중형견 정도 크기. 5／나도 모르게 되묻게 되는 뜨개 에피소드를 아낌없이 이야기해줬다. 6／방 구석구석에 흥미로운 뜨개 오브제가 놓여 있다. 7／해우를 계속 뜨면서 조형력이 상당히 단련되었다고 한다. 8／아틀리에로 사용하는 방은 전위적인데 묘하게 마음이 차분해졌다. 시간이 있을 때 천장의 이끼를 뜬다고 한다. 9／헤비메탈 선수권에 처음 참가했을 때 뜬 스웨터. 과제곡의 음반 커버를 모티프로 그림을 그리듯이 떴다.

2	1	
5	4	3
9	8	7

고급스러움을 즐긴다
심플한 어른용 니트

질 좋은 소재의 실이 있다면 싫증 나지 않는
더없이 심플한 디자인을 고르는 게 최고예요.
메리야스뜨기를 메인으로 한 니트로
럭셔리한 질감을 만끽해보세요.

photograph Hironori Handa styling Masayo Akutsu
hair&make-up Misato Awaji model Dante(176cm)

군더더기 없는 디자인의 베스트는 앞뒤 몸
판을 이어서 함께 떴습니다. 옆선을 연결
하지 않아 거슬리지 않기 때문에 착용감이
뛰어나요! 목둘레와 앞단은 두 겹으로 접
어 마무리했어요. 접음선 부분에 안뜨기를
뜨는 아이디어 덕분에 예쁘게 완성할 수
있습니다.

Design／다마무라 리에코
How to make／P.135
Yarn／로완 키드 클래식
One-piece／스타일리스트 소장품

요크에 나열된 사랑스러운 비침무늬가 포인트인 톱다운 카디건. 앞단은 본체와 함께 뜨고 목둘레는 아이코드 코막음으로 떴습니다. 매끄러운 램스울과 부드러운 키드 모헤어 덕분에 마음이 편해집니다.

Design／바람공방
How to make／P.142
Yarn／로완 키드 클래식

Blouse·Pants／산타모니카 하라주쿠점
Necklace／SLOW 오모테산도점

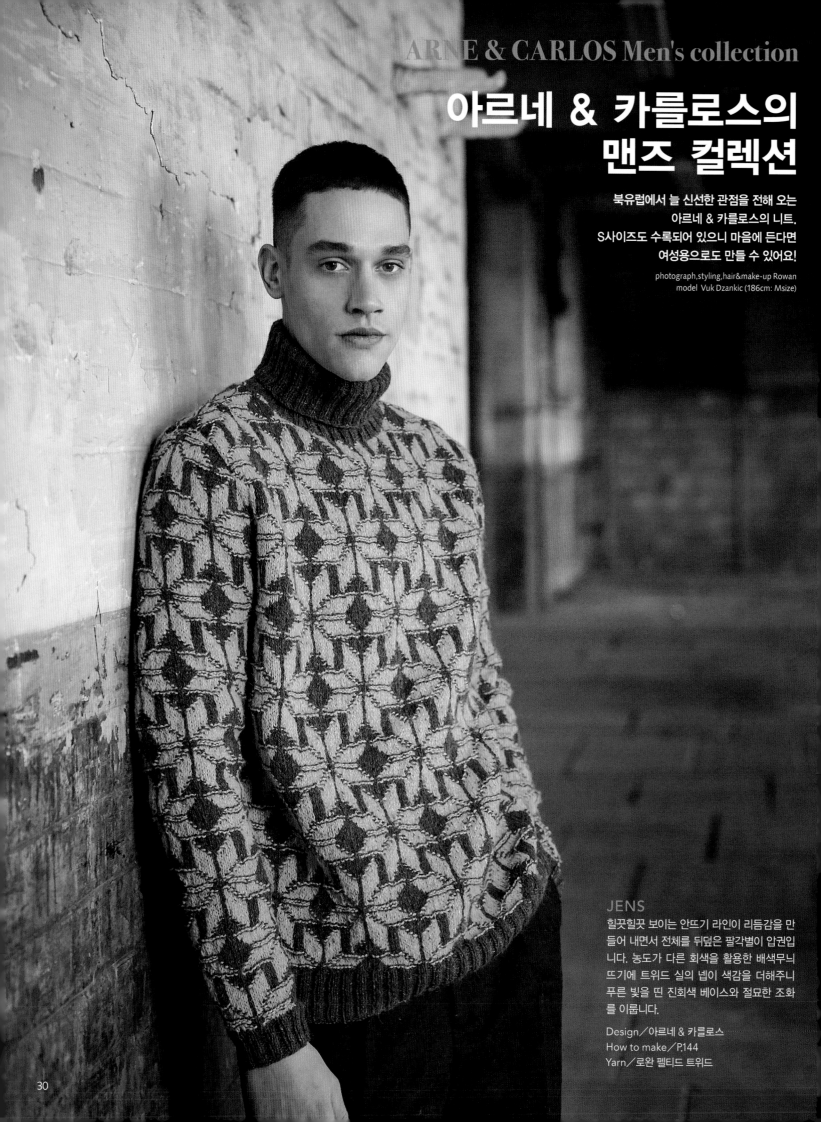

아르네 & 카를로스의 맨즈 컬렉션

북유럽에서 늘 신선한 관점을 전해 오는
아르네 & 카를로스의 니트.
S사이즈도 수록되어 있으니 마음에 든다면
여성용으로도 만들 수 있어요!

photograph,styling,hair&make-up Rowan
model Vuk Dzankic (186cm: Msize)

JENS

힐끗힐끗 보이는 안뜨기 라인이 리듬감을 만
들어 내면서 전체를 뒤덮은 팔각별이 압권입
니다. 농도가 다른 회색을 활용한 배색무늬
뜨기에 트위드 실의 넵이 색감을 더해주니
푸른 빛을 띤 진회색 베이스와 절묘한 조화
를 이룹니다.

Design／아르네 & 카를로스
How to make／P.144
Yarn／로완 펠티드 트위드

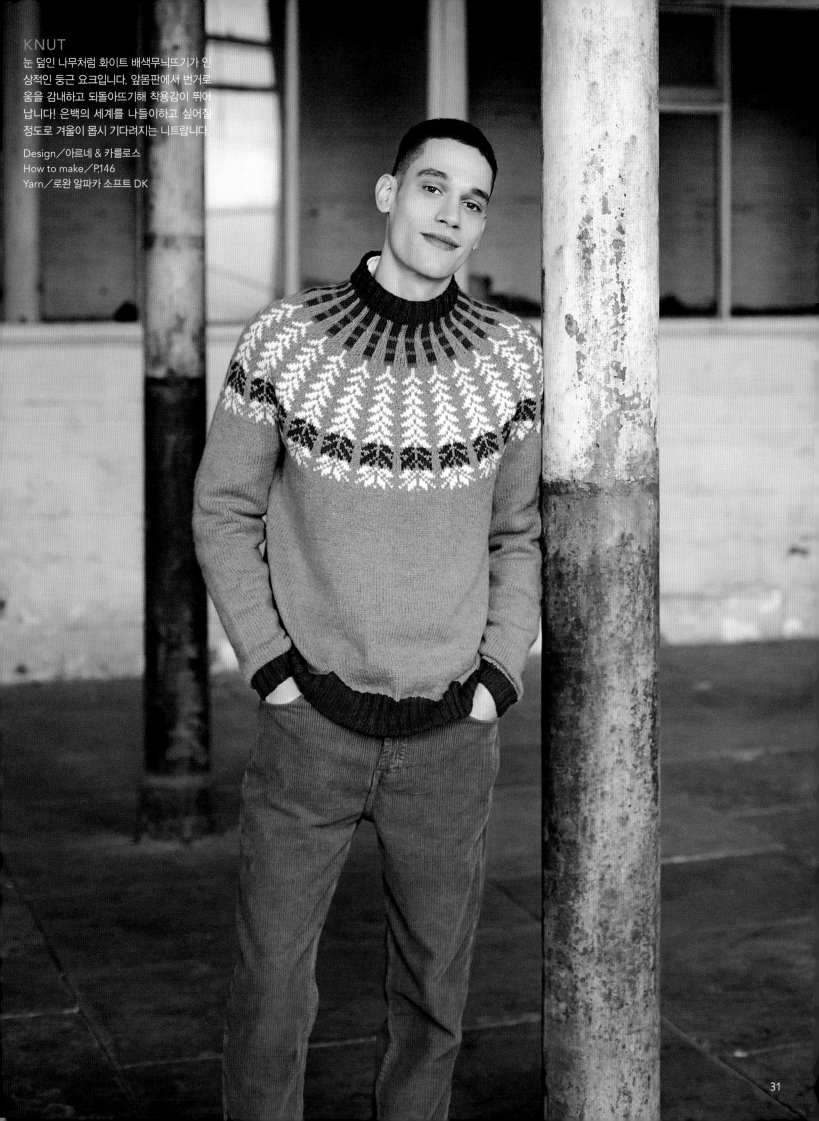

KNUT

눈 덮인 나무처럼 화이트 배색무늬뜨기가 인상적인 둥근 요크입니다. 앞몸판에서 번거로움을 감내하고 되돌아뜨기해 착용감이 뛰어납니다! 은백의 세계를 나들이하고 싶어질 정도로 겨울이 몹시 기다려지는 니트랍니다.

Design／아르네 & 카를로스
How to make／P.146
Yarn／로완 알파카 소프트 DK

이베리아반도의 서쪽 끝, 대서양과 접해 있는 포르투갈은 시원하게 트인 파란 하늘과 '아줄레주 (Azulejo)'라고 불리는 장식 타일로 꾸며진 거리, 그리고 풍요로운 자연에 둘러싸인 아름다운 나라로 관광지로도 인기가 많습니다. 유구한 역사를 가진 포르투갈의 도시 리스본은 대항해시대를 상징하는 역사적 건축물들이 모여 있습니다. 명물 디저트인 에그타르트는 리스본에 있는 제로니무스 수도원의 수도사들이 만든 '파스텔 드 나타(Pastel de nata)'라는 과자에서 유래했는데, 지금도 수도원 근처 가게에는 에그타르트를 사려는 사람들의 발길이 끊이지 않습니다.

그렇게 활기찬 도시에서 조금만 벗어나 지방 소도시나 마을을 방문하면 또 다른 여행을 경험할 수 있습니다. 테주강 남쪽 알렌테주(Alentejo) 지방에 들어서면 드넓은 평지에 올리브나무와 코르크 참나무가 자라고 있는 한가로운 시골 풍경이 펼쳐집니다. 그래서인지 알렌테주 사람들은 성격이 느긋한 사람들이 많다는 말을 종종 듣는다고 합니다. 알렌테주 지방은 여러 특징이 있습니다. 연중 건조한 기후에 여름과 겨울 간 기온 차가 심한 지역으로, 건물의 형태와 전통 과자, 특산품 등을 통해 과거 이슬람의 지배를 받았던 역사의 흔적을 찾을 수 있습니다. 미식의 땅으로도 알려졌는데, 고급 호텔과 함께 운영되는 와이너리가 곳곳에 있고, 깊고 진한 풍미의 올리브오일도 생산하고 있습니다. 수공예도 발달해서 독특한 민예품도 많이 만나볼 수 있습니다. 코르크는 세계 최대 생산량을 자랑하는데, 예부터 수공예 재료로도 쓰여왔고 현재도 도시락과 식기, 스툴 등 다양한 물건을 만드는 재료입니다. 다수의 도자기 공방에서는 소박한 그림이 새겨진 도자기를 많이 생산하고 있습니다. 그러한 알렌테주 지방의 수공예에는 느긋한 대지의 자연을 느끼게 하는 매력이 있습니다.

크로스스티치로 수놓은 양탄자

알렌테주 지방에 있는 아라이올로스(Arraiolos)는 리스본에서 동쪽으로 약 100km 떨어져 있으

무어의 영향이 짙게 남아 있는 알렌테주 지방 동쪽에 위치한 모우라(Moura) 거리. 길 안쪽에 보이는 원통형 굴뚝은 무어식 굴뚝 중에서도 가장 오래된 형태다. 12세기에 만들어진 이 도시의 탑에는 기독교도와의 전쟁과 관련 있는 무어인 샤르키아 왕녀의 슬픈 이야기가 서려 있다.

세계 수예 기행 포르투갈

이슬람 문화가 남아 있는
아라이올로스 양탄자

취재·글·사진/야노 유키미, 촬영/모리야 노리아키, 편집 협력/가스가 가즈에

며, 인구는 7,000명 정도 되는 작은 마을입니다. 구시가지에는 알렌테주 집들이 그러하듯 회반죽을 칠한 하얀 집들이 길 양옆으로 늘어서 있습니다. 마을 외곽에는 밥그릇을 엎어놓은 듯한 언덕 위에 둥글게 성벽을 쌓아 올린 아라이올로스성이 있는데, 꼭대기에 하얀색 교회가 한 폭의 그림처럼 느껴집니다. 이렇게 아름답고 평화로운 마을에 전해 내려온 것이 포르투갈을 대표하는 수공예 중 하나인 '아라이올로스 양탄자'입니다. 이 양탄자는 주트(황마) 원단에 양털 실로 조금 복잡한 크로스스티치 무늬를 수놓아 만듭니다. 포르투갈 각지의 역사적 건물이나 귀족 저택에서 오래된 아라이올로스 양탄자가 깔린 모습을 마주할 때면 역사적 가치를 지닌 전통 공예임을 깨닫게 되지요. 이 양탄자의 디자인은 센트루(Centro), 바하(Barra), 캄푸(Campo) 세 부분으로 구성됩니다. 센트루는 양탄자 한가운데에 배치하는 모티브로 상하좌우 대칭을 이룹니다. 바하는 양탄자의 가장자리 부분을 의미하며, 기하학무늬나 동식물 등의 모티브를 연속적으로 배치합니다. 캄푸는 센트루와 바하 사이의 공간으로, 다채로운 모티브들로 채워집니다. 주로 동물(공작새, 개, 사슴 등)이나 식물(장미, 카네이션 등), 인물, 곤충 등을 수놓는데, 시대적 취향을 반영하기도 하고 장인이 자유롭게 표현하기도 하지요. 모티브는 양탄자의 중심을 기준으로 수직선과 평행선을 그려 4분할한 다음 4개 구획 안에 상하좌우로 대칭이 되게 캄푸에 배치합니다. 모티브에 쓰이는 기본 스티치는 좌우로 진행하는 '아라이올로스 스티치'로, 직선이나 넓은 면적을 수놓을 때 사용합니다. 이 스티치는 12세기경부터 이베리아반도에 존재해온 크로스스티치 일종입니다. 꽃이나 새처럼 곡선이 있는 모티브는 상하로 진행하는 '페르시아 스티치'와 사선으로 오르내리는 '심플 스티치'로 수놓습니다. 바하부터 수를 놓아야 원단의 자리가 잡혀 작업하기가 수월한데, 간혹 사람에 따라서는 센트루부터 시작합니다.

실은 양탄자용 양털 실을 사용합니다. 실 3가닥을 하나로 꼬아 3mm 정도의 굵기로 만들어 튼튼하면서도 푹신한 양탄자를 제작할 수 있지요. 현재는 중부 지방에서 생산하는 유명 제조사의 실을 쓰지만 20세기 중반까지는 아라이올로스의 메리노종 양털로 직접 실을 만들어 썼습니다. 천연염료를 사용했던 시대에는 브라질 우드, 인디고, 코치닐, 서양꼭두서니 등으로 만든 염료 덕분에 다양하고 풍부한 색실을 만들 수 있었습니다. 원단은 현재는 주트 원단을 쓰지만 17세기부터 18세기 전반까지는 리넨을, 18세기 후반부터 19세기 말까지는 캔버스와 헴프 원단을 사용했습니다. 세월이 지나면서 점점 더 두꺼운 원단을 쓰게 된 것이지요. 사수 기술은 숙련된 장인인 어머니가 딸에게 가르쳐왔지만, 털실을 만들 원모를 빗질하거나 원단을 짜는 작업은 남성 장인들이 도맡아왔습니다.

무니시피우 광장은 마을 사람들의 쉼터. 양탄자 자수를 본뜬 아름다운 돌바닥 아래에는 이슬람식 염색터가 100개 이상 묻혀 있다. 멀리 정면에 보이는 법원 건물의 벽면에는 염색터의 모습을 재현한 커다란 벽화가 걸려 있다.

A／리스본 국립고미술관 소장품인 17세기 양탄자. '아라이올로스 양탄자해설센터'에는 포르투갈 내 박물관과 미술관에서 공수해온 양탄자들을 전시해놓았다. 17세기는 동양의 양탄자 디자인에 영향을 받았던 시대로, 사슴은 페르시아 양탄자에 자주 쓰인 모티브다. B／19세기에 제작한 양탄자. 털실이 닳아 떨어진 부분은 원단이 드러나 있다. 캄푸에 배치한 꽃병의 꽃 모티브는 중국·튀르키예·페르시아산 양탄자에서도 쉽게 찾아볼 수 있지만, 아라이올로스에서는 일반적으로 센트루를 기준으로 상하 대칭이 되도록 모티브를 배치하며 주로 카네이션을 수놓는다. C／18세기 3사분기에 제작한 양탄자. 센트루에 배치한 꽃병의 카네이션을 마름모꼴 테두리로 둘러싼 디자인이 인상적이다. 바하에는 꽃무늬를 연속적으로 수놓고, 캄푸에는 센트루를 기준으로 상하좌우 대칭이 되도록 꽃을 수놓는 기본 배치를 따랐다. 동양풍 양탄자의 모티브도 있지만, 전반적으로 동양적인 색채가 옅어진 모습이다. D／20세기 1사분기에 제작한 양탄자. 아르데코 양식의 유행을 반영한 모던한 디자인으로, 19세기 디자인과는 완전히 달라진 모습이다. 센트루와 바하에 인상적인 스트라이프 테두리로 장식했고, 캄푸는 무늬 없이 디자인해서 깔끔하고 정돈된 인상을 준다. 그 덕에 아르데코 양식의 가구들이 더욱 돋보이는 것 같다. E／'아라이올로스 양탄자해설센터'는 마을에서도 오래된 건물 중 하나로 손꼽힌다. 15세기 후반부터 16세기 초까지는 병원으로 운영했다. 현재는 오래된 양탄자들과 함께 수제 털실 제작 과정 등 아라이올로스 양탄자와 관련된 다양한 자료를 전시하는 공간으로 쓰이고 있다.
www.tapetedearraiolos.pt

아라이올로스 양탄자의 역사

이 양탄자의 역사는 유구합니다. 7세기에 시작한 이슬람 유목민의 대이동 때 무어인이 이베리아반도에 들여온 것이 시초라 여겨지고 있습니다. 이 양탄자에 관한 기록이 실린 가장 오래된 문헌은 1598년이며, 현존하는 가장 오래된 작품은 17세기에 제작한 양탄자라고 알려졌습니다. 실제로는 그보다 일찍 제작했으리라 추측합니다. 기원은 1496년에 이교도들에 대한 국외 추방령이 내려지자 기독교로의 강제 개종을 강요받은 리스본의 이슬람 공동체 내 양탄자 장인들이 남쪽(역사적으로 종교 문제에 더 관대했던 지역)으로 이주하게 되면서부터라는 주장이 가장 설득력 있습니다. 당시 아라이올로스는 양 목축업이 성행했던 데다가 13세기부터 15세기 후반에 걸쳐 번성했던 대규모 이슬람식 염색터도 있었으니 이 땅에 정착하기로 마음먹었을 테지요. 2003년 무니시피우 광장에서 염색터가 발굴되었으나 지금은 대부분 메워져 광장의 돌바닥 아래에 묻혔습니다. 다행히 광장 근처의 '아라이올로스 양탄자해설센터' 건물 바닥에서 일부를 확인할 수 있습니다. 법원 건물에 걸려 있는 벽화를 통해 과거 염색터의 모습도 떠올려볼 수 있고요.

초기 디자인은 튀르키예 양탄자와 이베리아반도에 있었던 카스티야왕국의 무어 양탄자에 수놓아진 기하학무늬에 영향을 받았습니다. 그러다가 16세기 중반에서 17세기 무렵 인도에서 무굴 양탄자가 들어왔고, 이후에 페르시아 양탄자가 들어오면서 사람들이 뛰어난

항상 웃는 얼굴로 손님을 맞이하는 파울라의 모습은 알렌테주 땅에 피는 해바라기꽃을 연상시킨다. 이날은 손님이 가져온 양탄자를 수선하고 있었다.

곡선미와 다채로운 색감을 지닌 디자인에 매료되어 미적 취향에 변화가 생겨났습니다. 페르시아 양탄자를 참고해서 센트루·바하·캄푸의 기본 구성을 완성했고, 동물무늬 등 더욱 다양한 모티브를 수놓아 인기를 얻었지요. 그 후에는 센트루를 배치하지 않고 모티브만 규칙적으로 배치했습니다. 18세기에 들어 모티브에 포르투갈만의 특징을 담기 시작했는데, 포르투갈 전통의상을 입은 인물이 등장합니다. 이윽고 18세기 후반에는 양탄자 제작이 전성기를 맞이하는데 동양적인 특징은 줄어든 반면, 19세기 후반까지 시대를 반영한 아라이올로스 장인들만의 독창성이 양탄자에 녹아들었습니다.

한때 쇠퇴의 길을 걸었던 양탄자

19세기 말, 포르투갈의 경제 여건이 악화 일로를 걸으면서 양탄자 제작 또한 쇠퇴하기 시작했습니다. 장인 수가 감소했는데 이는 양탄자 생산량의 급감으로 이어졌지요. 장식 예술가였던 조제 케이로스(José Queiroz)는 이 현상을 바라보고만 있을 순 없었습니다. 그래서 자산가와 수집가들의 지원을 받아 1897년 '아라이올로스 양탄자부활운동'을 했습니다. 1900년에는 아라이올로스 인근 도시인 에보라(Évora)에 양탄자 공방을 열고 수업을 했습니다. 고아와 빈곤층 여자아이들을 고용할 목적으로 개설했지만, 당시에 이런 시설을 설립하는 것은 시대의 흐름을 따른 것이기도 했습니다. 1916년에는 아라이올로스에도 양탄자 공방을 열었고, 1917년에는 리스본의 카르무교회에서 양탄자 전시회를 개최해 더 많은 사람이 아라이올로스 양탄자라는 전통 수공예 문화를 접할 수 있었습니다. 이렇게 다양한 운동을 펼친 결과, 장인 수가 다시금 증가하기 시작했고 이후에도 아라이올로스에서 수많은 양탄자를 만들고 있답니다.

양탄자의 미래

현재 아라이올로스에는 양탄자 가게가 여섯 군데 있습니다. 각 가게마다 마을 안팎에 사는 도급 장인들이 함께 일하는데 전체 장인 수는 정확하지 않습니다. 구시가지에서 어머니와 함께 양탄자 가게를 운영 중인 파울라는 마을 내 양탄자 장인 35명과 거래하고 있습니다.

마을에 자수 기술을 가르치는 학교가 없어서 장인이 되려면 어머니에게 배워야 했습니다. 파울라 역시 대여섯 살 무렵부터 어머니에게 기술을 배워 양탄자를 만들었습니다. 그녀는 지금도 15살 때 만든 전통 무늬 양탄자를 처음 팔았던 날을 기억하고 있습니다. "말로 표현할 수 없을 만큼 멋진 기분이었어요. 500유로에 팔렸거든요. 당시에는 꽤 비싼 가격이었죠." 그녀의 가게에서 3× 2m나 2×1.5m 크기의 전통 무늬 양탄자가 포르투갈 사람들에게 특히 인기 있다고

세계 수예 기행
포르투갈

아라이올로스 양탄자

합니다. 의외로 70세 이상의 노인들은 모던한 디자인을 선호한다네요. 요즘은 세계 각국에서 주문이 들어오는데 얼마 전에는 모던한 디자인의 중국풍 양탄자를 프랑스로 보냈다고 합니다.

그렇다면 아라이올로스 양탄자는 얼마나 오래 쓸 수 있을까요? 파울라에게 물어보니 "어떻게 쓰느냐에 따라 다르긴 한데, 50년에서 100년 정도 사용하면 수선해야 하는 경우가 생긴답니다"라고 답했습니다. 드라이클리닝은 하지 말고 반드시 손세탁하라는 당부와 함께 말이지요.

포르투갈에서는 취미로 양탄자를 만드는 사람들을 위해 따로 재료를 팔기도 하는데 최근에는 수요가 줄고 있다고 합니다. 그와 더불어 장인들의 고령화 문제도 대두되고 있고요. 그런 열악한 현실에서도 브라질에서는 포르투갈 출신 이주민들이 들여온 양탄자 문화가 자리 잡는 등 세계 각지에는 상당수의 양탄자 애호가가 존재하고 있답니다. 일본에서는 '포르투갈 자수'라고 이름을 붙이고, 전국 각지에 교실을 만들거나 베이스 원단의 종류를 늘리는 등 독자적으로 발전시키고 있습니다. 앞으로도 이 따스함이 깃든 역사적인 수공예가 전 세계적으로 사랑받기를 바랍니다.

파울라가 만든 자수 도안. 도안에는 정해진 기호가 아닌 제작자가 알아보기 쉬운 기호를 만들어 적는다. 현재 시중에 판매되는 도안집은 그 수가 한정적이라 구하기 어렵다.

야노 유키미(矢野有貴見)

아오모리현 출생. 문화복장학원 어패럴디자인
과를 졸업한 후 화장품 디자인과 고미술점 근
무를 거쳐 현재는 포르투갈 민예품점 '안도리
냐(Andorinha)'를 운영 중이다. 포르투갈 각
지를 돌며 수집한 도기와 민예품들을 판매하
고 있다. 저서로는《포르투갈로 떠나는 레트로
시간 여행》,《귀여운 포르투갈 빈티지 페이퍼》,
《간직하고 싶은 나라, 포르투갈》,《포르투갈 명
건축 산책》등이 있다. www.olaportugal.net

F／수를 다 놓은 양탄자에 프린지를 달고 있는 장인의 모습. 양탄자 뒷면은 테두리에 주트 원
단으로 만든 폭넓은 장식띠를 붙여 완성한다. 프린지는 의자 형태의 목제 수편기로 만들었다.
G／현관 매트나 쿠션은 그리 크지 않아서 국내로 가져오기도 편하고 기억에 남는 선물이 된
다. 손세탁이 가능하고 털실이 푹신푹신해서 촉감도 부드러운 데다가 돌돌 말아 보관할 수 있
어 좋다. H／바하에 그려진 천사의 모습이 위트를 더하는 양탄자. 가게의 한쪽 벽면을 가득 채
울 만큼 커다란 양탄자에는 쌍두독수리와 전통의상을 입은 여성. 인어 등 굉장히 다채로운 모
티브가 채워져 있다. 파울라 가게에서는 인상적인 배색과 귀여운 모티브가 수놓아진 양탄자를
여러 점 만날 수 있다. I／동양의 전통 양탄자 사진을 참고해 디자인하기도 한다. J／2013년
쯤 파울라 가게에서 구매한 쿠션 커버. 원래는 태피스트리인데 쿠션으로도 좋다며 그 자리에
서 뒷면에 천을 덧대주었다. 고풍스럽고 이국적인 디자인이지만 귀여운 느낌도 있다.

참고문헌 :《포르투갈 자수》(다카하시 기요코 지음, 그래프사, 1999),《내가 만난 포르투갈》
(우메모토 마도카 지음, 후에이샤, 2012)
협력 : 아라이올로스 양탄자해설센터(Centro Interpretativo do Tapete de Arraiolos)

특별한 만남, 아미리수 트렁크 쇼

취재 : 정인경 / 사진 : 김태훈

비가 많이 내리던 7월의 어느 주말, 서교동에 위치한 뜨개숍 '코와코이로이로'에서는 뜨개를 사랑한다는 이유만으로 많은 사람이 모였다. 한국의 니터들과 소통하기 위해 방문한 아미리수를 만나고자 하는 기대감 때문이었다. 에어컨을 틀어도 온도가 쉬이 떨어지지 않을 정도로 뜨개에 대한 열정이 가득한 공간에서 일본 뜨개 콘텐츠 그룹 아미리수의 두 대표 메리와 토쿠코를 만났다.

7월 22일, 23일 이틀에 걸쳐 아미리수(amirisu)의 트렁크 쇼가 열렸다. 이번 트렁크 쇼는 두 곳의 뜨개 숍과 연계한 행사였는데, 22일 누가바닛츠에서는 아미리수 매거진을 중심으로 작품 세계를 보여주었고, 23일 코와코이로이로에서는 다루마 컬렉션 2021, 2022에 등장하는 작품을 중심으로 행사를 준비했다. 트렁크 쇼란 본래 VVIP를 위해 열리는 소규모 패션쇼를 말하는데, 디자이너들이 트렁크에 작품을 담아 와 보여주는 형태였기 때문에 이런 이름이 붙여졌다고 한다. 뜨개 트렁크 쇼에서는 도안의 원작자가 직접 뜬 작품을 싣고 와 니터들이 직접 만지고 입어볼 수 있도록 하는데, 아직 국내에서는 생소한 행사지만 최근 한국의 뜨개인들이 많아지고 수요가 많아지면서 해외의 여러 뜨개 작가들이 한국을 방문해 트렁크 쇼를 열고 있다. 아미리수의 대표이자 디자이너인 메리와 토쿠코(Meri&Tokuko)에게 한국을 방문하게 된 계기에 대해 물었다. 아미리수가 한국에서도 높은 인지도를 갖고 있다는 사실을 전혀 몰랐기 때문에 이번 한국 방문에서 무척 놀랐다고.

"작년에 다루마 컬렉션 패턴 북인 《코스몰로지(COSMOLOGY)》를 출간했어요. 전 세계의 독자분들로부터 많은 사랑을 받았는데 그중 한국인 독자가 무척 많더라고요. 많은 한국분들이 이 책에 들어 있는 작품을 떠본 것 같기도 하고요. 한국에서 #amirisu를 태그로 단 게시물도 점점 많이 올라오더라고요. 그래서 한국의 독자분들이 어떤 방식으로 뜨개를 하고 있는지 궁금해지기 시작했어요. 그래서 꼭 한 번 트렁크 쇼를 열어서 독자들을 직접 만나고 싶다는 생각이 들었고요."

아미리수는 메리와 토쿠코, 두 명의 디자이너가 일본에서 시작한 뜨개 웹 매거진에

서 출발했다고 한다. 그러다 교토에 실을 판매하는 매장을 열었고, 그 다음에는 도쿄 오모테산도에 가게를 오픈했다. 지금은 오프라인과 온라인 패널을 모두 활용하며 실이나 수예 용품, 도안집 등을 판매하고 있다. 때때로 뜨개 클래스를 열거나 잡지나 도안집을 만들기도 하는데, 최근 몇 년 동안은 오리지널 실을 제작하는 데 힘쓰고 있다고 한다. 특히 아미리수는 국내에서도 인기가 많은 실 회사인 다루마의 컬렉션 북을

1／아미리수의 두 대표 메리와 토쿠코. 2-3／이번 컬렉션에서 애정이 가는 작품을 신중하게 고르고 있는 메리와 토쿠코. 4／이번 트렁크 쇼에는 한정 색상의 모헤어 제품도 판매되었다. 5／최근 26호를 발매한 매거진 〈amirisu〉. 아미리수의 작품 세계를 엿볼 수 있다. 6／수많은 실에 둘러싸여 뜨개 이야기로 꽃을 피우는 사람들. 7／메리가 추천하는 작품 RECOLITH는 귀여운 디테일과 색상, 포근함을 두루 갖춘 데일리 웨어다. 8／토쿠코가 추천하는 작품 APHELION은 독특한 형태로 뜨면서도 즐겁고 외출할 때 쉽게 개성을 더할 수 있는 제품이다. 9／모헤어를 사용해 헤어감이 복슬복슬한 이 작품의 이름은 UCHUJIN(우주인)이다. 10／포근하고 보드럽지만 디테일을 놓치지 않은 양말 작품 OZONE. 11／현장에서 책을 사고 사인도 받을 수 있는 좋은 기회가 되었다.

전담해 만들고 있는데, 이 책들은 한국에서도 많은 사랑을 받았다.
"다루마 컬렉션은 지금까지 3권이 출간되었어요. 매번 다른 디자이너와 협업하고 있고요. 전체적인 콘셉트를 정한 다음에 디테일을 조율해 나가는 방식이에요. 예를 들어 《코스몰로지》는 일본계 캐나다인인 쌍둥이 디자이너 '키요미&사치코(Kiyomi&Sachiko)'에게 부탁했지요. 테마는 '천체'이고요. 은하와 행성, 우주인, 무중력, 푹신푹신하게 몸을 감싸주는 니트 등 자유롭게 상상력을 펼쳐가면서 디자인을 해주었답니다. 다루마다운 밝은 팝 색상을 많이 사용해서 위트 있고 장난기 넘치는 니트가 되었지요."
아미리수에서 출판하는 잡지와 책, 컬렉션 작업은 재능 있는 작가들과 협업하는 형식으로 만들고 있다. 아미리수 사내 디자이너도 물론 참여하지만 전 세계 디자이너와 대화를 나누고 교류하면서 전체 책의 방향이 만들어진다. 수록될 디자인을 선정하는 포인트는 일상에서 익숙하게 입을 수 있는 심플한 작품, 그리고 뜨는 사람이 알

기 쉬운 패턴을 소개하는 것이다. 의상을 디자인하고 도안을 만들 때 가장 중요하게 생각하는 것도 누구나 떠서 입을 수 있어야 한다는 점이기 때문이다.
그래서 아미리수에서 자체 출간하는 매거진과 책에서는 전문 모델이 아닌 우리 주위의 평범한 사람들이 작품을 입은 모습을 담아 촬영한다. 누구나 직접 떠서 입을 수 있고, 매일의 일상에서 편안하게 입을 수 있다는 느낌을 주기 위해서다. 현장에서 직접 만져본 아미리수의 작품들도 한 번쯤 떠서 입어보고 싶다는 인상을 주는 것들이 많았다. 나이와는 상관 없이 스스로 개성을 드러낼 수 있는 뜨개, 직접 만들어서 직접 입는 뜨개에 대해 이야기하는 메리와 토쿠코의 모습이 무척 즐거워 보였다. 꼭 다시 만나자는 인사를 끝으로 트렁크 쇼에서의 인터뷰를 마무리했다.
"이번에 처음으로 한국에서 이벤트를 열었는데 너무 큰 성원을 보내주셔서 정말 감동했답니다. 꼭 다시 다른 이벤트나 레슨으로 한국 독자 여러분을 만날 수 있었으면 좋겠어요. 그때 또 만나요!"

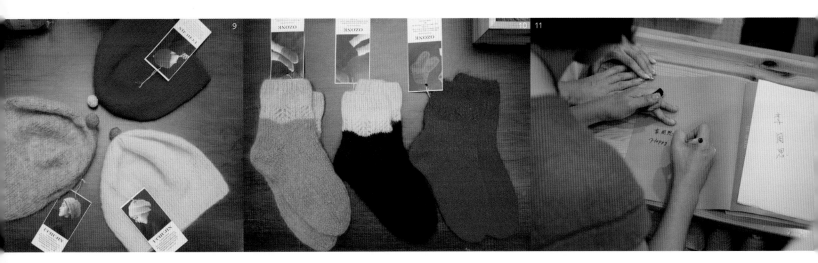

바람공방의 페어아일

계절은 여름에서 가을로.
차분히 엉덩이를 붙이고
뜨개를 즐길 수 있는 시즌이 다가옵니다.
품이 들기에 더욱 즐거운, 동경하는 전통 무늬로
긴긴 가을밤을 보내보는 건 어떨까요.

photograph Hironori Handa styling Masayo Akutsu
hair&make-up Misato Awaji model Dante(176cm)

지금 계절에는 전통적인 아우터, 겨울이 되면 이너
로 대활약하는 베스트는 모두 10색 배색무늬입니
다. 전통 무늬는 코디의 든든한 아군이죠. 간단하게
멋진 코디를 완성할 수 있습니다.

How to make／P.154
Yarn／퍼피 브리티시 파인

Shirts · Skirt／하라주쿠 시카고(하라주쿠/진구마에점)

의류는 아직 조금 어렵다 하는 분은 모자부터 도전해보세요.
7색 배색무늬뜨기도 원형뜨기라서 안심입니다. 가는 바늘로 떠서 완성도를 높인 소품의 아름다움은 시선을 빼앗는 데 충분합니다.
모자 다음으로는 둥근 요크 풀오버가 어떨까요? 색 수는 많지만, 요크 부분은 원형뜨기라서 뜨기 쉽습니다. 1색 부분의 휴식(?!) 시간으로 속도를 낼 수 있는 점도 좋고요.
배색무늬는 38페이지의 여성용 베스트와 똑같지만, 다른 색으로 떠서 무늬의 인상이 사뭇 달라집니다. 배색의 심오함을 실감할 수 있죠.

How to make／모자(→P.151), 풀오버(→P.152), 베스트(→P.154)
Yarn／퍼피 브리티시 파인

Hat·Jacket／하라주쿠 시카고 하라주쿠점
Vest·Shirts／하라주쿠 시카고(하라주쿠/진구마에점)
Pull-over·Pants／하라주쿠 시카고 하라주쿠점
Puppy URL／http://www.puppyarn.com

바람공방의 마음에 드는 니트

글로벌 니트 디자이너 '바람공방'만의
멋진 니트 작품

마음에 쏙 드는 데일리 니트 작품이 가득!
경사뜨기, 배색무늬 등 심화 기법까지 과정별 사진으로 친절하게 알려줘요

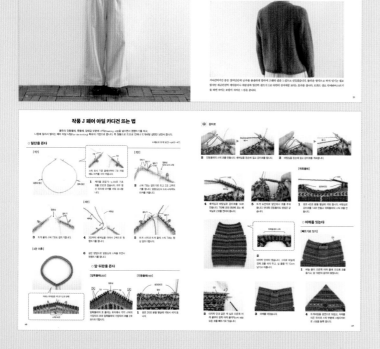

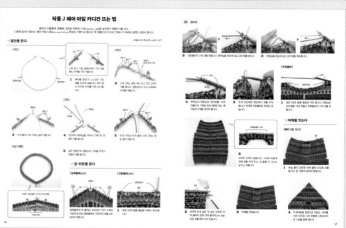

좋아하는 실과 색, 무늬를
조합해서 만드는
니트웨어

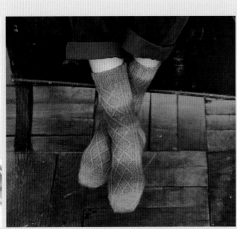

솔, 장갑, 모자, 양말 등
포인트가 되는
니트 소품

Enjoy Keito

이번에는 아일랜드에서 온 아름다운 손염색실을 사용한 작품을 소개합니다.

photograph Hironori Handa styling Masayo Akutsu hair&make-up Misato Awaji model Dante(176cm)

Hedgehog Fibres KIDSILK LACE

헤지호그 파이버 키드실크 레이스

키드 모헤어 70%·실크 30%, 색상 수／11, 1타래／50g, 실 길이／약 420m, 실 종류／극세, 권장 바늘／대바늘 3.25~4.5mm(3~8호 정도)

심지인 실크를 모헤어로 감싼 폭신하고 가벼운 극세사. 실크의 광택감과 부드러운 촉감, 산뜻한 색감을 즐길 수 있습니다.

모헤어 크로셰 숄

사슬뜨기, 짧은뜨기, 한길 긴뜨기만으로 뜰 수 있는 크로셰 숄. 이 색상은 강가의 풍경을 모티브 삼아 염색한 것이라고 합니다. 푸른 물결이 만들어지는 모습을 즐기면서 떠보세요.

Design／Keito
Knitter／스토 데루요
How to make／P.141
Yarn／헤지호그 파이버 키드실크 레이스

One-piece／하라주쿠 시카고(하라주쿠/진구마에점)
Pierce／산타모니카 하라주쿠점

Hedgehog Fibres
SKINNY SINGLES

헤지호그 파이버 스키니 싱글즈

메리노 울 100%, 색상 수／27, 1타래／100g, 실 길이／약 366m, 실 종류／중세, 권장 바늘／대바늘 2~3.75mm(0~5호 정도)

1플라이 중세사로, 매끄러운 촉감과 반짝이는 광택감을 지닌 실입니다. 의류뿐 아니라 숄을 만들기에도 좋답니다.

데일리 카디건

심플한 디자인의 기본 카디건은 어느 코디에나 잘 어울리지요. 컬러풀한 색감으로 한 벌, 차분한 색감으로 한 벌…. 좋아하는 색들이 섞인 실을 골라 떠보세요.

Design／miu_seyarn
Knitter／스토 데루요
How to make／P.158
Yarn／헤지호그 파이버 스키니 싱글즈

Pants／하라주쿠 시카고(하라주쿠/진구마에점)
Sunglasses／SLOW 오모테산도점

폭신폭신함으로 힐링하다

**폭신폭신 복슬복슬 천국 같은 세계에 온 것을 환영합니다!
포로가 되어버릴 것 같은 기분 좋은 느낌에 빠져보세요.**

photograph Shigeki Nakashima styling Kuniko Okabe,Yuumi Sano
hair&make-up Hitoshi Sakaguchi model Anna(173cm)

몸판은 전체가 산뜻한 블루 컬러의 폭신폭신
복슬복슬 얀, 소매는 스트레이트 얀과 체크무
늬 배색을 넣은 사랑스러운 디자인♡. 복슬복슬
함에 가려져 있지만, 밑단과 목둘레는 말리지
않게 가터뜨기를 했습니다.

Design／노구치 도모코
Knitter／도야마 미사코
How to make／P.162
Yarn／DMC 테디, 울리

갓 태어난 흰 토끼처럼 새하얀 풀오버. 뒤판과
앞판 옆선은 스트레이트 얀으로 이어서 떠, 복
슬복슬 파트와의 대비가 멋진 악센트가 되어줍
니다. 바느질도 편해서 일석이조!

Design／우노 지히로
How to make／P.163
Yarn／DMC 테디, 울리

남녀 누구에게나 어울리는 가터뜨기 카디건은 장식적인
유치함이 없고, 시크하고 세련된 인상을 줍니다. 엄마가
원하는 건 바로 이런 니트가 아닐까요.

Design／퍼피 기획실
How to make／P.150
Yarn／퍼피 베이비 애니

Cardigan

Simple
Baby Knit

심플하지만 귀여운
베이비 니트

포근하고 촉감도 좋은 털실로 만든 소품은 아기들 마음에도 쏙 든답니다.
어떤 색으로 뜰지 이리저리 궁리하는 시간까지 행복합니다.

photograph Shigeki Nakashima styling Kuniko Okabe,Yuumi Sano hair Hitoshi Sakaguchi
model Leah(80cm),Yuzuto(80cm),Eric(70cm)

바닥에 깔아도 좋고 둘러도 좋은 겉싸개는 아기들의 필수품. 47페이지 작품은 미색에 다양한 색이 섞인 실이고, 46페이지는 미색으로만 떴습니다.
Design／퍼피 기획실　How to make／P.150　Yarn／퍼피 베이비 애니 프린트

메리야스뜨기 모자는 원형으로 떠서 꼭대기 부분을 잇기만 하면 간단하게 완성. 모자를 쓰면 모서리가 살그머니 튀어나와 자연스럽게 고양이 귀 모양이 됩니다.
Design／퍼피 기획실　How to make／P.150　Yarn／퍼피 베이비 애니 프린트

Swaddle

Cap

쭉쭉 20단을 떠서 반으로 접고 3곳을 꿰매면 완성! 단마다 겉뜨기만 하면 되니 뜨개 초보자 엄마에게도 추천합니다. 귀여운 폼폼을 달아보세요.
Design／퍼피 기획실　How to make／P.150　Yarn／퍼피 베이비 애니, 베이비 애니 프린트

Shoes

포근하고 보드라워
매력적인 실크

보들보들하고 아름다운 실크의 자연미를 더한 멜란지 얀,
그리고 윤기가 나면서 포근한 실크 모헤어.
두 가지 실크 얀을 합사해 가벼우면서도 보드라운
실크의 매력에 흠뻑 빠져보세요.

photograph Hironori Handa styling Masayo Akutsu
hair&make-up Misato Awaji model Dante(176cm)

염색이 잘되고 발색력 좋은 실크의 특성이 고
스란히 드러난 선명한 핑크. 눈이 번쩍 뜨일 정
도로 인상적인 이 색은 얼굴도 화사해 보이고,
몸에 두르기만 해도 행복해질 것 같습니다. 맨
살에 닿아도 자극이 없는 실의 질감을 즐겨보
세요.

Design／바람공방
How to make／P.157
Yarn／Silk HASEGAWA 긴가-3, 세이카

Pants／하라주쿠 시카고(하라주쿠/진구마에점)

유행하는 메시 아이템을 코바늘뜨기로 만들어
봤습니다. 환히 비치는 투명한 질감은 코바늘뜨
기의 최대 장점입니다. 은은하고 우아한 파랑을
배색하고 솜씨 좋아 보이는 기하학무늬를 심플
한 뜨개 테크닉과 단순한 형태로 떠봤습니다.

Design／기시 마쓰코
How to make／P.159
Yarn／Silk HASEGAWA 긴가-3, 세이카

One-piece／산타모니카 하라주쿠점

무거워지기 십상인 크로셰 웨어도 가볍게 즐길
수 있는 실크. 130색 가운데 취향에 맞는 색을
골라 그러데이션 보더로 즐기면 어떨까요. 하얀
실크 모헤어를 전체적으로 합사해 색이 자연스
럽게 이어집니다.

Design／가와이 마유미
Knitter／세키야 사치코
How to make／P.164
Yarn／Silk HASEGAWA 긴가-3, 세이카

Skirt／SLOW 오모테산도점

칠리페퍼색 실크에 미색 실크 모헤어를 합사해
서 풍부한 멜란지 컬러를 만들어냈습니다. 심플
한 메리야스뜨기에 비침무늬 조합이 인상적이
지요. 네크라인부터 떠내려가는 톱다운 방식으
로 잇기·꿰매기, 테두리뜨기도 하지 않고 뜨개
를 마무리하면 작품은 완성입니다.

Design／오쿠즈미 레이코
How to make／P.168
Yarn／Silk HASEGAWA 긴가-3, 세이카

Shirts／하라주쿠 시카고(하라주쿠/진구마에점)
Pants／하라주쿠 시카고 하라주쿠점

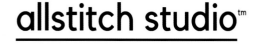

라이프치히 울 페스타
Leipziger Wollefest und Stoffmesse

취재/미네 히로코(knit studio KASITOO)

도자기 얀 볼.

나무가 심어져 있어서 기분 좋은 공간. 홀 2층 부스도 인파로 북적거렸다.

4월 1일부터 2일까지 열린 '라이프치히 울 페스타'를 찾았습니다. 이 행사는 독일 내에서 약 100개 부스가 모이는 울·텍스타일 이벤트입니다. 유리 돔으로 유명한 라이프치히의 메세 전시장에서 매년 열립니다. 코로나19 영향으로 한동안 열리지 못하다가 3년 만에 재개했습니다.

모미노키(Mominoki) 얀 관계자에게 소개받아 처음으로 찾은 박람회였는데 전시장으로 향하는 대중교통 안에서 뜨개 작품을 걸친 사람이 여럿 보이자 분명히 같은 곳으로 간다는 확신이 들어서 마음 편하게 전시장에 도착했습니다.

밖은 눈송이가 흩날렸지만, 빛이 눈부시게 쏟아지는 돔 전시장에는 이번 전시를 손꼽아 기다린 팬들로 첫날부터 문전성시를 이뤘습니다. 부스의 약 70%가 손염색실, 명주실 디자이너와 점포이고 20%는 텍스타일 관련 업체이며, 10% 정도는 단추나 도자기 얀 볼, 스핀들 같은 뜨개 관련 부자재를 판매하는 것 같았습니다. 각 부스는 좁았으나 개성 넘치는 상품으로 가득해서 보는 재미가 쏠쏠했습니다.

상품에 더해서 건지 얀 전문점에서는 건지 스웨터에 관한 슬라이드 자료를 보며 설명을 들을 수 있고, 원모 부스에서는 실잣기 체험 코너를 마련해놓는 등 부스별로 특징이 있었습니다. 다른 전시장에서는 워크숍도 열렸습니다.

가게 스태프와 방문자들이 입은 옷과 소품을 구경하는 재미에 푹 빠져서 눈 깜짝할 사이에 시간이 흘렀습니다. 전시장 안에는 앉을 곳도 많이 마련해놓아 걷다가 지치면 이야기를 나누면서 뜨개질하고 다시 전시장을 돌아볼 수 있었습니다.

해외에서 참가한 사람은 많지 않아 일본에서 왔다고 하니 꽤 놀라는 눈치였습니다. 독일어 안내가 대부분이었지만 취미가 같으면 언어의 장벽은 문제가 되지 않더라고요. 마음껏 행사를 즐겼답니다.

다음 전시는 2024년 4월 6일과 7일에 열릴 예정입니다. 자세한 내용은 홈페이지(www.leipziger-wollefest.de)를 참고해주세요.

1/가공법도 색도 아름다운 천연소재 단추. 2/양목장에서 온 참가자. 3/고운 색으로 인기가 많은 모미노키 얀 부스. 4/멋쟁이 직원이 숄 뜨는 법을 설명하고 있다. 5·6/손뜨개 작품을 입은 사람에 둘러싸인 가운데 유독 눈에 띄는 사람을 찰칵. 오른쪽 아래/같은 작품은 하나도 없는 나무로 만든 수제 스핀들. 도구와 다시 없을 만남의 기회를 마음껏 즐겼다.

한림수직, 제주의 뜨개를 만나는 여행
콘텐츠그룹 재주상회 × 낙양모사

취재 : 정인경 / 사진 : 김태훈 / 자료 제공 : 재주상회, 낙양모사

뜨개를 취미로 하다 보면 여러 기법과 문양의 이름을 만나게 되는데, 보통 어느 지역의 이름을 따온 경우가 많다. 기법이나 문양에 지역 이름을 붙일 정도로 역사가 오래 쌓였다는 뜻일 것이다. 그런데 그중에서도 아란, 건지 등 우리에게 익숙한 여러 기법들은 바닷가에서 시작한 경우가 많다. 어부들이 주로 입었던 이 스웨터들은 현대에 들어와 아름다운 문양을 가진 패션 아이템으로 큰 사랑을 받고 있다. 그런데 이렇게 역사가 깊은 바닷가 니트가 우리나라에도 있다는 걸 알고 있을까? 제주도를 기반으로 한 로컬 뜨개 브랜드이자 질 좋은 직물 제품으로 유명했던 한림수직, 이를 현대적으로 복원하고 있는 콘텐츠그룹 재주상회, 그리고 이러한 제주의 스토리가 담긴 새로운 실의 출시를 앞두고 있는 낙양모사의 이야기를 따라가 보았다.

시대를 불문하고 니터들의 사랑을 받는 여러 문양에는 섬 이름이 붙은 것이 많다. 우리에게 익숙한 아란 무늬는 아일랜드 아란(Aran)섬에서 왔다. 굵은 실로 도톰한 꽈배기 무늬를 엮은 이 무늬는 한눈에 봐도 짜임새가 촘촘하고 튼튼해 보인다. 어부들이 주로 입었던 이런 옷을 피셔맨스 스웨터(fisherman's sweater)라고 하는데 우리가 아는 피셔맨스 스웨터에는 아란 외에도 건지 스웨터가 있다. 다양한 뜨개 기법으로 패턴을 만드는 건지 스웨터는 건지(Guernsey)섬에서 추위와 노동에 대응하기 위해 만들어졌다. 건지 스웨터는 팔꿈치 위쪽과 명치 아래쪽에는 문양을 넣지 않는데, 가장 잘 해지는 부분이라 해지면 고치기 쉽도록 문양을 넣지 않았다고 한다.

아란이나 건지 같은 도톰하고 생활하기 편한 스웨터는 시간이 흐르면서 전세계로 뻗어 나갔다. 시대가 변해도 패션 아이콘들의 끊임없는 사랑을 받으며 유행의 선두를 지켜온 영국의 아란 스웨터가 한국과 운명적으로 이어지는 건 1960년대 제주도에서다. 전쟁 후 경제적으로 피폐해진 한국에 해외에서 온 여러 선교사들이 있었고, 그중 제주도에 자리를 잡은 패트릭 제임스 맥그린치 신부가 바로 니트의 고장, 아일랜드 출신이었다. 그는 제주 여성이 경제적으로 자립할 수 있도록 아일랜드에서 니트를 만드는 수녀들을 모셔와 제주의 여성들에게 아란 스웨터 직조법을 교육했다. 이것이 바로 제주 특산 니트인 한림수직의 시작이다.

제주의 전통을 담은 뜨개 브랜드, 한림수직

한라산 자락에 위치한 성 이시돌 목장에서는 맥그린치 신부의 주도로 과거 양, 말, 소와 돼지 등을 키우며 제주의 지역 경제의 부흥에 앞장섰다. 당시 이시돌 목장의 양모로 털실을 짜고, 니트를 만들어 판매했던 제주의 기업 한림수직은 1959년부터 2005년까지 척박했던 제주를 일으킨 근대 산업의 효시였다. 가장 호황을 누렸던 1970~80년대에는 한림수직을 통해 편직 교육을 받은 후 집에서 니트를 만들었던 여성이 1,300명에 이를 정도였다. 멀리 아일랜드에서 온 수녀들이 전수해준 수직, 방직 기술로 만들어진 한림수직의 제품은 퀄리티가 대단해 1977년에는 서울 조선호텔 아케이드에 전문점을 내기도 했다. 우수한 퀄리티와 다채로운 디자인이 입소문을 타면서 한림수직은 제주를 넘어 전국적인 명품으로 큰 인기를 얻었

사진 제공 : (재)이시돌농촌산업개발협회

1／한림수직을 만들었던 맥그린치 신부와 수예를 가르친 수녀님들, 여직공들. 2／직접 손으로 떠서 만들고 있는 한림수직의 제품. 3／한림수직 오리지널 모자와 장갑, 카디건. 4-5／한림수직의 오리지널 라벨. 6／과거 한림수직에서 근무했던 김명열 장인이 한림수직만의 뜨개법을 설명하고 있다.

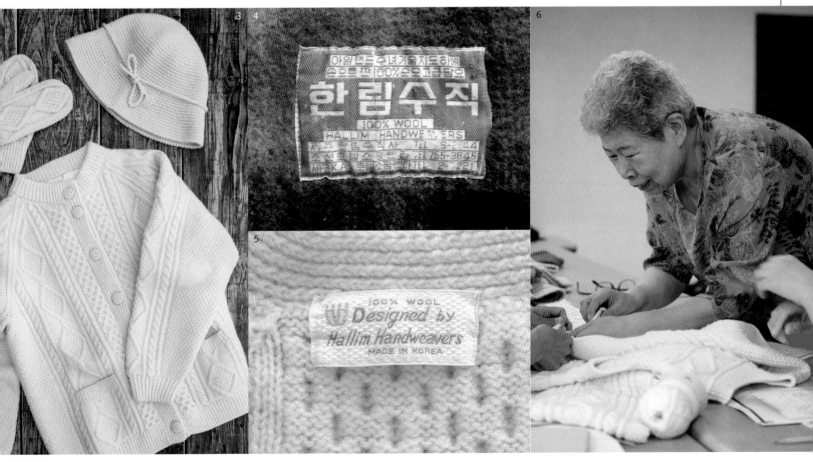

7／전성기에는 1,000마리 넘게 있었던 양들은 이제 50마리 정도 남았다. 8／현재 성 이시돌 센터에서 전시 중인 당시 한림수직의 물레와 간판. 9／한림수직 재생 프로젝트로 만들어진 2022년 카디건.

고, 황금기에는 당시 고가였던 한림수직 의류가 최고급 혼수품으로 손꼽히기도 했다.

"다 손으로 만든 거예요. 하나부터 열까지. 그때 우리가 만들었던 니트 제품들은 전부 사람 손으로 만든 거거든요. 당시 수녀님들이 저희에게 뜨개 기법을 하나하나 천천히 가르쳐 주셨어요. 나는 이걸 해본 적도 없는데 왜인지 듣는 족족 알아듣겠더라고요. 그러니 수녀님들도 신나서 가르쳐주셨고요. 그렇게 배운 내용을 내가 손으로 다 적어서 다른 동료들에게 알려주고는 했어요. 나중에는 다른 사람들이 만든 제품에 이상은 없는지, 제대로 떴는지 검수하는 작업을 맡게 되었고요."

17세부터 한림수직에 근무했다는 김명열 장인은 그때의 작업을 즐겁게 회상한다. 장인에게는 이렇게 과거의 기억을 되살려 젊은 사람들에게 한림수직의 뜨개를 전수하는 일이 꿈만 같다.

"나는 사실 이게 다 없어질 거라고 생각했어요. 근데 이렇게 열심히 배우는 제자들을 만나서 얼마나 즐거운지 몰라요. 옛날 한림수직의 뜨개를 현재에 전할 수 있다는 것이 너무 기뻐요. 아쉬운 것은 당시 한림수직에는 너무나도 다양한 문양들이 있었는데, 지금 남아 있는 문양은 많지 않더라고요. 그리고 내가 문양을 부르는 이름과 요즘에 뜨개를 배우는 사람들이 부르는 이름도 다 다르고요. 그런 것들을 맞춰가면서 도안을 만들고 있어요."

오래전 한림수직에 근무했던 김명열 장인을 찾아낸 것은 제주의 로컬 브랜드를 발굴하며 〈인(iiin)〉 매거진을 만들고 있는 콘텐츠그룹 제주상회. 어렵게 연락이 닿은 장인에게 한림수직 재생 프로젝트를 위해 당시의 경험과 지혜를 나누어 달라고 부탁했다. 한림수직의 모든 것이 역사 속으로 사라질 거라고 생각했던 김명열 장인은 흔쾌히 제안을 받아들였다. 그리고 이제는 제주의 브랜드를 다시 살리려는 열정적인 제자들에게 자신이 알고 있는 모든 것을 알려주려고 한다.

전통에서 현대로 이어지다

2005년 한림수직이 문을 닫을 수밖에 없었던 것은 90년대 이후 대량 생산된 니트가 널리 퍼지며 시장에서 차츰 설 자리를 잃었기 때문이었다. 빠른 시대의 흐름 속에 사라질 수밖에 없었지만 한림수직이 제주도 사람들에게 남긴 손으로 만드는 일의 소중한 가치와 추억은 지금까지도 제주인들의 마음 속에 감사함으로 남아 있다. 그렇게 잊힌 한림수직이 화려하게 부활을 알린 건 2021년이었다. 제주의 콘텐츠를 발굴하는 재주상회는 한림수직의 이야기를 발견하고 잊혀지기에는 너무 소중하고 가치 있는 제주의 로컬 브랜드라는 생각을 했다. 이에 이시돌농촌산업개발협회의 협조를 받아 한림수직 제품을 복원하는 프로젝트를 기획했다. 목장의 양털을 직접 깎고 실을 만드는 것부터 시작된 이 프로젝트를 통해 옛 한림수직의 패턴을 그대로 사용한 스웨터, 머플러를 복원했다.

2021년에 열린 이 크라우드 펀딩은 뜨개를 하는 사람뿐 아니라 일반인들 역시 우리가 알지 못했던 제주 명품 브랜드의 귀환에 열광하며 진심으로 환영했다. 참고로 현재 성 이시돌 목장에는 한림수직의 제품을 만들던 실을 제공해준 양의 후손인 양들이 아직도 살아 있다. 전성기에는 1,000여 마리까지 있었지만 지금 남아 있는 건 대략 50마리 정도. 그래서 양모의 양도 과거에 비하면 현저히 적어졌다.

한림수직의 시그니처 문양에 대해 묻자 김명열 장인은 또 추억 속의 소중한 이야기를 꺼내놓았다. "그때는 문양이 정말 많았어요. 수녀님들이 보여주신 책에는 전통 아란무늬 문양들이 넘쳐났지요. 수녀님이 한 번씩 책을 빌려주시면 집에 가서 책을 보고 또 보고 하고는 했어요. 다만 작업자가 늘어나고 생산량이 많아지면서 문양의 가지 수를 축소하고 통일할 필요는 있었나 봐요. 어느 순간 같은 문양의 조합만 보이더라고요. 지금 사용되는 문양은 멍석뜨기, 다이아몬드, 케이블 정도예요. 이 문양들을 조합해 한림수직의 니트를 만들죠."

한림수직의 부활을 반기는 대중의 열기에 힘입어 2022년에도 펀딩을 열었고, 처음보다 더 큰 사랑을 받았다. 한림수직의 브랜드 스토리와 퀄리티 높은 제품은 많은 팬을 만들었다. 올해에는 한림수직과 재주상회, 낙양모사가 함께 다양한 뜨개 문화 행사를 준비하고 있다.

되살아난 한림수직의 이야기

현재 김명열 장인과 재주상회에서 연구하고 있는 니트 도안은 올 가을 한림수직의 뜨개 DIY 키트로 출시될 예정이다. 2023년부터는 뜨개실 전문 기업인 낙양모사와 손을 잡고 한림수직 전용 실 개발과 로컬 니팅 문화 확산을 위한 다양한 프로젝트를 논의하고 있는데, 그중 니터들을 위한 한림수직 뜨개실이 오는 10월 출시될 예정이다. 이 실은 양털 채취 시 양에게 고통을 주지 않는 뮬징프리(Mulesing Free) 방식으로 만든 메리노울 100%의 소모방적사로, 옛 한림수직의 실과 비슷하지만 더 가볍고 부드러운 촉감을 지녔다. 낙양모사에서는 이번 프로젝트를 통해 한림수직의 문양과 아란 무늬를 표현하는데 최적화된 실을 만들고자 했다. 김명열 장인

이 복원한 옛 한림수직의 도안 역시 낙양모사에서 재현한 실과 함께 키트로 엮을 예정으로, 오는 10월 중 낙양모사 온라인 스토어와 11월 중 성 이시돌 목장의 한림수직 팝업 매장에서 구매할 수 있다.

이와 더불어 재주상회와 낙양모사에서는 이번 프로젝트를 통해 대중에게 한림수직을 좀더 알릴 수 있는 다양한 이벤트를 준비하고 있다. DIY 키트 판매를 시작으로 리트릿 여행, 전시, 판매 등을 진행할 예정이다.

연말에는 서울과 제주 양쪽에서 옛 한림수직의 작품들과 스토리를 경험할 수 있는 전시가 열린다. 서울에서는 12월 중에 낙양모사의 갤러리 실에서 1달 동안 한림수직 제품을 만나볼 수 있으며, 제주에서는 11월 중 성 이시돌 목장 내 별도의 전시 공간에서 방문객들이 직접 한림수직의 스토리와 제품을 볼 수 있다. 또한 한림수직의 패턴을 복원하고 현대에 맞게 재해석한 여러 제품을 판매할 계획도 있다고 하니 아란 무늬를 사랑하는 니터들에게는 너무나도 반가운 소식이다.

한림수직 인스타그램 : @hallimhandweavers

한림수직
베스트
DIY 키트

한림수직
머플러
DIY 키트

10／한림수직의 라벨도 현대적인 해석을 더해 새로 태어났다. 11／제작 중인 실은 장인이 직접 문양을 떠가면서 여러 번의 테스트를 거쳤다. 12／낙양모사에서 출시 예정인 한림수직의 실. 뮬징프리 메리노 울 100%로 만들었다.

한림수직 니팅 리트릿 여행

일반인도 니터도 모두 즐길 수 있는 리트릿 여행. 성 이시돌 목장에서 목장 체험과 간단한 뜨개 체험을 통해 나를 찾는 여행을 떠나보자!

- **일정**: 1회차 2023.10.26~28 / 2회차 2023.11.16~18
- **장소**: 성 이시돌 목장 내 임피제 신부님 사택 등 (제주특별자치도 제주시 한림읍 산록남로 53)
- **대상**: 한림수직 및 손뜨개에 관심 있는 사람들 약 24명 (회당 12인)
- **프로그램**: 식사가 포함된 2박 3일 프로그램

구분	세부내용(안)	장소
한림수직 장인과의 원데이 클래스	• 한림수직 김명열 장인에게 직접 배우는 아란무늬 뜨개 클래스	이시돌 목장 임피제 신부 사택
한림수직 전시/팝업	• 한림수직 스토리 및 제품 전시 • 낙양모사 실 및 한림수직 전용 실 전시	이시돌 목장 이시돌센터
리트릿 프로그램 ① 이시돌 목장 체험	• 양들의 생태계 이해, 한림수직 제품의 양모원사 생산 스토리 공유 • 양 먹이주기 체험, 마방 투어	이시돌 목장
리트릿 프로그램 ② 니트와 관련이 있는 인근 목장 연계 투어	• 목화를 직접 재배하는 '목화오름'의 생태 체험 • 뜨개실로도 쓰이는 '면' 이야기 : 목화 원료 재배, 채취부터 가공 이후 의류 완제품 생산까지의 스토리 공유 • 차담회 형태로 진행	목화오름
리트릿 프로그램 ③ 싱잉볼 사운드 힐링	• 아침을 깨우는 새벽 크리스털 싱잉볼 프로그램	소성당
리트릿 프로그램 ④ 허브아로마 향기 명상	• 후각을 통해 정신을 가다듬는 허브아로마 향기 명상	소성당
리트릿 프로그램 ⑤ 마이클신부 차담회	• 이시돌 목장 마이클 신부님과의 차담회	이시돌 목장 임피제 신부 사택
리트릿 프로그램 ⑥ 제주 음식	• 제주 음식 연구가와 함께하는 전통주 페어링 디너 • 목장 스타일의 아침 식사	이시돌 목장 인근
리트릿 프로그램 ⑦ 제주 공예	• 제주 태왁 장인에게 배우는 망사리 그물 엮기	이시돌 목장 임피제 신부 사택

여유와 감성이 흘러 넘치는
제주의 수예 숍

취재 : 정인경 / 사진 : 김태훈

바람과 돌의 섬 제주. 공기 좋고 여유가 넘치는 이 아름다운 섬에서는 어딘가 마음도 너그러워지고 도시 생활의 고단함도 잠시 잊을 수 있다. 그런 제주에서 좋아하는 것만 가득 담아 조금씩 조금씩 행복하게 작업을 이어나가는 수예 숍을 털실타래 편집부가 방문했다. 얼굴에는 웃음 가득, 두 손에는 온정이 가득한 제주의 수예 숍 3곳을 만나보자.

제주의 작은 뜨개 공방, 뜨개 음미

제주시 골목 깊숙이 조용한 동네에 위치한 뜨개 음미. 해가 잘 드는 깔끔한 공간 안에 다양한 실과 뜨개 작품이 전시되어 있다. 하나하나 눈을 뗄 수 없는 작품과 소품들이 가득한 이곳에서 실을 구매하거나 클래스도 들을 수 있다. 특히 한국에서도 인기가 많은 작가 도카이 에리카의 작품을 취급하는 공식 인증 공방으로 도카이 에리카의 작품이나 책, 원작 실 키트 등을 직접 보고 선택할 수 있다는 장점이 있다. 직접 도안을 만드는 작가이기도 한 뜨개 음미의 공방장은 뜨개에 관한 열정이 엄청나 서울에서 열리는 뜨개 행사에도 자주 참석하며 교류하고 있다고. 산네스 간(SANDNES GARN), 니팅 포 올리브(Knitting for Olive), 하마나카(HAMANAKA), 다루마(DARUMA) 등 국내에서 인기 있는 해외 실도 다양하게 구비하고 있다. 따스한 감성의 공간이 주는 즐거움이 있는 매력적인 뜨개 공방이다.

주소 : 제주 제주시 대원길 49 D동
운영 시간 : 화, 수, 금, 토 11:00~18:00 / 목 14:00~18:00 / 일, 월 정기 휴무
인스타그램 : @knit.mmm.jeju

1／입구에서 반겨주는 직접 디자인한 니트와 직접 뜬 숄. 2／도카이 에리카의 책과 키트를 만나볼 수 있다. 3／다양한 실을 만나볼 수 있어서 더욱 즐겁다. 4／구석구석 보석이 숨어 있어 구경하는 재미가 있다.

정성껏 만드는 수예 소품, 홍가

문을 열고 안으로 들어가자마자 제주다운 다채로운 색감에 눈이 빠르게 돌아간다. 화려한 문양과 아기자기한 감성으로 가득한 수예점인 홍가에서는 바느질해서 만드는 앞치마, 조끼, 지갑 등 다양한 패브릭 소품을 판매하고 있다. 홍가만의 느낌을 그대로 담은 인테리어 소품들도 공간 구석구석 놓여 있어, 이곳에서 추구하는 작업의 방향성과 분위기가 한눈에 이해가 된다. 실제로 매장 한쪽에는 재봉틀과 여러 가지 천을 구비해두고 공방장의 작업실로 사용하고 있다고 한다. 플리마켓 참여를 시작으로 매장까지 오픈한 홍가는 지금도 주말마다 제주에서 열리는 다양한 플리마켓에 참여하고 있다. 여행 중에 만난 플리마켓에서 홍가를 접한 적 있는 사람이라면 오프라인 매장에도 들러 더욱 다양한 작품을 살펴보기를 추천한다. 특히 제주를 대표하는 동백을 비롯해 귀여운 패턴을 모티브로 한 제품이 많아서 기념품을 구매하기에도 손색이 없다.

주소 : 제주 제주시 항골남길 36 1층 101호
운영 시간 : 11:00~17:00(수 정기 휴무, 주말은 플리마켓 일정으로 유동적이니 인스타그램 확인)
인스타그램 : @hongga_art

1／문을 열기도 전에 환호성을 부르는 화려한 색감의 향연. 2／예쁜 천으로 옷을 입힌 빗자루 세트는 선물용으로 좋다. 3／제주를 대표하는 동백, 귤 등의 모티브를 사용한 컵받침. 4／흰 벽과 무명 천의 앞치마, 빨간 동백이 세련된 조화를 이룬다.

뜨개하는 모든 순간, 실의 기억

애월에 위치한 화과자 카페 '화의 기억' 위층에 함께 자리하고 있는 뜨개 작업실 '실의 기억'. 이곳을 운영하는 뜨개 작가 니팅앨리스가 2층의 공방을, 딸이 1층의 카페를 맡고 있다. 카페와 공방이 같은 공간에 있으니 따뜻한 커피나 차를 마시며 섬세하고 아름다운 뜨개 소품을 구경하기에 좋다. 이곳의 운영자인 니팅앨리스는 꼼꼼하고 쫀쫀한 손땀을 살려 다양한 작업 활동을 하고 있는데, 주로 코바늘 작업으로 모티브를 이어서 방석, 블랭킷, 커튼 등을 만든다. 여기에 오랜 시간 취미로 모아온 유럽의 빈티지 찻잔이나 접시를 뜨개 작품과 곁들여 전시한 모습을 보면, 서로 다른 소재를 어떤 방식으로 매치하는지 영감을 얻을 수 있다. 그가 가장 관심을 갖고 하는 작업도 천과 뜨개를 결합해 새로운 느낌을 내는 것이다. 모티브에 천을 덧대어 커튼을 만들기도 하고 뜨개 앞치마에 레이스를 붙여 세밀하게 디테일을 살리기도 한다. 시원하게 틘인 창밖으로 뒤뜰의 정원을 감상하며 뜨개를 할 수 있어 제주에서의 좋은 기억을 담아갈 수 있는 공간이다.

주소 : 제주 제주시 애월읍 납읍로 4 상가 2층
운영 시간 : 11:00~18:00(토, 일 정기 휴무)
인스타그램 : @knitting_alice_atelier

1／모티브에 천을 이어 만든 커튼은 니팅앨리스의 시그니처 작품이다. 2／클래식한 찻잔과 코바늘 모티브는 빈티지하면서도 세련된 느낌을 준다. 3／니팅앨리스의 코바늘 작품이 전시되어 있어 편하게 살펴볼 수 있다. 4／코바늘 편물에 레이스를 달아 완성한 앞치마.

Color Palette

1·2·3·4·5!
1~5볼로 코바늘뜨기

한 가지 무늬와 한정된 볼 수를 최대한 활용해 뜨는 다양한 소품.
그러데이션 실이 연출하는 알록달록한 컬러에도 주목해보세요.

photograph Shigeki Nakashima styling Kuniko Okabe,Yuumi Sano
hair&make-up Daisuke Yamada model Luka(167cm)

1볼

털실 1볼로 뜨는 암워머는 작은 나뭇잎 무늬를
넣으면서 원형뜨기합니다. 무늬와 찰떡궁합인
색깔을 골라 손을 돋보이게 해보세요.

Design／오카 마리코
Knitter／오카 지요코(암워머·스누드),
마노 아키요(베스트)
How to make／P.170
Yarn／올림포스 메이크메이크 100

단풍이 들기 시작한 숲속 나무들의 색 같은 컬러 그러데이션이 가을 분위기를 자아내는 스누드. 모자처럼 쓸 수 있도록 폭을 넓직하게 디자인해 3볼로 떴습니다.

5볼로 뜬 작품은 품이 넉넉한 베스트. 워머와 같은 무늬를 5열로 배치하고 옆선 무늬는 넓직하게 했으며 테두리뜨기를 목둘레에도 했습니다. 보라색 계열의 그러데이션 실을 활용해 어른스러운 느낌으로 완성했습니다.

4볼

4볼로 뜬 베스트는 어떤 옷과도 잘 어울리는 만능 코디 컬러입니다. 5볼 베스트보다 콤팩트한 폭으로 떴습니다. 하나의 무늬를 자유자재로 활용하는 재미에 푹 빠질 것 같네요.

2볼

단풍색 그러데이션 실로 뜬 작품은 2볼로 완성한 스누드. 3볼 스누드와 같은 요령으로 원형뜨기를 하지만 2무늬를 줄여서 착 달라붙는 사이즈의 일반적인 폭으로 완성했습니다.

가을의 상징, 코스모스와 고추잠자리

바람에 흔들리는 분홍빛 코스모스와 붉은 고추잠자리는 들판을 아름답게 물들이는 가을의 상징이지요.
가을 하면 떠오르는 이 모티브들을 집 안에도 놓아보세요. 가을을 더욱 가까이 즐길 수 있습니다.

photograph Toshikatsu Watanabe styling Terumi Inoue

코스모스

노란 꽃술 위에 피어나는 분홍빛의 향연. 은은
하게 퍼지는 듯한 아름다운 색감들의 조화로 마
음마저 온화해집니다. 길가에서 쉽게 만날 수 있
다는 친근함은 덤이랍니다.

Design／마쓰모토 가오루
How to make／P.177
Yarn／올림포스 25번 자수실

고추잠자리

들판을 날아다니는 '고추잠자리'는 가을이 왔음을
알려주는 상징적인 곤충이지요. 섬세한 날개 부분
은 #40 레이스 얀을 사용해서 짧은뜨기와 사슬뜨기
를 번갈아 뜨는 쌀뜨기 기법으로 떴습니다.

Design／마쓰모토 가오루
How to make／P.177
Yarn／올림포스 골드라벨 #40 레이스 얀, 25번 자수실

멕시코가 원산지인 코스모스는 일본에 19세기 중후반쯤에
들어왔고, 꽃잎 모양이 벚꽃을 닮아서 '가을 벚꽃'이라고 부
릅니다. 가을 벚꽃이라고 적고 코스모스라고 읽게 된 이유는
1977년에 유행했던 야마구치 모모에(山口百恵)의 노래 제목
때문이라고 합니다. 의외로 서구적인 면모를 지닌 코스모스,
잎 모양까지 섬세하게 살린 디자이너의 표현력에 감탄하게 됩
니다. 장식하기 쉽게 코스모스 줄기는 와이어에 실을 감았고,
잠자리는 와이어에 짧은뜨기로 뜬 몸을 달아주었습니다. 잠자
리의 몸을 2색으로 표현하는 센스까지! 정말 대단하네요.

하야시 고토미의 Happy Knitting

photograph Toshikatsu Watanabe, Noriaki Moriya(process) styling Terumi Inoue

가터뜨기와 3코 모아뜨기만으로 즐기는 무한대의 도미노뜨기

줄임코를 자유자재로 활용해 형태 만드는 아이디어가 한눈에 들어오는 페이지로 가득한 《Number Knitting》.

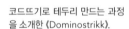
코드뜨기로 테두리 만드는 과정을 소개한 《Dominostrikk》.

《비비안의 즐거운 도미노뜨기》를 보면 도미노뜨기에는 평면적으로 연결하는 방법 말고도 즐기는 방법이 있다. 《털실타래》 겨울호에서 소개할 예정이다.

깜빡하고 단마다 줄임코를 하는 바람에 정사각형이 되지 않은 뜨개바탕. 가장자리 양쪽을 꿰매니 가위집으로 안성맞춤.

도미노뜨기라는 뜨개법을 알고 있나요? 처음 도미노뜨기를 접한 시기는 2000년, 덴마크에서 열린 북유럽 니트 심포지엄에서였습니다.

특별한 기술이 있다면 있고 없다면 없는데, 겉뜨기를 할 줄 알고 3코 모아뜨기만 알면 문제없어서입니다. 겉뜨기를 반복하므로 뜨개바탕은 가터뜨기입니다. 포인트라면 기초코를 홀수로 만들어서 중심 3코를 3코 모아뜨기하는 것, 각 단의 마지막 코는 안뜨기하고 3번째 단부터 첫 코는 '겉뜨기하듯 바늘을 넣어서 첫 코를 걸러뜨기'하는 것뿐입니다. 이렇게 하면 거의 정사각형 모티브를 완성할 수 있습니다. 단지 3코 모아뜨기를 2단에 1번씩 하는데 깜빡하고 단마다 줄임코를 해버리면 정사각형이 만들어지지 않습니다. 그렇지만 그건 그거대로 쓸 데가 있답니다.

이 기법을 처음 배울 때 흥미로운 부분은 기초코였습니다. '떠서 만드는 기초코'인데. 어머니에게 배워서 바로 따라 한 이 기초코는 가터뜨기할 때 좋다고 비비안이 가르쳐줬습니다. 도미노뜨기의 즐거움은 모티브를 하나둘 뜨면서 연결하다 보면 무늬가 생기는 부분입니다. 시작 전에 디자인을 생각해놓고 떠가는데, 미리 연결할 방향을 정하지 않으면 막상 연결해야 하는 순간 이어지지 않는 사태가 벌어진다든지 생각한대로 완성되지 않는 일도 생깁니다.

도미노뜨기는 덴마크 사람인 비비안이 독일에서 열린 하비 쇼(Hobby show)에서 발견하고 관심이 생겨서 뜨는 법을 소개한 독일인 슐츠에게 직접 배우러 갔다고 합니다. 독일에서는 '새로운 뜨개법'이라고 불렸다는데, 비비안과 북유럽 니트 심포지엄을 주최하는 Gavstrik(덴마크니트협회) 멤버들이 도미노뜨기라는 이름을 붙였다고 합니다.

도미노뜨기의 원조는 1952년에 미국에서 출간한 《Number Knitting》으로 저자는 버지니아 우

즈 벨라미(Virginia Woods Bellamy)입니다. 이 책에서 큰 모티브를 연결한 작품이 눈에 띕니다. 모헤어를 사용한 느슨한 땀으로 뜬 몇몇 여성스러운 작품들은 지금 봐도 매력적입니다. 흑백 사진이라서 색감을 선명하게 알기 힘들지만 거의 단색으로 뜬 작품입니다. 흥미로운 점은 3코 모아뜨기 테크닉으로 입체감을 살린다든지 다양한 연결법을 연구해서 단색이라도 3코 모아뜨기가 디자인에 생동감을 불어넣는다는 겁니다. 이렇게 모티브를 연결하는 발상은 천을 잇대어 만드는 패치워크 퀼트에서 영감을 받은 듯합니다. 3코 모아뜨기와 줄임코로 필요한 모티브의 형태를 만드는 과정도 실려 있습니다. 이 페이지를 살펴보면 책 제목인 《Number Knitting》의 의미를 알 수 있습니다. 이 책을 선물해준 친구가 정말 고마웠습니다.

비비안의 첫 책 《Dominostrikk》은 노르웨이에서 출판됐는데, 그녀의 책이라서가 아니라 도미노뜨기를 소개하는 책이 필요하다고 생각해 《비비안의 즐거운 도미노뜨기》(2001)를 출간했습니다. 이번에는 얼마 전에 구한 그러데이션 실로 작품을 떠봤는데 자연스럽게 무늬가 생기면서 톡톡 튀는 뜨개바탕을 완성할 수 있었습니다. 색을 바꾸지 않아도 도미노뜨기가 개성 있는 무늬를 만들므로 그러데이션 실을 사용해보기 바랍니다. 겨울호에서 도미노뜨기의 또 다른 매력을 소개하겠습니다.

기본 도미노뜨기와 기본 모티브의 4분의 1 크기 모티브를 조합해 연결법을 중간에 바꿔봤더니 그러데이션 효과와 맞물려 신비로운 무늬가 탄생했습니다. 테두리는 익숙한 아이코드 코막음을 사용했습니다.

Design／하야시 고토미
How to make／P.172
Yarn／쇼벨 자우어볼 크레이지

모티브

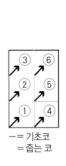

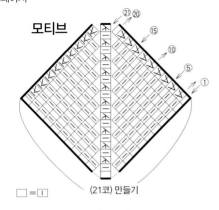

－= 기초코
= 줍는 코

□ = ﹏ (21코) 만들기

도미노뜨기 연결법

❶ 모티브 1장을 뜹니다. 마지막에 바늘의 걸린 코가 다음 모티브의 첫 코가 됩니다 (모티브 뜨는 법→P.174).

❷ 한 변에서 코를 줍습니다. 걸러뜨기한 코에 바늘을 넣어서 10코를 줍습니다. 바늘에 11코가 걸려 있습니다.

❸ 안면으로 뜨개바탕을 뒤집고 떠서 만드는 기초코(→P.174)로 10코를 만듭니다.

❹ 10코를 만든 모습. 뜨개바탕을 뒤집지 않은 채 2번째단(안면을 보고 뜨는 단)을 뜹니다.

❺ 같은 방법으로 모티브 3장을 뜨면서 연결했습니다. 마지막 코는 실을 통과시켜 놓습니다.

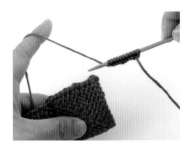

❻ 1번째 모티브에 4번째 모티브를 뜨면서 연결합니다. 떠서 만드는 기초코를 10코 준비합니다.

❼ 한 변에서 11코를 줍습니다. 마지막의 3코 모아뜨기의 겹쳐진 코는 맨 위에 있는 고리 1가닥을 줍습니다.

❽ 4번째 모티브를 완성했습니다.

❾ 5번째 모티브는 각 단에서 10코씩, 중심 3코 모아뜨기의 겹쳐진 코에서 1코를 줍습니다.

❿ 같은 방법으로 5번째, 6번째를 뜨면서 연결했습니다.

하야시 고토미(林ことみ)
어릴 적부터 손뜨개가 친숙한 환경에서 자랐으며 학생 때 바느질을 독학으로 익혔다. 출산을 계기로 아동복 디자인을 시작해 핸드 크래프트 관련 서적 편집자를 거쳐 현재에 이른다. 다양한 수예 기법을 찾아 국내외를 동분서주하며 작가들과 교류도 활발하다. 저서로《북유럽 스타일 손뜨개》등 다수가 있다.

Yarn Catalogue

가을·겨울 실 연구

이번 가을은 아름다운 컬러와 폭신폭신하고 가벼운 소재의 실이 많은 듯합니다.
자, 어떤 실로 떠볼까요?

photograph Toshikatsu Watanabe styling Terumi Inoue

 세이카
실크 하세가와

엄선한 최고급 엑스트라 실크와 슈퍼 키드 모헤어만
사용한 실로 부드러운 터치감과 고급스러운 광택을 느
낄 수 있습니다. 좋은 소재만이 주는 기분 좋은 느낌은
엄선한 원료 없이는 탄생할 수 없습니다. 단독으로도
곁들이는 실로도 사용할 수 있습니다.

Data
실크 40%·모헤어 60%, 색상 수／47, 1볼／25g·약
300m, 실 종류／극세, 권장 바늘／−

Designer's Voice
소프트한 키드 모헤어와 실크 블렌드로, 1가닥으로 뜨
면 섬세한 느낌으로 완성할 수 있습니다. 색상 수도 풍
부하고 가벼워서 다른 소재와 겹쳐서 뜨면 은근한 뉘
앙스가 생깁니다. (바람공방)

긴가—3
실크 하세가와

손으로 직접 뽑은 듯한 내추럴하고 소박한 표정의 소
재로, '톱 다이드 멜란지'로 불리는 방법으로 색을 입혔
습니다. 방적하기 전에 먼저 실크 '염색솜'을 만들고 믹
스해서 실을 만들므로 여러 색이 포개져서 복잡하고
깊이 있는 고급스러운 색이 됩니다.

Data
실크 100%, 색상 수／130, 1볼／50g·약 280m, 실
종류／합세, 권장 바늘／2~4호(대바늘)·2/0~4/0호
(코바늘)

Designer's Voice
소박함과 다양한 색상이 큰 매력입니다. 실은 가늘지만
빡빡하지 않게 잘 떠졌습니다. 다른 소재와도 궁합이 좋
아 용도의 폭이 넓다고 생각합니다. (오쿠즈미 레이코)

테디
DMC

차분한 파스텔컬러와 부드러운 모피 같은 질감의 베이비 얀입니다. 실의 심이 굵고 퍼가 잘 빠지지 않는 구조입니다. 심플한 뜨는 법으로도 귀엽게 완성할 수 있어 초심자에게도 추천합니다.

Data
나일론 100%, 색상 수／14, 1볼／50g·약 90m, 실 종류／병태, 권장 바늘／11～12호(대바늘)·9/0호(코바늘)

Designer's Voice
이름대로 폭신폭신하고 보들보들한 촉감으로 완성품의 느낌도 귀엽습니다. 털이 긴 실은 심이 무척 가늘어서 뜨기 어렵지만, 테디는 심이 딱 잡혀 있어 뜨기 쉬웠습니다. (우노 지히로)

키드 클래식
로완

램스 울과 키드 모헤어의 조합은 떴을 때 부드럽고 가벼운 느낌으로 완성됩니다. 뜨기 쉬운 굵기로 오랫동안 사랑받고 있는 로완의 스테디셀러입니다. 아름다운 컬러로도 정평 나 있습니다.

Data
울 70%·모헤어 22%·나일론 8%, 색상 수／16, 1볼／50g·약 140m, 실 종류／합태, 권장 바늘／9～10호(대바늘)·8/0호(코바늘)

Designer's Voice
메리야스뜨기도 무늬뜨기도 코가 가지런하게 떠지는, 고급스러움이 넘치는 모헤어입니다. 털이 짧아 초심자도 뜨기 쉬우며, 포근하고 따뜻한 표정의 작품을 완성할 수 있습니다. (다마무라 리에코)

스트리셰
스키 모사

이탈리아에서 온 울과 아크릴의 그러데이션 실입니다. 비슷한 컬러의 그러데이션부터 여러 컬러의 그러데이션까지 다채로운 색감이 특징인 실로, 단순하게 뜨는 것만으로도 풍부한 표정이 만들어집니다. 가볍고 따뜻해 의류부터 소품까지 폭넓게 사용할 수 있습니다.

Data
울 51%·아크릴 49%, 색상 수／5, 1볼／50g·약 175m, 실 종류／합태, 권장 바늘／4~6호(대바늘)·4/0~6/0(코바늘)

Designer's Voice
몽실몽실 겨울의 표정을 가진 실이지만 가볍고 다루기 쉬운 굵기로 대바늘과 코바늘 모두 즐길 수 있습니다. 개성 있는 컬러를 두루 갖춘 점도 매력입니다. (오카 마리코)

스키 칼
스키 모사

알파카 혼방의 울을 사용해 부드러움과 포근함이 특징으로, 아크릴을 넣어 가벼움을 더한 스트레이트 얀입니다. 컬러는 은은한 멜란지풍으로 단색과 배색 모두 멋스럽습니다. 가는 느낌의 산뜻한 실로 가을 겨울 시즌의 코바늘 뜨개에 특히 추천합니다.

Data
울 70%·알파카 20%·아크릴 10%, 색상 수／12, 1볼／30g·약 96m, 실 종류／합태, 권장 바늘／4~5호(대바늘)·5/0~6/0(코바늘)

Designer's Voice
촉감이 좋아 뜨기 좋은 실입니다. 색상이 다양해 배색 무늬뜨기나 줄무늬뜨기도 즐길 수 있습니다. 실이 단단해 보풀이 잘 생기지 않고 다루기 쉽습니다. (가와이 마유미)

다이아 코프렛
다이아몬드 모사

광택감 있는 소재로 롱 그러데이션을 만들고, 단색의 가는 헤어리 실과 조합했습니다. 극세 반짝이가 기모감 안에서 반짝거려 우아함이 느껴지게 완성할 수 있습니다. 소프트한 촉감과 가벼운 마무리감이 입었을 때 기분 좋은 느낌을 선사합니다.

Data
울 53%·나일론 26%·아크릴 16%·폴리에스테르 5%, 색상 수／8, 1볼/30g·약 102m, 실 종류／병태, 권장 바늘／6〜7호(대바늘)·5/0〜6/0(코바늘)

Designer's Voice
부드러운 반짝이가 살짝 들어 있고, 그러데이션이 천천히 변하는 멋스러운 실입니다. 뜨기 쉽고 질감과 컬러 모두 우아한 인상을 주는 사용하기 좋은 실입니다. (모리 시즈요)

다이아 타탄
다이아몬드 모사

울 안에 영국산 양모를 50% 사용해 본연의 탄력감을 살리면서 부드러움까지 겸비한 뜨기 좋은 실입니다. 특히 바탕무늬나 교차무늬 등 입체감 있는 뜨개 표현에는 최적입니다. 손뜨개만의 온기가 느껴지는 작품 제작을 즐길 수 있습니다.

Data
울 100%(영국산 양모 50%), 색상 수／11, 1볼／35g·약 96m, 실 종류／병태, 권장 바늘／5〜7호(대바늘)·5/0〜6/0(코바늘)

Designer's Voice
촉감은 부드럽지만 잘 뜨면 바탕무늬가 깔끔하게 나옵니다. 폭신폭신하게 뜰 수도 있을 것 같은 만능 느낌의 실이었습니다. (시바타 준)

합사의 즐거움

취재 : 정인경 / 사진 : 김태훈

뜨개 프로젝트를 처음 시작할 때의 즐거움은 도안을 고르고 그에 어울리는 실을 선택하는 순간일 것이다. 여러 브랜드의 실을 써보고 원작 실도 사용해보았지만 좀 더 색다른 느낌을 내고 싶다면 합사가 정답! 합사는 서로 다른 실을 2겹 이상 겹쳐 한 줄의 실처럼 사용해 뜨개를 하는 것을 말한다. 재질이 다른 실을 하나로 만들거나 서로 어울리는 색상으로 그러데이션을 만들어가면서 나만의 작품을 만들어보자!

열매달 이틀

롤리팝 + 온화

롤리팝은 오묘한 그러데이션과 은은한 글리터, 부드러운 코튼이 섞인 실입니다. 온화는 열매달 이틀이 자신 있게 선보이는 울 100%의 실로, 기모감이 특히 도드라지는 실입니다. 가볍고 부드럽고 포근하면서도 기모감이 좋아 보온성이 우수합니다. 이렇게 기모감이 좋은 실들은 세탁 시 코가 매우 가지런히 정렬되기 때문에 초보자에게도 추천하는 실이랍니다. 온화에 롤리팝을 섞어 오묘한 블렌딩 색상을 연출해보았습니다.

롤리팝 : 코튼 24%, 아크릴 52%, 나일론 22%, 메탈 2%
온화 : 울 100%

샬롯 모헤어 + 손염색실

샬롯은 투명한 수채화 같은 느낌을 주는 모헤어입니다. 우아한 분위기의 편물을 만들 수 있으며 풍성한 헤어가 화려한 포인트가 될 수도 있는 실입니다. 색상이 불규칙하게 배열되는 손염색실과 합사하여 우연이 만들어내는 다양한 표현이 이루어지도록 해보았습니다. 손염색실의 경우 색상이 너무 튀는 느낌이라 사용하기 망설여졌다면 모헤어와 함께 합사해 좀 더 부드러운 그러데이션을 만들 수 있답니다.

샬롯 모헤어 : 키드모헤어 70%, 나일론 30%

보뮬린(Bomulin) + 실크 모헤어(Silk Mohair)
덧수: 보뮬린(Bomulin) 1합 + 스피니(Spinni) 1합
이사거

여름 실(Bomulin)과 겨울 실(Silk Mohair)의 합사입니다. 그 외에 편물 위에 가로와 세로로 들어가는 덧수도 가로는 여름 실(Bomulin), 세로는 겨울 실(Spinni)이 사용되었습니다. 이사거의 오리지널 디자인인 '헤이지 재킷(Hazy jacket)'의 패턴이며 봄가을 의류 편물로 적합합니다. 헤어감 있는 합사지만 너무 두껍지 않은 것이 매력입니다. 또, 기존의 합사가 보통 '같이 붙잡고 뜨는' 것 자체에만 포커스가 맞춰져 있었다면, 이 디자인은 덧수로도 다양한 분위기를 자아내는 것이 특징입니다.

보뮬린 : 코튼 65%, 리넨 35%
스피니 : 울 100%
실크 모헤어 : 실크 25%, 모헤어 75%

느린멜로디

회르(Hør) + 알파카1(Alpaca1)
이사거

여름 실(Hør)과 겨울 실(Alpaca1)을 합사해 독특한 느낌을 만들었습니다. 이사거의 실은 대체로 가늘기 때문에 합사를 한다 해도 바늘의 굵기가 굵어지는 편은 아닙니다. 스와치 편물은 이사거의 오리지널 패턴북인 《A Knitting Life》에 수록된 패턴 중 하나로, 봄가을 의류 편물로 적합합니다. 헤어감을 선호하지는 않지만 보온성과 약간의 도톰함을 원하는 분이라면 알파카 실을 합사하면 딱 마음에 드는 편물을 만날 수 있습니다.

Hør : 오가닉 리넨 100%
Alpaca1 : 알파카 100%

클라우드 + 블랜드

클라우드는 각각 다른 색상의 실을 3겹 연사한 제품으로 각 색상의 매력이 느껴지는 원사입니다. 슈퍼 파인 메리노 울의 원사라서 세탁 후에 기모감이 더욱 차오르고 보송해 집니다. 여기에 색감이 돋보이는 멜란지 모헤어인 블랜드를 합사했습니다. 블랜드의 경우 3합 이상으로 합사해 단독으로 사용해도 좋은 실입니다. 클라우드와 블랜드 모두 '핑크 멜란지' 색상을 사용해 조합했습니다.

클라우드 : 슈퍼 파인 메리노 울 100%
블랜드 : 모헤어 15%, 울 25%, 나일론 30%, 아크릴 30%
작품 제작 : @neulbo.knit

솜솜뜨개

솜블

솜솜뜨개의 유니크한 합사 실인 솜블입니다. 이미 합사가 되어 있는 실이기 때문에 번거로운 과정 없이 곧바로 독특한 편물을 만들 수 있다는 장점이 있습니다. 총 5가닥으로 되어 있으며 각각의 실은 색상과 혼용률이 다릅니다. 샘플은 '사계' 색상을 사용하였습니다.

3가닥 : 알파카 30%, 슈퍼 메리노 울 50%, 나일론 20%
1가닥 : 슈퍼 메리노 울 50%, 나일론 45%, 캐시미어 5%
1가닥 : 앙고라 40%, 울 30%, 나일론 30%
작품 제작 : @jieun_knitting

램 85(Lamb 85)
아브리루

아브리루의 램 85를 2색상씩 합사해 독특한 색상 배열의 양말을 만들었습니다. 이 실은 부드러우면서도 좋은 내구성을 갖추었기에 의류는 물론 양말, 인형을 뜨는 데 추천하는 실입니다. 단독으로 사용해도 좋지만 샘플처럼 두 컬러 이상을 합사해 작품을 만들면 멜란지 톤의 매력이 돋보입니다.

램 85 : 울 85%, 나일론 15%

코와코
이로이로

울 로빙(Wool Roving) + 파푸(Pafu)
다루마 + 아브리루

다루마의 울 로빙은 울 100% 소재로 무척 폭신폭신한 질감의 굵은 양모 사입니다. 매우 가벼우면서도 따뜻하고 적당한 탄성이 있어 작품을 뜨기 좋습니다. 아브리루의 파푸는 작은 크기의 폼폼 알맹이가 귀여운 독특한 실입니다. 심지의 색상과 같은 실과 합사하면 폼폼 알갱이가 편물에 콕콕 박혀 있는 것처럼 돋보이게 표현할 수 있습니다.

울 탐 : 울 100%
파푸 : 아크릴 60% 나일론 40%

Let's Knit in English!
니시무라 도모코의 영어로 뜨자

뜨는 법 약어, 때로는 친절하게

photograph Toshikatsu Watanabe styling Terumi Inoue

영어 패턴의 약어는 뜨는 법을 문장 순서대로 압축해 최대한 줄인 형태로 표시하는데, 뜨개 기호처럼 표준화되어 있지는 않습니다. 그러므로 쓰는 사람에 따라 약어가 조금씩 다르기도 합니다. 게다가 '어디까지 줄일지'에 대한 관점도 차이가 있는데 어떤 약어는 니터의 입장을 고려한 배려가 느껴지기도 합니다.

니터가 자주 헷갈리는 표현이 pass over(덮어씌우기)입니다. 단독으로 쓰이지 않고 pass A over B(A를 B에 덮어씌운다)로 쓰는데, 목적어가 필요합니다. 목적어가 더해지고 뜨는 과정이 길어지면 pass와 over가 문장 속에서 멀리 떨어져 알기 힘듭니다.

skp(또는 skpo)를 예로 들어보겠습니다. Slip 1 st knitwise, k1, pass slipped stitch over the knit stitch, 번역하면 '다음 코에 겉뜨기하듯 오른바늘을 넣어서 옮기고, 다음 코를 겉뜨기한 뒤 오른바늘에 옮긴 코를 방금 뜬 코에 덮어씌운다', 즉 우리에게 익숙한 '오른코 겹쳐 2코 모아뜨기'에 관한 설명입니다.

이번에 소개하는 무늬에 등장하는 표현은 sk2po와 s2kpo입니다. 무늬 패턴 가운데서도 짧게 줄인 편이지만 딱 떨어지지는 않습니다. 이 2개는 비슷한 듯 보여도 전혀 다릅니다. 약어 때문에 혼동하지 않도록 일부러 이 형식을 취했습니다. 포인트는 '2'의 위치이니 다음에는 헷갈리지 않기를 바랍니다.

〈Pattern A〉

multiple of 10 sts + 3 sts,(including 1 edge st on each side)

●sk2p(o)= slip 1 knitwise, k2tog, pass slipped st over the knit stitch

Row 1 (RS): K1 (edge st), *k1, yo, k3, slip 1 knitwise, k2tog, pass slipped st over the knit stitch, k3, yo; rep from * to last 2 sts, k1, then k1 (edge st).

Row 2 and all even numbered rows: K1 (edge st), purl to last st, k1 (edge st).

Row 3: K1 (edge st), *k2, yo, k2, slip 1 knitwise, k2tog, pass slipped st over the knit stitch, k2, yo, k1; rep from * to last 2 sts, k1, then k1 (edge st).

Row 5: K1 (edge st), k2tog, yo, *k1, yo, k1, slip 1 knitwise, k2tog, pass slipped st over the knit stitch, k1, yo, k1, slip 1 knitwise, k2tog, pass slipped st over the knit stitch, yo; rep from *to last 10 sts, k1, yo, k1, slip 1 knitwise, k2tog, pass slipped st over the knit stitch, k1, yo, k1, yo, slip 1 knitwise, k1, pass slipped st over the knit stitch, k1 (edge st).
Repeat these 6 rows for pattern.

〈무늬 A〉

기초코는 10코 배수+3코(양 끝의 가장자리 코를 1코씩 포함한다)

●sk2p(o)=(다음 코에) 겉뜨기하듯이 오른바늘에 옮기고, 왼코 겹쳐 2코 모아뜨기한 후 오른바늘에 옮겨긴 코를 방금 뜬 코에 덮어씌운다=오른코 겹쳐 3코 모아뜨기

1단(겉면): 겉뜨기 1(가장자리 코), *겉뜨기 1, 걸기코, 겉뜨기 3, 겉뜨기하듯이 오른바늘에 옮기기, 왼코 겹쳐 2코 모아뜨기, 오른바늘에 옮겨놓은 코를 방금 뜬 코에 덮어씌우기, 겉뜨기 3, 걸기코*, 마지막 2코가 남을 때까지 *_*을 반복, 겉뜨기 1, 겉뜨기 1(가장자리 코).

2단+짝수단: 겉뜨기 1(가장자리 코), 마지막 1코 전까지 안뜨기, 겉뜨기 1(가장자리 코).

3단 : 겉뜨기 1(가장자리 코), *겉뜨기 2, 걸기코, 겉뜨기 2, 겉뜨기하듯이 오른바늘에 옮기기, 왼코 겹쳐 2코 모아뜨기, 오른바늘에 옮겨놓은 코를 방금 뜬 코에 덮어씌우기, 겉뜨기 2, 걸기코, 겉뜨기 1*, 마지막 2코가 남을 때까지 *_*을 반복, 겉뜨기 1, 겉뜨기 1(가장자리 코).

5단 : 겉뜨기 1(가장자리 코), 왼코 겹쳐 2코 모아뜨기, 걸기코, *겉뜨기 1, 걸기코, 겉뜨기 1, 겉뜨기하듯이 오른바늘에 옮기기, 왼코 겹쳐 2코 모아뜨기, 오른바늘에 옮겨놓은 코를 방금 뜬 코에 덮어씌우기, 겉뜨기 1, 걸기코, 겉뜨기 1, 걸기코, 겉뜨기하듯이 오른바늘에 옮기기, 왼코 겹쳐 2코 모아뜨기, 오른바늘에 옮겨놓은 코를 방금 뜬 코에 덮어씌우기, 걸기코* 마지막 10코가 남을 때까지 *_*을 반복, 겉뜨기 1, 걸기코, 겉뜨기 1, 겉뜨기하듯이 오른바늘에 옮기기, 왼코 겹쳐 2코 모아뜨기, 오른바늘에 옮겨놓은 코를 방금 뜬 코에 덮어씌우기, 겉뜨기 1, 걸기코, 겉뜨기 1, 걸기코, 겉뜨기하듯이 오른바늘에 옮기기, 겉뜨기 1, 오른바늘에 옮겨놓은 코를 방금 뜬 코에 덮어씌우기, 겉뜨기 1(가장자리 코).
1~6단을 반복한다.

뜨개 약어

약어	영어 원어	우리말 풀이
k	knit	겉뜨기, 겉뜨기 코
kwise	knitwise	겉뜨기하듯이
p	purl	안뜨기, 안뜨기 코
psso	pass (slipped stitch) over	(옮겨놓은 코를) 덮어씌우기
rep	repeat	반복, 반복한다
RS	Right Side	겉면
sl	slip	(뜨개코를) 옮기기
st(s)	stitch(es)	뜨개코, 코
WS	Wrong Side	안면
yo	yarn over	걸기코
–	multiple	배수

〈Pattern B〉

multiple of 6 sts + 3 sts,(including 1 edge st on each side)

● s2kp(o) = slip 2 sts together knitwise, k1, pass slipped sts over the knit stitch

Row 1 (RS): Knit to end.
Row 2 (WS): K1, purl to last st, k1.
Rows 3 & 4: Rep Rows 1 and 2.
Row 5: K2, rep (yo, k1) to last st, k1.
Row 6: Knit to end.
Row 7: K3, *k3, (slip 2 sts together knitwise, k1, pass slipped sts over the knit stitch, return 2 sts back to LH needle) twice, slip 2 sts together knitwise, k1, pass slipped sts over the knit stitch, k4; rep from * to end.
Row 8: K1, purl to last st, k1.
Repeat these 8 rows for pattern.

〈무늬 B〉

기초코는 6코 배수+3코(양 끝의 가장자리 코를 1코씩 포함한다)

● s2kp(o)=다음 2코에 겉뜨기하듯이 오른바늘을 넣어서 한 번에 옮기고, 다음 코를 겉뜨기한 다음, 오른바늘에 옮겨놓은 2코를 방금 뜬 코에 덮어씌운다 = 중심 3코 모아뜨기

1단(겉면) : 마지막까지 겉뜨기한다.
2단(안면) : 겉뜨기 1, 마지막 1코 전까지 안뜨기, 겉뜨기 1.
3·4단 : 1·2단을 반복한다.
5단 : 겉뜨기 2, 마지막 1코 전까지 (걸기코, 겉뜨기 1)을 반복, 겉뜨기 1.
6단 : 마지막까지 겉뜨기한다.
7단 : 겉뜨기 3, *겉뜨기 3, (다음 2코에 겉뜨기하듯이 오른바늘을 넣어 한 번에 옮기기, 다음 코 겉뜨기, 오른바늘에 옮겨놓은 2코를 방금 뜬 코에 덮어씌우기, 오른바늘에서 왼바늘에 2코 돌려놓기)를 2회 반복, 다시 한 번 다음 2코에 겉뜨기하듯이 오른바늘을 넣어 한 번에 옮기기, 다음 코를 겉뜨기, 오른바늘에 옮겨놓은 2코를 방금 뜬 코에 덮어씌우기, 겉뜨기 4코*, **을 마지막까지 반복한다.
8단 : 겉뜨기 1, 마지막 전 1코까지 안뜨기, 겉뜨기 1.
1~8단을 반복한다.

니시무라 도모코(西村知子)

니트 디자이너. 공익재단법인 일본수예보급협회 손뜨개 사범. 보그학원 강좌 '영어로 뜨자'의 강사. 어린 시절 손뜨개와 영어를 만나서 학창 시절에는 손뜨개에 몰두했고, 사회인이 되어서는 영어와 관련된 일을 했다. 현재는 양쪽을 살려서 영문 패턴을 사용한 워크숍·통번역·집필 등 폭넓게 활동하고 있다. 저서로는 국내에 출간된 《손뜨개 영문패턴 핸드북》 등이 있다. Instagram : tette.knits

Yarn World

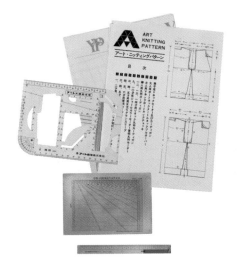

'니트센터 준'의 전시회.

연구회에서 사용한 수편기 옷본과 제도 도구.

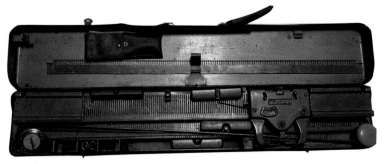

부라더사의 초기 수편기.

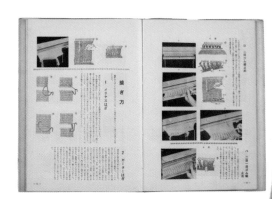

연구회에서 사용한 아트 뜨개 작품 전집.

기타가와 게이(北川ケイ)

일본 근대 서양 기예사 연구가. 일본 근대 수예가의 기술력과 열정에 매료되어 연구에 매진하고 있다. 공익재단법인 일본수예보급협회 레이스 사범. 일반사단법인 이로도리 레이스자료실 대표. 유자와야 예술학원 가마타교·우라와교 레이스뜨기 강사. 이로도리 레이스자료실을 가나가와현 유가와라에서 운영하고 있다.
http://blog.livedoor.jp/keikeidaredemo

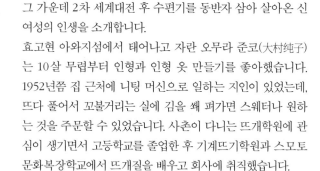

신여성의 수예 세계로 타임슬립!

2차 세계대전 후 신여성의 수편기 인생

이로도리 레이스자료실은 수예와 관련 있는 귀중한 이야기와 에피소드에 아울러 레트로한 도구를 기증받습니다. 이번에는 그 가운데 2차 세계대전 후 수편기를 동반자 삼아 살아온 신여성의 인생을 소개합니다.

효고현 아와지섬에서 태어나고 자란 오무라 준코(大村純子)는 10살 무렵부터 인형과 인형 옷 만들기를 좋아했습니다. 1952년쯤 집 근처에 니팅 머신으로 일하는 지인이 있었는데, 뜨다 풀어서 꼬불거리는 실에 김을 쐬 펴가면 스웨터나 원하는 것을 주문할 수 있었습니다. 사촌이 다니는 뜨개학원에 관심이 생기면서 고등학교를 졸업한 후 기계뜨기학원과 스모토 문화복장학교에서 뜨개질을 배우고 회사에 취직했습니다.

그즈음 편물검정시험을 장려하던 선생님에게 자기 밑에서 3년 정도 공부해보라는 권유를 받고 회사에 다니며 오사카로 오가는 생활을 시작했습니다. 아와지섬에서 새벽 4시에 배로 출발해 오사카까지 5시간. 배로는 수편기를 직접 들고 다녔습니다. 선생님의 격려와 친구들의 지지 덕분에 9년이나 이 생활을 이어갔습니다. 특히 수편기, 손뜨개, 레이스연구회 활동이 활발해지면서 참고 도서도 연달아 출판되어 즐겁게 실력을 키워갔습니다. 편물검정 1급 취득을 비롯해 꽃꽂이, 매듭 등 다양한 기술을 배웠습니다.

그러던 중 낮에 일하는 여성을 위해 자택에서 저녁 뜨개 수업을 시작했습니다. 뜨개질을 가르치는 데 그치지 않고, 일하는 여성의 미래를 고민하다가 2년 후에는 손뜨개 외에 다른 기술을 보유한 사람들과 함께 '니트센터 준' 학원을 열었습니다. 수예 각각의 기본을 중요시하고 배우는 사람, 가르치는 사람이 서로 마음 편하게 지낼 수 있는 공간을 마련하는 것을 모토로 삼았습니다. 수강생도 점점 늘어 100명 규모로 성장해 인기 니트센터가 되었습니다.

한편 오무라 준코는 공부를 꾸준히 이어갔습니다. 다카야 요시코(高谷芳子)의 추천으로 도쿄 니트 프로 양성 과정 1기생으로 안토 다게오(安藤武男) 선생에게 2년 동안 입체 원형과 소매 원리, 변형 기술을 배운 후 학원을 후배들에게 맡기고 ㈜다이아토리코에 입사해 도쿄로 향했습니다. 가봉하지 않는 니트 세계에서 실 1가닥으로 모양을 만들고 다양한 기법을 활용한 니트가, 남다른 체형의 손님이 만족하는 모습이, 무엇보다도 배움이 즐거웠다고 합니다.

오무라 준코는 말합니다. 22년 동안 근무한 회사에서 정년퇴직한 지금, 손뜨개를 중심으로 취미 생활을 즐기고 있지만, 시대를 막론하고 실 1가닥으로 누군가와 이어지는 수예의 세계에서 감수성을 기르다 보면 따뜻함으로 가득한 풍요로운 인생을 보낼 수 있다는 확신이 있다고 말입니다.

Yarn World

이거 진짜 대단해요! 뜨개 기호
필수 기호!? 중심 3코 모아뜨기【대바늘뜨기】

여러분, 뜨개질하고 있나요? 뜨개 기호를 아주 좋아하는 뜨개남(아미모노)입니다. 기다리고 기다리던 때가 왔습니다! 아직은 더위가 한창이지만, 손뜨개를 좋아하는 사람에게 최상의 계절이 돌아왔습니다. 그러면 선선해지기 전에 한 작품이라도 더 많이 떠보자고요! 이번에는 대바늘뜨기 기호 '중심 3코 모아뜨기'를 다룹니다. 이 기호대로 뜨면 한 번에 2코가 줄어듭니다. 2코 모아뜨기의 발전형이라고 할 수 있겠네요. 왜 '중심'이라고 표현하는지는 기호의 형태를 보면 추측할 수 있는데 3코 중에서 중심 1코가 서 있기 때문입니다. 중심을 꿰뚫은 당당한 모습에 푹 빠져들 것 같지 않으나요? 기호 자체가 멋지답니다.

중심 3코 모아뜨기는 다양한 무늬를 만드는 데 쓰기도 하고, 모자 만들기의 분산 줄임코에도 사용합니다. 특히 비침무늬의 핵심 기호라고 해도 지나치지 않은데 대부분 걸기코와 세트입니다. 2코 줄어든 만큼 걸기코를 2코 넣으니 결국 콧수는 그대로입니다. 걸기코가 구멍이 되어 무늬를 완성하는 원리입니다.

뜨는 법의 기본은 '2코를 옮기고 1코 뜬 후에 2코를 덮어씌운다'로 외워두면 편리합니다. 이 기본 규칙으로 거의 모든 무늬를 섭렵할 수 있지만, 셰틀랜드 레이스처럼 단마다 줄임코를 한다면 '안면에서 뜨는 법'도 알아둬야겠지요. 코를 바꿔 끼우기만 하면 겉면에서 볼 때 중심 3코 모아뜨기를 완성할 수 있습니다. 혹시 여유가 있다면 한번 해보세요.

응용 기법으로 '중심 5코 모아뜨기'와 '중심 돌려 3코 모아뜨기'가 있는데 기본적으로 뜨는 법은 중심 3코 모아뜨기와 같습니다. 5코든 돌려뜨기든 중심에 코가 서 있으면 됩니다. 이런 류의 기호는 무늬 속에서는 별로 눈에 띄지 않지만 '중심'이라고 하면 떠오르겠지요? 주의해야 할 점은 옷을 뜨면서 진동 둘레, 목둘레의 줄임코과 겹칠 때입니다. 마지막까지 중심 3코 모아뜨기 무늬를 넣고 싶겠지만 가장자리의 끝까지 넣으면 콧수가 맞지 않을 수 있습니다. 무늬는 대부분 걸기코와 세트잖아요? 그럴 때는 2코 모아뜨기로 변형해 무늬를 조정합니다.

뜨다가 '아! 맞다, 이 부분을 신경 써야지' 하는 생각이 든다면 어엿한 프로 니터입니다. 코의 변화를 알기 쉽고, 뜨는 즐거움을 맛볼 수 있으면서 정말 멋진 중심 3코 모아뜨기. 한번 도전해보세요.

 대단해요! 뜨개 기호 **1번째** 외워두면 편리한 중심 3코 모아뜨기

중심 3코 모아뜨기

1 2코에 화살표처럼 오른바늘을 왼쪽에서 넣어 뜨지 않고 옮긴다.

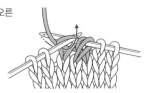

2 3번째 코에 바늘을 넣고 실을 걸어서 빼낸다.

3 3번째 코에 덮어씌운다.

4 중심 3코 모아뜨기를 완성했다.

대단해요! 뜨개 기호 **2번째** 단마다 무늬 뜰 때 사용

 중심 3코 모아뜨기(안쪽에서 뜰 경우)

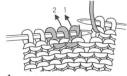

1 1과 2 순서로 화살표처럼 바늘을 넣어 뜨지 않고 옮긴다.

2 화살표처럼 왼바늘을 넣어 코를 돌려놓는다.

3 화살표처럼 오른바늘을 넣고

4 3코를 한 번에 안뜨기한다. 겉면에서 보면 중심 3코 모아뜨기가 된다.

뜨는 법의 기본은 똑같지만 역시 어려워 보이는구나…

대단해요! 뜨개 기호 **3번째** 기본은 똑같은 응용 편

중심 5코 모아뜨기

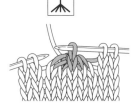

중심 돌려 3코 모아뜨기

뜨개남의 한마디
수많은 뜨개 기호 가운데서도 '중심 3코 모아뜨기'라는 단어의 어감을 가장 좋아합니다. 어딘지 멋져 보이거든요. 이 기법은 한 번에 2코가 줄어들므로 다양한 상황에서 활용할 수 있습니다. 익혀두면 편리하겠지요.

(뜨개남의 SNS도 매일 업로드 중!)
http://twitter.com/nv_amimono
www.facebook.com/nihonvogue.knit
www.instagram.com/amimonojapan

이제 와 물어보기 애매한!?
가장자리 코 처리 문제

대바늘 손뜨개의 가장자리 코를 여러분은 어떻게 뜨고 있는지 궁금합니다.
꿰매버리면 보이지 않는 가장자리 코이지만, 의외로 다양한 방식이 있습니다.
정답은 없지만, 스스로 납득할 수 있는 가장자리 코 뜨는 법을 찾아봅시다!
촬영/모리야 노리아키

그리고 보니 가장자리 코는
어떻게 떴더라?

1 떠서 꿰매기를 할 때 가장자리 코는?

떠서 꿰매기로 가장자리의 1코를 어떻게 뜰지
몇 가지 방법을 비교해봤습니다.
각각의 장단점을 생각해봅시다.

가로로 실을 걸치는 배색무늬뜨기의 가장자리 코

가장자리까지 반복한 무늬를 떠서 꿰매기합니다.

꿰맨 부분

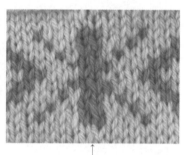

가장자리에서 2번째 코 무늬와 같은 배색으로 뜬 것을 떠서 꿰매기합니다.

꿰맨 부분

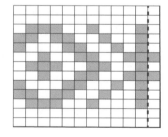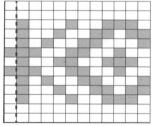

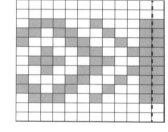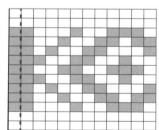

〈털실타래〉에서는 페어아일 같은 배색무늬의 가장자리 코는 무늬 반복에 맞춰서 표기했습니다. 이것은 뜨개 시작 위치가 오른쪽 끝 외에 있는 것도 기본 도안에서 언급하는 경우가 많으므로 무늬의 반복이 끊어지지 않아야 독자에게 잘 전달되기 때문입니다. 실제로 떠서 꿰매기를 해보면 싱커 루프(코와 코 사이에 걸쳐진 실)를 뜰 때, 안면에서 걸쳐진 실이 교차해 있어 초심자라면 떠야 할 실을 알아보기 어려울지도 모릅니다.

손뜨개 레슨을 받아봤다면 가장자리에서 2번째 코와 같은 색으로 뜨라고 배웠을 겁니다. 이 방법으로 떠서 꿰매기를 하면 싱커 루프가 이웃하는 코와 반드시 같은 색이 되므로 찾기 쉬울뿐더러 뜨려는 1가닥을 바늘로 건지기 좋습니다. 단, 뜰 때는 도안을 이해하는 데 주의가 필요합니다. 도안의 오른쪽 끝 외에 뜨개 시작 위치를 지정한 경우, 실제로 뜨는 가장자리 코는 1코 옆의 코의 배색으로 하지 않으면 무늬 반복이나 중심 위치가 어긋나버립니다.

안메리야스뜨기의 가장자리 코

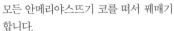

모든 안메리야스뜨기 코를 떠서 꿰매기
합니다.

꿰맨 부분

도안에 '안메리야스뜨기'라고 적혀 있으면 전체 코를 안뜨기로 하는 게 일반
적입니다. 이때 뜨는 건 딱히 문제가 없지만, 안뜨기끼리 떠서 꿰매야 하므로
뜨개바탕의 가장자리가 앞으로 말리는 경향이 있습니다. 초심자라면 그 상태
에서 하기 어려울 수 있습니다.

가장자리 1코를 겉뜨기로 떠서 꿰매기
합니다.

꿰맨 부분

개선책으로는 가장자리 1코를 겉뜨기로 뜨는 방법이 있습니다. 단, 가장자리
1코만 반대로 뜨므로 주의가 필요합니다. 떠서 꿰매기를 하면 가장자리 1코가
겉뜨기이므로 뜨개바탕의 말림 현상이 완화되어 싱커 루프를 줍기 쉽습니다.

멍석뜨기의 가장자리 코

가장자리까지 반복한 멍석뜨기를 떠서
꿰매기합니다.

꿰맨 부분

가장자리까지 반복적으로 무늬를 뜰 수는 있지만, 가장자리의 상태가 균일하
지 않습니다. 이 상태에서 떠서 꿰매기를 하면 싱커 루프를 뜰 때 불편합니다.

1코 안쪽의 뜨개코와 같은 코를 뜬 것을
떠서 꿰매기합니다.

꿰맨 부분

1코 안쪽과 같은 코에서 뜨는 방법은 같은 코 사이의 싱커 루프를 뜨므로 뜨
려는 위치를 찾기 쉽습니다.

꿰매버리면
별로 차이가 없군…

겉뜨기한 가장자리 1코를 떠서 꿰매기
합니다.

꿰맨 부분

가장자리 1코를 겉뜨기로 뜨는 것도 효과가 비슷합니다. 겉뜨기 1코가 생겨
뜨려는 위치가 분명하므로 바늘을 넣을 위치를 알기 쉽습니다. 단, 가장자리
1코만 메리야스뜨기가 되므로 게이지 차가 발생합니다.

② 무늬 맞추기를 할 때 가장자리 코는?

옆선이나 어깨 등 무늬가 정확하게 맞으면 니터의 기분이 좋습니다.
콧수가 홀수인지 짝수인지에 따라 뜨개 시작 위치를 정해봅시다.

1코 고무뜨기 : 옆선을 맞춘다

같은 콧수·짝수

↑
꿰맨 부분

같은 콧수·홀수
(가장자리 2코 겉뜨기)
↑
꿰맨 부분

같은 콧수·홀수
(가장자리 1코 겉뜨기)
↑
꿰맨 부분

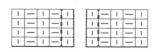

앞뒤 몸판이 같은 콧수이고 콧수가 짝수라면, 뜨개 시작 위치를 똑같이 하면 옆선 무늬가 맞습니다.

앞뒤 몸판이 같은 콧수이고 콧수가 홀수인 경우, 뜨개 시작 위치가 같으면 옆선 무늬가 좌우대칭이 되므로 꿰맸을 때 같은 코가 이웃해 겉뜨기끼리 또는 안뜨기끼리 이어집니다. 왼쪽처럼 겉뜨기가 이어지는 건 보기에 별로 신경 쓰이지 않지만, 오른쪽처럼 안뜨기끼리면 눈에 띄게 고무뜨기 사이에 골이 생겨서 피하는 게 좋습니다.

만드는 콧수가 홀수라면, 옆선은 앞뒤로 뜨개 시작 위치를 1코 물려서 맞춥니다.

1코 2단 멍석뜨기 : 옆선을 맞춘다

같은 콧수·짝수

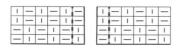
↑
꿰맨 부분

같은 콧수·홀수
↑
꿰맨 부분

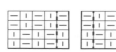

앞뒤 몸판이 같은 콧수이고 콧수가 짝수라면, 뜨개 시작 위치를 똑같이 하면 옆선 무늬가 맞습니다.

같은 조건으로 콧수가 홀수인 경우, 뜨개 시작 위치가 같으면 옆선 무늬가 좌우대칭이 되므로 꿰맸을 때 같은 코가 이웃해서 늘어진 표정이 되어버립니다.

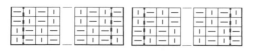

콧수가 홀수인 경우, 옆선 무늬는 앞뒤로 뜨개 시작 위치를 1코 물려서 맞춥니다.

1코 2단 멍석뜨기 : 어깨를 맞춘다

이은 부분 →

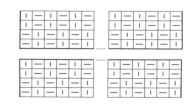

앞뒤 몸판이 같은 콧수이고 콧수가 짝수라면 뜨개 시작 위치를 똑같이 하면 어깨 무늬가 맞습니다.

이은 부분 →

같은 조건으로 콧수가 홀수인 경우, 뜨개 시작 위치가 같으면 어깨 무늬가 좌우대칭이 되므로 이었을 때 같은 코가 마주 보게 되어 늘어진 표정이 되어버립니다.

콧수가 홀수인 경우, 어깨를 맞추려면 앞뒤로 뜨개 시작 위치를 1코 물리거나 앞뒤 모두 홀수 단으로 합니다.

2코 2단 멍석뜨기 : 옆선을 맞춘다

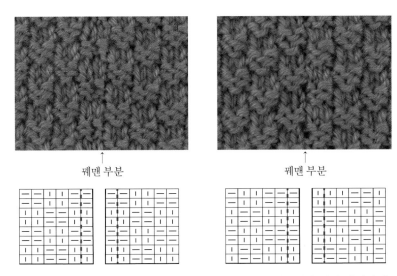

↑ 꿰맨 부분　　　　　↑ 꿰맨 부분

앞뒤 몸판이 같은 콧수인 2코 2단 멍석뜨기는 1코 2단 멍석뜨기에 비해 가장자리 패턴이 늘어나서 도안이 복잡해지기 쉽습니다. 단, 4의 배수+2코로 하면 어디서 뜨든 같은 위치에서 시작하면 반드시 옆선에서 무늬가 맞습니다. 나머지는 좌우대칭으로 하고 싶은지 아닌지로 뜨개 시작 위치를 정합시다.

2코 2단 멍석뜨기 : 어깨를 맞춘다

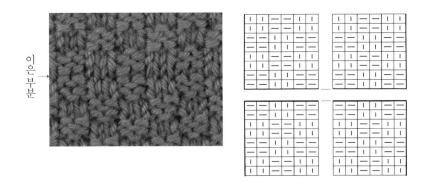

이은 부분 →

앞뒤 몸판이 같은 콧수와 같은 단수인 경우, 좌우대칭으로 배치했는데 어깨 잇기를 하면 같은 코가 마주 보게 되어 늘어진 표정이 되어버립니다.

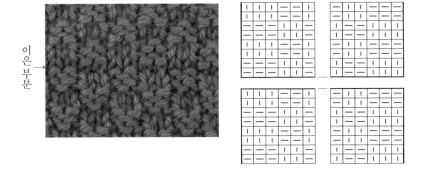

이은 부분 →

가장자리 3코를 같은 코로 배치하면 이었을 때 뜨개코가 엇갈려서 무늬의 연결 면에서는 이게 맞습니다. 또는 1코 2단 멍석뜨기와 마찬가지로 앞뒤 모두 홀수 단으로 하면 뜨개 시작 위치와 관계없이 늘어지는 느낌이 없습니다.

지금까지는 멍석뜨기 코를 전제로 설명했습니다. 도중에 교차무늬 같은 다른 무늬를 넣을 경우 양쪽 옆선에 들어가는 멍석뜨기 콧수에 따라 무늬를 시작하는 위치가 달라집니다.

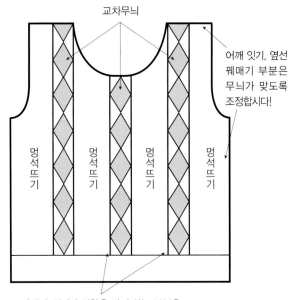

교차무늬

어깨 잇기, 옆선 꿰매기 부분은 무늬가 맞도록 조정합시다!

멍석뜨기　멍석뜨기　멍석뜨기　멍석뜨기

꿰매기, 잇기에 영향을 받지 않는 부분은 뜨개 시작 위치를 신경 쓰지 않아도 된다!

멍석뜨기의 경우, 무늬 경계에서는 좌우대칭으로 맞추더라도 표정에 차이가 나지 않으므로 옆선이나 어깨 무늬에 맞게끔 조정합니다. 같은 몸판이라도 줄임 콧수가 다른 경우, 시작 콧수가 다른 경우, 앞뒤 단차가 있는 경우 등은 맞추려는 위치를 확실히 정한 뒤 뜨개 시작 위치를 검토합니다.

기껏해야 가장자리 코, 하지만 심오하군!

믿음직한 뜨개 친구, 부자재

취재 : 정인경 / 사진 : 김태훈

뜨개를 할 때 제일 중요한 것은 뭘까? 마음에 쏙 드는 도안, 도안을 가장 잘 구현할 수 있는 좋은 실, 실과 상성이 잘 맞는 바늘. 누구나 중요하게 생각하는 포인트는 다르다. 다른 무엇보다 뜨는 재미가 있는 도안이 중요한 사람도 있고, 즐거운 뜨개를 위해 내 손에 꼭 맞는 바늘이 중요한 사람도 있다. 나무 바늘을 선호하기도 스틸 바늘을 선호하기도 한다. 기본 재료인 도안, 실, 바늘에서도 이렇게 취향이 갈리는데 부자재는 어떨까?

부자재는 뜨개를 더욱 즐겁게 만들어주는 믿음직한 친구다. 없다고 뜨개를 할 수 없는 건 아니지만 있다면 작업이 훨씬 쉬워지고 즐거워진다. 몰랐다면 몰라도 한 번 써보면 절대 없이는 뜨개를 할 수 없게 될지도 모른다. 이런 제품까지 있었구나, 알면 알수록 즐거워지는 부자재의 세계. 니터들의 작업을 좀 더 쉽고 원활하게 만들어주는 소중한 부자재를 소개한다.

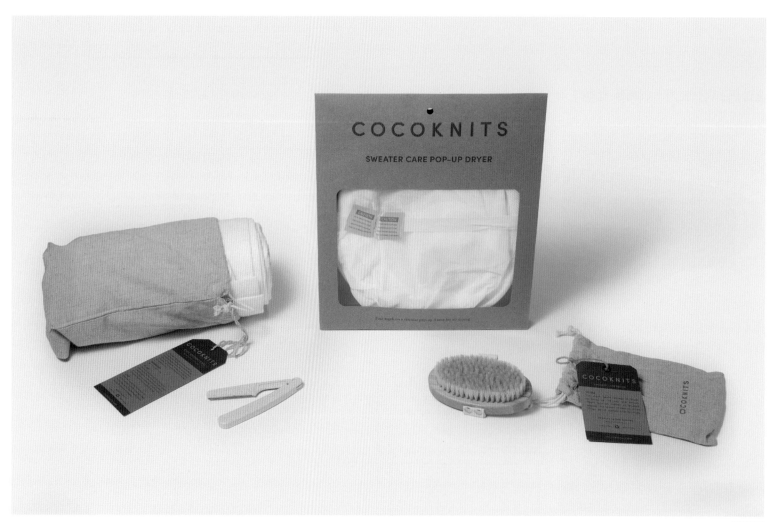

01 스웨터케어 세트

코코니츠 | 느린멜로디

의류를 뜨는 사람이라면 유용하게 사용할 수 있는 스웨터케어 세트. 타월, 팝업 드라이어, 브러시, 보풀 제거기가 한 세트다. 시간과 정성을 들여서 뜬 옷을 관리상의 실수로 다시 입지 못하게 된다면 무척 허탈하고 속상한 일! 스웨터케어 세트를 사용하면 소중한 뜨개 옷을 잘 관리할 수 있다. 편물을 세탁하고 말릴 때 자극을 줄일 수 있는 타월과 팝업 드라이어, 보풀을 관리하는 브러시와 제거기를 사용해 뜨개 의류를 항상 최상의 상태로 유지할 수 있다.

드라이 타월 38,000원 | 브러시 22,000원 | 보풀 제거기 38,000원 | 팝업 건조기 42,000원

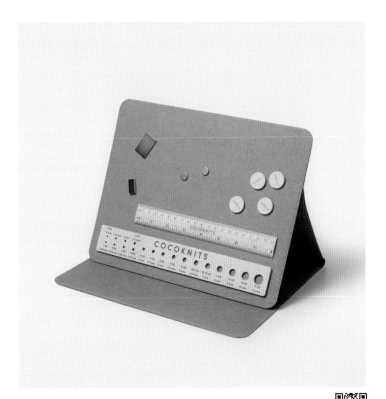

02 메이커스 보드와 자, 게이지 자
코코니츠 | 느린멜로디

도안을 볼 때 사용하면 뜨개력이 높아지는 아이템. PDF로 도안을 구매하더라도 가독성이나 눈의 편안함을 위해 종이로 출력해서 보는 사람이 많은데, 그럴 경우 여러 장의 도안을 관리하는 일이 쉽지 않다. 메이커스 보드는 형태가 잘 잡히는 페이퍼 소재이며 안에 철판이 들어 있어서 자석을 이용해 도안을 붙여 두고 체크하기 편하다. 또한 여기저기 가지고 다니기도 편리하다는 것도 큰 장점! 코코니츠의 감성을 한껏 살린 자, 게이지 자와 함께 사용하면 편리하다.

보드 45,000원 | 게이지 자 20,500원

03 바늘 홀더
실곳간

뜨개를 하다 보면 보통 한 자리에서 작품을 완성하는 것이 아니다 보니 작업 중인 편물을 프로젝트 백이나 가방에 넣고 여기저기 돌아다니게 된다. 그러다 보면 바늘이 편물을 찌르기도 하고 무의식 중에 바늘 끝을 잡는 바람에 손끝이 따끔하기도 한다. 그럴 때 유용하게 사용할 수 있는 것이 바로 바늘 홀더. 뾰족한 바늘 끝에 꽂아 미연의 사태를 방지하는 제품인데, 귀여운 디자인이 다양하게 나와 있어 취향대로 고르기 좋다.

1,200원~6,000원

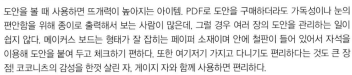

04 라벨
야닝야닝

작품을 뜨고 나서 라벨을 달아주면 한결 기성품처럼 보인다. 다만 핸드메이드라는 것은 드러내고 싶기 때문에 'handmade'가 적힌 라벨을 다는 경우가 많다. 야닝야닝에는 센스 있는 문구로 니터임을 드러낼 수 있는 다양한 라벨이 구비되어 있다. '기계는 이걸 절대 만들 수 없어(machine cannot make this)'라거나 '손가락은 잠들지 않지(fingers never sleep)'라고 말하는 라벨은 어디에 붙여도 멋스럽게 잘 어울려 작품에 한 끗 차이의 디테일을 더해준다.

600원~1,200원

05 뜨개 노트
화월니트

뜨개노트는 도구 수납의 신세계를 열어주는 물건이다. 뜨개 노트를 열어보면 왼쪽에는 마커링 고리와 대바늘 집이 있고 각각의 파우치에는 소매 바늘이나 줄바늘을 넣을 수 있다. 게다가 잘잘한 잡동사니를 넣을 수 있는 지퍼 파우치도 포함되어 있다. 마지막 장에는 유용하게 쓸 수 있는 자가 있고, 오른쪽에 가위를 넣을 수 있는 수납 주머니와 숏팁 집이 준비되어 있다. 콤팩트한 사이즈에 필요한 건 모두 넣을 수 있어서 외출할 때 안심하고 들고 나갈 수 있다.

58,000원

06 마그넷 스풀

코하나 | 코와코이로이로

스풀에 자석이 내장되어 있어 바늘이나 클립을 잡아주기 때문에 핀 쿠션이나 클립 홀더로 사용할
수 있다. 초벌구이의 질감과 소박한 느낌을 그대로 살린 도자기라 인테리어 소품으로 쓰기에도 멋
스럽다. 이 스풀은 이시마루 도자기와 코하나가 협업하여 만들었다. 이시마루 도예가는 1948년 창
업해 약 400년의 역사를 가지고 있는 하사미 마을에서 도자기를 굽고 있는 장인이다. 장인들의 작
품을 존중하며 다양한 방식으로 협업하는 코하나다운 제품이다.

28,000원

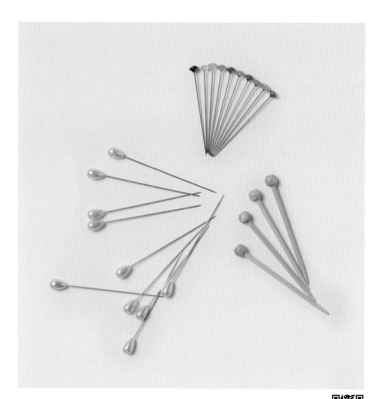

07 핀

시니트 | 코와코이로이로

옷을 뜰 때 핀이 있으면 무척 유용하다. 소매를 붙이거나 편물을 이을 때 위치를 표시하고, 블로킹
할 때 고정 핀으로 사용하기 좋다. 기능적으로 활용도가 높은 것은 물론 시니트만의 미니멀하고 감
각적인 디자인은 사용하면서 기분까지 좋아지게 만든다. 귀여운 나무 구슬이 달려 있고 바늘 끝도
부드러운 대나무 핀은 마치 미니 대바늘 같은 모양이라 귀여워 사용하는 재미까지 느낄 수 있다.
뜨개에 시침핀이 필요한지 몰랐던 사람들도 한 번 사용해보면 핀 수집가가 될지도!

7,000원

08 단추

레어메이드

카디건 뜨기의 꽃은 단추 고르기다. 코를 잡는 순간부터 바인드 오프(bind-off) 하는 순간까지 단
추를 다는 그 순간만을 위해 달려간다. 그럴 때 둘러보면 좋을 곳이 매주 새로운 단추가 업데이트
되는 레어메이드다. 레어메이드는 심플하고 어디에나 어울리는 단추부터 독특한 디자인으로 내 뜨
개 옷에 날개를 달아줄 개성 있는 단추까지 다양한 단추를 소개하고 판매한다. 크기, 색상, 디자인
이 무척 다양해 취향에 맞게 고르는 재미가 있는 단추 숍이다.

500원~10,000원

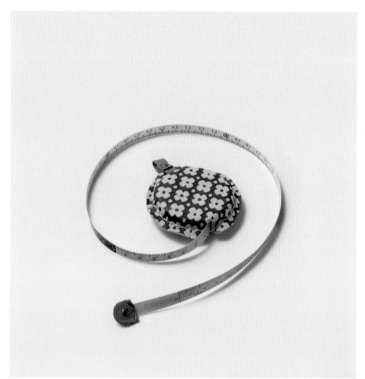

09 줄자

코하나 | 코와코이로이로

코하나의 모티브이기도 한 꽃이 피어 있는 느낌의 가와유젠 줄자이다. 각 꽃은 울퉁불퉁한 질감을
갖고 있어서 문양이 좀 더 입체적으로 느껴진다. 줄자는 옷을 뜰 때 없어서는 안 되는 중요한 도구
중 하나. 줄자의 눈금 부분은 코하나 오리지널 베이지와 블랙 투 톤으로 되어 있다. 정밀하고 기능
적인 줄자를 손에 부드럽게 감기는 카와유젠 가죽으로 싸서 한 땀 한 땀 손바느질해 완성한다. 사
용하면 할수록 가죽이 부드러워지고 손때가 묻어 멋스러운 나만의 느낌으로 완성된다.

60,000원

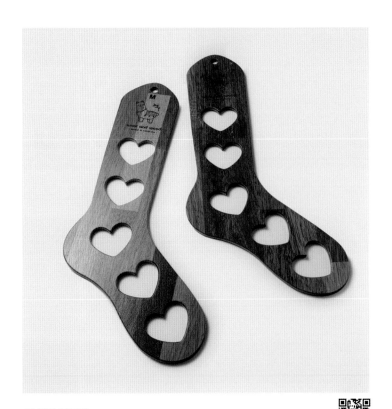

10 양말 블로커

울앤우드

양말 뜨기는 블로킹으로 마무리되는데, 이때 전용 블로커를 사용하면 좋다. 국내에서는 양말 블로커를 찾아보기가 쉽지 않은데, 나무를 이용해 다양한 뜨개 제품을 핸드메이드로 제작하는 울앤우드에서 판매하고 있다. 멀바우나무로 제작했으며 한 짝씩도 구매가 가능하다. 사이즈는 S, M, L 세 가지로 발 사이즈에 맞춰서 구매하면 되고 블로커 중앙의 디자인은 하트 모양이다. 벽에 걸거나 선반에 올려두는 등 어디에 두어도 멋스러워 보관도 걱정 없다.

28,000원(1짝)

11 프로젝트 백과 얀 파우치

화월니트

진행 중인 뜨개 편물과 실을 가는 곳마다 지니고 다니는 것이 뜨개인의 습성! 여기저기 프로젝트를 들고 다닐 때 제일 중요한 것이 편물과 실을 잘 담아 다닐 수 있는 적당한 크기와 마음에 쏙 드는 디자인의 프로젝트 백이다. 뜨개인들을 위한 감성 뜨개 용품을 만들고 판매하는 화월니트에서는 매번 독특한 원단을 사용해 프로젝트 백과 얀 파우치를 만든다. 얀 파우치는 뜨개를 할 때 실이 여기저기 굴러다니지 않도록 도와준다.

17,000원

12 얀 홀더

울앤우드

뜨개를 하면서 가장 어려운 것이 바로 실 관리다. 실이 마음먹은 대로 움직이지 않기 때문에 뜨개를 하는 중간중간 실에 신경을 써줘야 한다. 실은 굴러가기도 하고 쓰러지기도 하며 엉키는 일이 다반사이기 때문이다. 울앤우드의 얀 홀더는 1구, 2구, 3구가 있으며 크기도 미니와 오리지널 2가지로 준비되어 있다. 또 볼 실을 꽂아 사용할 수 있는 볼 실 전용 얀 홀더는 실을 끝까지 엉키지 않고 사용할 수 있도록 도와주어 여러 실을 합사할 때에도 든든하다. 얀 홀더는 구성이 워낙 많아 직접 살펴보고 잘 쓸 수 있는 사이즈로 구매하면 되는데, 몇몇 제품은 개인 문구 각인도 가능하니 나만의 얀 홀더를 제작할 수도 있다.

28,000원~168,000원

샤넬풍 재킷은 우아함과 고급스러움을 갖춘 외
출용 니트의 대표 아이템이지요. 두 종류의 뜨
개바탕을 따로 뜬 다음 서로 이어주는 방식으
로 만듭니다. 멜란지 톤의 실을 선택해 캐주얼
한 스타일에도 어울리게끔 완성했습니다.

Design／오타 신코
Knitter／스토 데루요
How to make／P.178
Yarn／올림포스 시젠노쓰무기(병태)

니트를 입고 거리로

가을 외출
스타일링

니트를 아우터로 입을 수 있는 기간!
서둘러 떠서 가을의 주인공이 되어보세요.

photograph Shigeki Nakashima styling Kuniko Okabe,Yuumi Sano
hair&make-up Daisuke Yamada model Luka(167cm),Leo(184cm)

굵기가 다른 두 실을 조합해서 몸판 부분은 대
바늘뜨기로, 소매와 목둘레·밑단은 코바늘뜨
기로 뜬 하이브리드 디자인입니다. 비침무늬가
주는 은은한 우아함에 코바늘로 뜬 크로셰 스
타일이 더해져 요즘 인기 있는 믹스매치룩 코디
에 안성맞춤이랍니다.

Design／기시 무쓰코
How to make／P.175
Yarn／올림포스 시젠노쓰무기(병태), 시젠노쓰무기

어깨선이 자연스럽게 떨어지는 드롭 숄더+벌룬 소매의
여성용 풀오버는 세련미가 돋보이는 스타일입니다. 가
슴 부분에서 코를 늘려 그러데이션에 변화를 주니 더욱
독특하고 참신한 디자인이 되었습니다.

Design／오카 마리코
Knitter／오니시 후타바
How to make／P.180
Yarn／스키 얀 스트리셰, 스키 태즈메이니안 폴워스

레트로 열풍으로 다시 돌아온 1960년대 패션. 멀티 보
더가 인상적인 니트는 빈티지하면서도 세련된 최신 유
행 아이템입니다. 겨울 실로 뜬 남성용 크로셰 웨어는
존재감이 넘쳐서 아우터로도 활용할 수 있습니다.

Design／가와이 마유미
Knitter／마쓰모토 요시코
How to make／P.182
Yarn／스키 얀 스키 카랄

귀여운 복고풍 무늬가 시대를 뛰어넘어 다시 신
선하게 느껴지는 요즘입니다. 공작무늬 느낌이
나는 리틀 플라워 스티치의 배색무늬는 빼내서
뜨기를 V자로 떠서 만듭니다. 짧은 기장과 래글
런 슬리브의 조합이라 커트 앤드 소운 스타일
로 입기 좋은 디자인입니다.

Design／니시무라 도모코
How to make／P.186
Yarn／데오리야 e-wool

오버핏 디자인은 올해도 여전히 인기를 누리고
있지요. 톱다운 카디건은 몸판을 쭉 이어서 뜨
므로 옆선이 거슬리지 않아 편안한 착용감을
자랑합니다. 메리야스뜨기 라인에 끌어올려뜨
기를 넣은 구슬뜨기가 매력 포인트랍니다.

Design／yohnka
How to make／P.196
Yarn／데오리야 모크 울 B

Glasses／글로브 스펙스 에이전트

몸판을 왼코에 꿴 매듭뜨기로 빼곡히 채워 그물
무늬처럼 연출한 분위기 있는 디자인이랍니다.
드롭 숄더와 벌룬 소매가 더해져 한층 더 트렌
디한 느낌이 들지요. 그러데이션 실로 표현한 은
은하게 번지는 색감이 아름다운 풀오버입니다.

Design／오쿠즈미 레이코
How to make／P.188
Yarn／나이토상사 인칸토

숭덩숭덩 떠서 포근하고, 통기성이 뛰어나서 놀랄 만큼 가벼운 소재로 된 베스트입니다. 옆선은 일직선으로 원형뜨기를 하고 팔이 나오는 부분은 벌어진 상태 그대로 마무리합니다. 목둘레 부분도 일직선으로 쭉 뜨기만 하면 되니 아주 간단하지요. 다른 색으로도 떠보고 싶어지는 베이직한 아이템이랍니다.

Design／YOSHIKO HYODO
Knitter／야마다 가나코
How to make／P.190
Yarn／나이토상사 라자

코바늘뜨기로 뜬 전통적인 아가일 무늬가
돋보이는 베스트. 밑단과 소맷부리, 목둘레
부분은 대바늘뜨기 기법인 고무뜨기로 마
무리해서 신축성도 좋답니다. 고무뜨기와
한길 긴뜨기가 보여주는 앙상블이 남다른
개성을 느끼게 하는 옷입니다.

Design／오카모토 게이코
Knitter／미야모토 히로코
How to make／P.191
Yarn／다이아몬드케이토 다이아 타탄, 다이아
태즈메이니안 메리노

Glasses／글로브 스펙스 에이전트

풍성한 볼륨감이 매력 포인트인 짧은 길이
의 재킷. 걸러뜨기로 연출한 두툼한 줄무늬
와 배색무늬뜨기의 조합이 디자인에 재미
를 더합니다.

Design／아틀리에 Amu Hearts 모리 시즈요
How to make／P.194
Yarn／다이아몬드케이토 다이아 에포카, 다이
아 코프렛

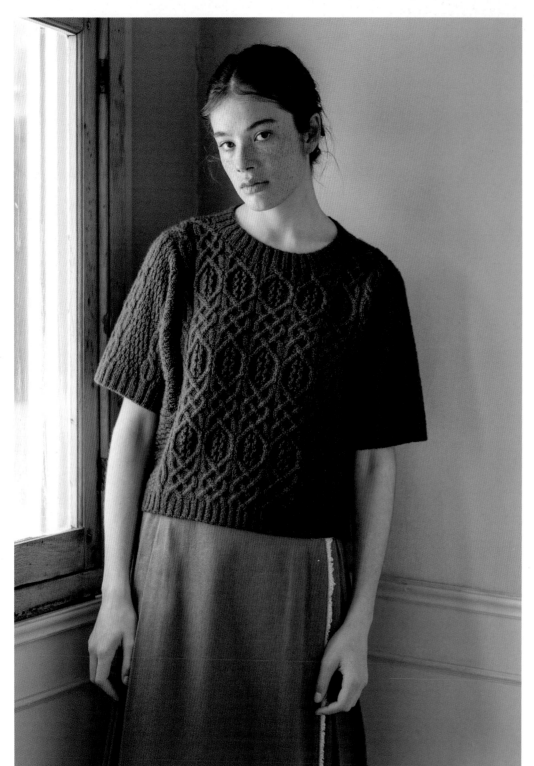

photograph Hironori Handa styling Masayo Akutsu hair&make-up Misato Awaji model Dante(176cm)

Couture Arrange

시다 히토미의
쿠튀르 어레인지

다이아몬드 무늬의
반소매 풀오버

〈쿠튀르 니트〉No.19에서
세로로 흐르는 무늬가 인상적인 롱 카디건
이었습니다.

가을바람이 느껴지면 올해도 돌아온 계절을 만났다는 기쁨일까요, 가슴속의 현이 바람에 닿아 희미한 선율을
만듭니다. 자, 올가을에도 뜨개질을 시작합시다.

이번에는 〈쿠튀르 니트〉No.19에서 롱 카디건을 기장은 조금 짧게, 레이어드를 고려한 베스트 겸용 반소매 풀
오버로 어레인지했습니다. 3종의 세로무늬와 안뜨기로 구성된 카디건의 무늬를 모두 사용하고, 겉뜨기만 추가
했습니다. 몸판 옆선과 소매는 뜨는 방향도 다르게 해서 전체적인 분위기에 변화를 주고 싶었습니다.

실은 울 100%로 탄력감과 부드러움이 느껴집니다. 컬러는 깊고 진한 녹색을 고르고, 모양은 몸판과 소매 모두
레이어드를 고려해 낙낙하게 했습니다. 몸판 중심에 메인인 다이아몬드 무늬를 살려 연속 배치했더니 원래 카
디건의 분위기와는 전혀 다른 무늬가 만들어졌습니다.

이렇게 무늬를 재조합해 다양하게 변하는 표정으로 어레인지하는 일은 무척 설레는 작업 중 하나입니다. 여러
분도 무늬 어딘가에 자신만의 어레인지를 더하거나, 컬러 교체 또는 실의 굵기에 따른 사이즈 변화 등 폭넓은
작품 제작을 즐겨보세요.

detail

앞뒤 몸판의 무늬는 몸판의 중심에 다이아몬드 무늬를 연속
적으로 떠서 경계에 큰 다이아몬드 무늬가 생겼습니다. 지그
재그 레이스가 들어간 변형 다이아몬드도 2코의 지그재그 교
차가 마주 보고 있어 벌집 모양 같습니다. 옆선과의 경계는 카
디건과 같은 변형 케이블로 구분하고, 어깨는 덮어씌워 잇기,
옆선과 소매의 무늬는 앞뒤 몸판의 단에서 코를 주워 가로로
뜹니다. 몸판의 옆선과 소매의 무늬는 변형 케이블과 1코 4단
멍석뜨기를 반복해서 전체를 뜹니다.

테두리뜨기는 단순하게 2코 고무뜨기를 하는데, 몸판은 별도
의 실을 풀어서 코를 줍고, 옆선은 단에서 코를 주워 앞뒤 차
를 줍니다. 옆선의 앞뒤 차는 길이를 조정해 자유롭게 하세요.

〈쿠튀르 니트〉 No.19에서
Knitter／마키노 게이코
How to make／P.204
Yarn／다이아몬드 모사 다이아 타탄

Skirt／SLOW 오모테산도점

오카모토 게이코의 Knit +1 니트 +원

털실에는 다양한 동물의 털을 사용합니다.
이번 가을에는 울이 아닌 실로 떠봤어요.

photograph Hironori Handa styling Masayo Akutsu
hair&make-up Misato Awaji model Dante(176cm)

혹시 뜨개실에 사용하는 털이 어떤 동물에서 온 것인지 여러분은 알고 있는지요.

아무래도 울이 가장 친숙합니다. 오스트레일리아나 뉴질랜드에서 사육하는 메리노 양의 메리노 울이 유명하죠. 보습성, 방수성, 통기성, 뛰어난 촉감이 특징입니다. 다음으로는 고급 니트에 쓰이는 캐시미어입니다. 중국, 몽골, 네팔 등의 고지에 서식하는 산양 털로, 1마리에서 200그램 정도밖에 얻을 수 없습니다. 비쿠냐는 최고급 섬유에 속합니다. '안데스의 여왕'으로 불리는 낙타과의 동물 비쿠냐에서 극히 소량만 채취해 희소하기도 해서 '신의 섬유'로 불립니다. 패션 브랜드 아르마니는 비쿠냐의 옷감으로 슈트를 주문 제작하기도 합니다!

그리고 앙고라는 토끼인데 보통의 토끼보다 털이 깁니다. 털에 비늘이 없어서 잘 빠진다는 단점은 있지만, 펠트화하면 고급 펠트가 됩니다. 그 밖에도 우리는 다양한 털에 신세 지고 있습니다. 낙타, 알파카, 라마, 야크, 모헤어부터 세이블(검은담비)까지.

이번에는 '라쿤' 털을 사용했습니다. 앙고라보다 털이 길고 부드러운 것이 특징입니다. 공기를 머금어 폭신폭신한, 희소한 차이니즈 라쿤의 실로 '에어리 라쿤'이라고 이름 지었습니다. 주된 컬러 전개는 내추럴 컬러입니다. 숭덩숭덩 떠지는 조금 굵은 듯한 실로 귀여운 뒷모습이 포인트인 베스트와 카디건을 디자인했습니다.

오카모토 게이코(岡本啓子)
아틀리에 케이즈케이(atelier K's K) 운영. 니트 디자이너이자 지도자로 왕성하게 활동하고 있다. 한큐 우메다 본점 10층에 위치한 케이즈케이의 오너이자 공익재단법인 일본수예보급협회 이사. 저서로는《오카모토 게이코의 손뜨개 코바늘뜨기》가 있다.
http://atelier-ksk.net/
http://atelier-ksk.shop-pro.jp/

에어리 라쿤

왼쪽／유행하는 메시풍의 베이스에 튤립 같은 꽃을 달아 러블리하게 연출했습니다. 볼레로 길이의 랩 스타일은 살짝 걸치기에 편리한 아이템입니다.

Knitter／나카가와 요시코
How to makw／P.199
Yarn／에어리 라쿤, 카펠리니

All-in-one／하라주쿠 시카고(하라주쿠/진구마에점)
Necklace／산타모니카 하라주쿠점
Earring／SLOW 오모테산도점

오른쪽／큼직한 양각 무늬가 인상적입니다. 세로로 들어간 비침 라인으로 어깨가 깔끔하게 떨어집니다. 큼직하게 뚫린 뒷모습이 인상적인 베스트입니다.

Knitter／모리시타 아미
How to make／P.202
Yarn／에어리 라쿤

Pants／하라주쿠 시카고(하라주쿠/진구마에점)
Turtleneck／스타일리스트 소장품

wool and wood

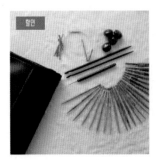

올리브3.5인치 풀세트 [패브릭케이스]
231,000원 ~~261,000원~~

나무 약어마커(12p)
18,000원

교체식바늘 3.5인치 [단품]
21,000원

올리브5인치 풀세트 [패브릭케이스]
231,000원 ~~261,000원~~

볼실전용 얀홀더 (멀바우원목)
28,000원

[Original] 멀바우우드 얀홀더(1구)
68,000원

[Original] 멀바우우드 얀홀더(2구)
132,000원

[Original] 멀바우우드 얀홀더(3구)
168,000원

[Mini] 미니얀홀더(1구)
47,000원

[Mini] 미니얀홀더(2구)
82,000원

[Mini] 미니얀홀더(3구)
105,000원

Winter Edition 퍼플 미니얀홀더(1구)
60,000원

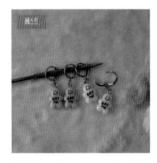

Knitting stitch markers 진저쿠키
12,000원

Knitting stitch markers
10,000원

단수카운터링 (나무 팬던트)
14,000원

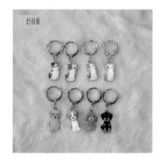

냥이, 멍이마커 (4p/오픈링)
12,000원

진짜 니터와 진짜 목수가 만들면 다르다!
프리미엄 뜨개용품 전문점

부부가 하는공방
울앤우드

www.woolandwood.co.kr
인스타그램- woolandwood.sy

스코틀랜드 새로운 명소 V&A 던디

취재/오쿠다 미키
https://mikiokuda.blogspot.com/

스코틀랜드 디자인의 정수를 담은 '스코티시 디자인 갤러리'.

1／1920~1930년(M. 커크 부인 기증) 울 2플라이로 뜬 페어아일 스웨터. 전 영국군 총사령관 월터 커크 장군이 골프를 칠 때 착용했다. © Victoria & Albert Museum, London. 2／작자 미상의 셰틀랜드 숄. V&A Explore The Collection(vam.ac.jp). 3／스키복 1벌로 스웨터는 스코틀랜드 프링글(Pringle), 스키 바지는 스위스 클로이도르(Croydor)에서 1968년에 제작했다. 1930년대 스타킹 제조사였던 프링글은 조앤 크로포드, 그레이스 켈리 같은 유명 여배우가 사랑하는 투피스로 세계적으로 유명해졌다. © Victoria & Albert Museum, London. 4／1972년 스코틀랜드 디자이너 빌 깁(Bill Gibb)이 만든 이브닝드레스. 무늬를 면 소재에 프린트했고, 테두리 장식은 가죽이다. © Victoria & Albert Museum, London.

세계 최초의 만국박람회가 런던에서 열린 해는 1851년입니다. 이때 생긴 박람회 수익과 전시품을 바탕으로 설립한 국립빅토리아앤드앨버트뮤지엄(V&A)은 장식미술과 디자인 분야에서 세계 최고의 소장품을 자랑합니다.

2018년 V&A 분관이 만반의 준비를 마치고 스코틀랜드 던디에 개관했습니다. '디자인을 통해 인생을 풍요롭게' 하고 싶다는 바람을 담아서 패션, 회화, 건축물, 유리 공예, 가구, 태피스트리, 텍스타일 등 다양한 컬렉션을 보유했습니다. 스코틀랜드에서는 디자인에 특화된 첫 뮤지엄이므로 스코틀랜드 디자인을 결집한 '스코티시 디자인 갤러리'가 심장부에 자리 잡았습니다. 그중에서도 찰스 레니 매킨토시(Charles Rennie Mackintosh)가 만든 티룸을 복원하고 재현한 방은 V&A 던디 최고의 보물로 불리며 관람객을 압도합니다.

매킨토시의 디자인에 막대한 영향을 받은 건축가들은 굉장히 많은데 V&A 던디를 설계한 구마 겐고(隈研吾)도 그중 한 사람입니다. 건설 부지는 로버트 스콧(Robert Scott)이 남극 탐험에 사용한 조사선 디스커버리호가 정박해 있는 테이 강변입니다. 구마 겐고는 배를 본뜬 건물을 디자인했는데, 마치 당장이라도 탐험에 나설 것처럼 건물 일부가 테이강 쪽으로 몸을 내밀고 있습니다. 스코틀랜드 해안의 깎아지른 듯한 절벽을 외관에 이미지화해서 자연과 조화를 이루며 하나가 된 느낌이 두드러집니다. 현대 건축 기술 덕분에 프리캐스트 콘크리트(미리 틀에 부어 만들어 현장에서 조립할 수 있는 콘크리트 건축 자재) 패널의 각도를 바꿔가면서 수평으로 켜켜이 쌓아 올려 풍부한 음영의 변화가 느껴지는 파사드를 연출합니다.

그뿐만이 아닙니다. 던디는 항구 도시로서 번영한 역사가 있는 곳으로, 창고가 죽 늘어서 있어서 선착장과 마을이 분리되어 있었습니다. 뮤지엄 건설을 계기로 그 창고들을 정리했습니다. 마을과 선착장을 잇는 상징으로 구마 겐고는 건물 중앙에 수평으로 가로지르는 커다란 공간 역할을 하는 동굴을 연출했습니다. 절벽 느낌이 더욱 생생해지는 한편 사람들이 오가며 쉬는 공간이 되었습니다.

구마 겐고가 영국에서 작업한 첫 건물은 건축 디자인만으로도 주목받았습니다. 소장품과 더불어 관람객에게 많은 영감을 주리라 믿습니다.

구마 겐고와 V&A 던디.

화월니트
쇼핑몰

인스타그램

Youtube

Hwawol Knit

CO+CO
iroiro
Knitting Select Shop

내가 만든 '털실타래' 속 작품

〈털실타래 Vol.3〉 11p
푸른하늘(네이버 닉네임)

실: 면사 18합
개인적으로 노란색을 좋아하는데 표지의 여리
여리한 노란 크로셰 웨어에 한번에 반해버렸답
니다. 비슷한 색감의 실을 찾아서 떴어요.

〈털실타래 Vol.4〉 26p
호피토끼(@hoppytalky)

실: 올림푸스 에미그란데 200g
도안 콧수를 좀 줄여서 크롭 스타일로 만들어
보았습니다. 코바늘에 찰떡입니다. 매끌매끌한
촉감이 너무 좋아요~

〈털실타래 Vol.1〉 91p
오나영(@peachblanket)

실: La droguerie 알파카
메리야스뜨기와 고무단만으로 간단히 완성되
지만 몸에 착 감겨 편안함이 살아 있는 멋진 래
글런 니트입니다. 말 그대로 심플 이즈 베스트!!

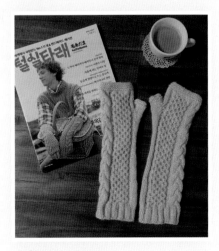

〈털실타래 Vol.2〉 20p
스텔라(@knitting_bystella)

실: 솜솜뜨개 뉴보름 콘사(허니오트) 2합
도안도 어렵지 않고, 떴을 때 아란무늬도 선명
하고 이쁘게 나와서 마음에 들어요! 세탁 후엔
기모감도 솔솔 올라와서 가을, 겨울에 착용하
기 딱이에요.

〈털실타래 Vol.4〉 10p
김채란

실: 미미콘사 코튼모달(파우더블루)
대바늘 4mm로 뜨고 기본 콧수에 15코를 추
가했습니다. 앞판 아래쪽이 심심하지 않게 위
쪽에 구멍 무늬 한 세트를 넣고 고무단에도 변
화를 좀 줘봤어요. 뜨개는 모방이자 창작의 기
쁨을 주는 것이므로~~^^

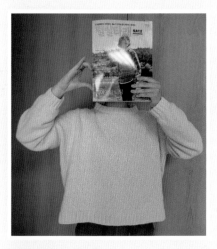

〈털실타래 Vol.1〉 92p
이윤미(@knit_jayou)

실: 삼성 c&t soft woolen
2022년 가을호의 '심플 이즈 베스트'에 실린
다이아몬드 무늬 풀오버입니다. 교차뜨기와 안
뜨기만으로도 멋진 디자인을 만들 수 있다는
걸 보여주는 작품이에요. 반복되는 기하학무늬
가 매력적이고 오버핏이라 여기저기에 편하게
입을 수 있을 것 같아요.

독자분들이 뜬 〈털실타래〉 속 작품을 소개합니다!
원작의 느낌을 살려 완성한 작품, 취향대로 디자인을 조금 변형한 작품, 다른 색으로 떠 새로운 느낌으로
만든 작품까지 모두 만나 보세요.
〈털실타래 Vol.1~5〉 속 작품을 만드셨다면 SNS에 사진과 해시태그(#털실타래)를 함께 업로드해 주세요!

구성·편집 : 편집부

〈털실타래 Vol.4〉 26p
안주현(@knitccountant)

실 : 하마나카 워시코튼크로셰 Wash Cotton
Crochet 135번
여름에 입기 좋은 넉넉한 사이즈의 귀여운 풀
오버입니다. 요즘 유행하는 크롭 기장으로 긴
하의나 짧은 하의 모두 잘 어울려요! 책을 보고
혼자 뜨는 코바늘 의류는 처음이었는데 어렵지
않게 완성할 수 있었습니다. 뜰 때는 피코 무늬
가 성가시기도 했지만 완성하고 보니 포인트가
되어 옷의 완성도를 높여주었습니다!

〈털실타래 Vol.4〉 51p
깜직한디테

실 : 판도라 3볼
여름에 더워서 묶음 머리를 자주 하는데 편할
거 같아서 떠보았어요. 리본이 포인트가 되며
묶음 머리에도 잘 어울려요.

〈털실타래 Vol.4〉 51p
연우정우맘

실 : 야니얀 뜨개 세상 카페 자체 제작실 야한
지실(2번 핑크)
기본적인 짧은뜨기로 늘림을 반복해 떠주다가
변화를 주면 다양한 작품으로 완성할 수 있는
독특한 디자인 ^^. 모자를 뜰지, 가방을 뜰지
중간에 변경이 가능해서 뜨면서 어떤 작품으로
완성해줄까 행복한 고민을 하다 핑크 가방으로
완성했습니다~ ^^. 여름에 가볍게 포인트로
들 수 있는 가방입니다~

〈털실타래 Vol.4〉 88p
크림(@theorganic32)

실 : 얀메이크 다방면 270g
복잡한 무늬와 언밸런스 포인트를 위한 경사뜨
기 기법에 겁을 먹었지만 도안대로 차근차근
따라가다 보니 어렵지 않게 뜰 수 있었어요. 목
둘레와 소매 둘레도 평범한 고무단이 아닌 레
이스 무늬가 들어가서 옷 전체의 통일감이 살
아나요. 면 혼방사로 작업해서 많이 무겁지 않
았어요.

〈털실타래 Vol.3〉 11p
달달(네이버블로그 skemi0112)

실 : 반짝이 면 혼방실
딸님이 봄가을에 흰 셔츠와 입으면 예쁠 것 같
아 무늬 수를 조절해서 만들었어요. 메탈릭사
가 같이 연사된 실이라 사진으로는 잘 드러나
지 않지만, 햇빛이 화창할 때 입고 나가면 반짝
반짝 예쁠듯해요. 가을에 입고 다닐 딸의 모습
이 기다려지네요.

〈털실타래 Vol.4〉 26p
임희진-투빈

실 : 실크인견사
이 옷의 포인트인 넥카라 부분이 너무 깜직해
서 한눈에 반해버렸습니다. 바디 부분은 반복
패턴이라 어렵지 않게 뜰 수 있고 떠내려갈수
록 화사한 무늬들로 풀오버를 장식해 손뜨개의
고급스러움을 뽐내는 디자인 같습니다. 민소매
원피스나 롱스커트에 매치해 입으면 너무 예쁘
겠어요.

스윽스윽 뜨다 보니 자꾸 즐거워지는
신·수편기 스이돈 강좌

이번 테마는 '되돌아뜨기'입니다.
조금 수수하지만, 반드시 마스터해야 할 중요한 테크닉이에요.

photograph Hironori Handa styling Masayo Akutsu hair&make-up Misato Awaji model Dante(176cm)

단순한 메리야스뜨기 니트는 배색으로 포인트를. 옆선의 거짓은 되돌아뜨기로 삼각형을 만들었습니다. 손뜨개라면 진입 장벽이 높지만, 수편기라면 간단한 조작으로 되돌아뜨기도 술술 뜰 수 있습니다.

Design／오쿠무라 리에코(실버편물연구회)
How to make／P.207
Yarn／다이아몬드 모사 다이아 타스마니안 메리노, 다이아 라벤나

Pants／하라주쿠 시카고 하라주쿠점

되돌아뜨기로 어깨 경사를 준 베스트로 메리야
스뜨기로 소재의 특징을 살렸습니다. 굵은 실을
사용해 빠르게 뜰 수 있습니다. 폭신폭신하고 가
벼우며 자연스럽게 들어간 스트라이프 무늬도
독특한 느낌을 줍니다.

Design／오쿠무라 리에코(실버편물연구회)
How to make／P.206
Yarn／리치 모헤어 셰헤라자드, 스타메

Blouse·Skirt／하라주쿠 시카고 하라주쿠점
Earring／SLOW 오모테산도점

신·수편기 스이돈 강좌

기계 뜨개의 되돌아뜨기는 러셀 레버를 변경하는 것만 잊지 않으면 그렇게 어렵지 않습니다.
포인트는 실을 걸 때 실이 느슨해지지 않도록 하는 것.
이걸로 어깨 경사도, 플레어도 자유자재입니다!

촬영/모리야 노리아키

남기고 뜨기의 되돌아뜨기 : 겉뜨기 사용, 어깨 경사

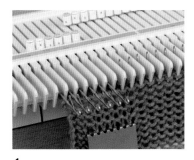

1
실이 없는 쪽의 남길 콧수의 바늘을 D 위치로 꺼냅니다.

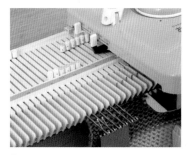

2
러셀 레버를 끌어올리기(ヒキアゲ)에 놓고 1단을 뜹니다.

3
바늘을 꺼낸 곳에 실이 걸쳐집니다.

4
걸친 실을 손가락으로 잡고, ★의 바늘 아래에서 꺼냅니다.

5
실이 느슨하지 않은지 확인한 뒤 1단을 뜹니다.

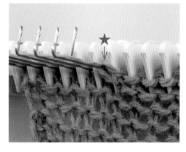

6
★의 코에 실이 걸렸습니다.

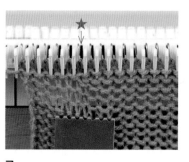

7
1~5를 반복합니다. 마지막은 러셀 레버를 평뜨기(ヒラアミ)에 놓고 1단을 뜹니다(단 정리).

남기고 뜨기의 되돌아뜨기 : 안뜨기 사용, 풀오버의 옆선

1
겉뜨기를 사용하는 경우 1~3과 같은 방식으로 떴으면 ★의 코를 옮김바늘에 옮기고,

2
실을 옮김바늘의 코 아래에서 나오도록 바꿉니다.

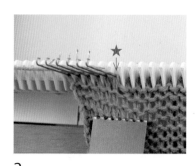

3
바늘에 코를 되돌리고, 실이 느슨하지 않은지 확인한 뒤 1단을 뜹니다.

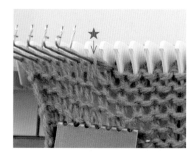

4
★의 코 뒤쪽에 실이 걸렸습니다. 이렇게 하면 안뜨기 쪽을 겉으로 하는 경우에도 건 코가 뜨개바탕 안쪽에 나옵니다. 1~3을 반복합니다. 마지막은 러셀 레버를 평뜨기에 놓고 1단을 뜹니다(단 정리).

나아가며 뜨기의 되돌아뜨기 : 겉뜨기 사용

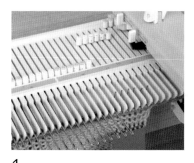

1
전체 코를 1단 뜹니다. 실이 있는 쪽의 뜨는 코의 바늘을 B 위치에 남깁니다. 남은 바늘은 D 위치로 꺼내고, 러셀 레버를 끌어올리기에 놓고 1단을 뜹니다.

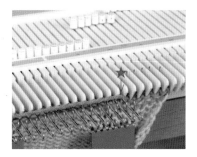

2
바늘을 꺼낸 곳에 실이 걸쳐집니다.

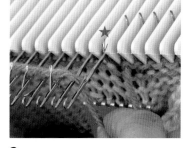

3
걸친 실을 손가락으로 잡고, ★의 바늘 아래에서 꺼냅니다.

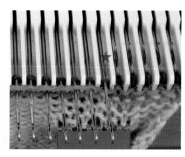

4
실이 느슨하지 않은지 확인한 뒤 1단을 뜹니다.

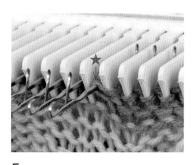

5
★의 코에 실이 걸렸습니다.

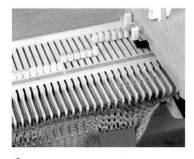

6
다음에 뜨는 바늘을 C 위치까지 내리고, 1단을 뜹니다.

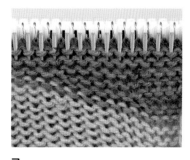

7
2~6을 반복합니다.

나아가며 뜨기의 되돌아뜨기 : 안뜨기 사용, 풀오버의 옆선

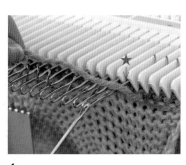

1
겉뜨기를 사용하는 경우인 **1~2**와 같은 방식으로 떴으면, ★의 코를 옮김바늘에 옮기고,

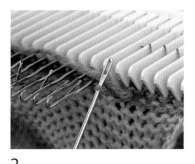

2
실을 옮김바늘의 코 아래에서 나오도록 바꿉니다.

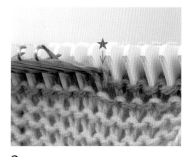

3
바늘에 코를 되돌리고, 실이 느슨하지 않은지 확인한 뒤 1단을 뜹니다.

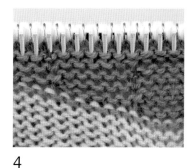

4
★의 코 뒤쪽에 실이 걸렸습니다. 이렇게 하면 안뜨기 쪽을 겉으로 해도 건 코가 뜨개바탕 안쪽에 나옵니다.

2023 핸드아티코리아 리포트

글 : 털실타래 편집부 / 사진 및 자료 제공 : 핸드아티코리아

2023년 7월 20일부터 23일까지 4일간 서울 코엑스에서 '핸드아티코리아'가 열렸습니다. '핸드메이드, 취향의 발견'이라는 주제로 개최된 이번 행사에는 니팅, 소잉, 업사이클링, 퀼트, 세라믹, 디저트 등 손으로 만드는 695개의 부스가 참가했으며, 약 43,200명의 참관객이 방문했습니다. 특히 핸드메이드 오리지널존에는 니터들의 눈을 사로잡는 다양한 부스들이 자리했습니다. 따뜻한 수채화 같은 손염색실이 인상적인 하와유공방, 독특한 색감과 질감의 사리 실크 얀을 취급하는 소요실크는 물론, 다양한 손뜨개 소품을 판매하는 손재주래, 코바늘에 관심이 있다면 한 번쯤 도전하고 싶은 모칠라백 DIY 키트를 선보인 니팅스완 등 많은 부스에서 질 좋은 뜨개 실과 여러 작품들을 만나볼 수 있었습니다.

대만, 홍콩, 일본 각 나라에서 온 해외 작가 부스존과 인도네시아, 중국, 미국 등 다양한 국가의 작가들이 참여한 해외 특별관에서는 세계 각국의 핸드메이드 트렌드를 확인할 수 있었습니다. 전시장 한쪽에 위치한 '핸코 스테이지'에서는 패션쇼, 라이브 드로잉 퍼포먼스, 창업 및 브랜딩 강연까지 알찬 프로그램과 이벤트가 열렸습니다. 이번 행사를 통해 '2023 핸드아티스트 어워즈 특별전'도 개최되었는데, 뜨개 베스트셀러인 〈손뜨개꽃길의 사계절 코바늘 플라워〉 책의 저자, 박경조 작가의 크로셰 플라워 작품도 눈길을 끌었습니다.

한스미디어 출판사는 이번 페어에 체험 부스로 참여했습니다. 손으로 하는 창작 활동에 관심이 많은 참관객들을 맞이하며, 다양한 클래스와 프로그램을 진행했습니다. 〈털실타래 Vol.3〉에 소개된 바이브리 작가의 채소 키링 인형 만들기 클래스, 〈털실타래〉 매거진에 튤립백을 비롯한 작품과 기사를 기고해준 니팅쌤의 코바늘 모티브 수세미 클래스도 열렸습니다. 어느 클래스든 기초 뜨개 기법부터 꼼꼼하게 설명해주어, 코바늘을 한 번도 잡아본 적이 없는 참가자들에게도 호평을 받았습니다. 뜨개뿐 아니라 〈잉크, 예뻐서 좋아합니다〉의 저자 케이캘리 작가의 캘리그라피 클래스도 함께 열려, 문구를 좋아하는 여러 참가자들이 다양한 잉크를 체험해보고 글씨 연습을 한 후, 좋아하는 문장을 적은 엽서와 책갈피를 만드는 시간을 가졌습니다. 또한, 부스에 바이브리의 코바늘 인형, 니팅쌤의 튤립백, 손뜨개꽃길의 크로셰 꽃바구니, 케이캘리의 잉크 시필, 픽셀클로젯의 솜인형 옷을 전시해 참관객들에게 영감을 주기도 했습니다. 신간 〈픽셀클로젯의 말랑말랑 솜인형 옷 만들기〉의 경우, 책 속 모델이었던 솜인형을 대여해 작품을 입혀 전시해 젊은 층에게 특히 좋은 반응을 얻었습니다.

2011년부터 핸드아티스트와 대중을 연결해준 핸드아티코리아는 더욱 큰 전시 규모와 콘텐츠로 내년에 돌아올 예정입니다. 손으로 무언가를 만드는 재미를 안다면, 수공예의 가치를 안다면, 내년 8월에 열리는 2024 핸드아티코리아도 기대해보는 것이 좋겠습니다.

수공예에 관심 많은 방문객으로 북적이는 행사장.

1／멋진 타래 실로 니터들을 사로잡은 소요실크 부스. 2／손뜨개꽃길이 출품한 작품 '작은 정원'. 3／바이브리의 토끼 인형과 손뜨개꽃길의 꽃바구니. 4／바이브리의 설명에 따라 참가자가 귀여운 인형을 만들고 있다. 5／잉크를 체험하고 글씨를 쓰느라 분주한 캘리그라피 클래스의 풍경. 6／대여한 솜인형에 픽셀클로젯의 옷을 입혀 전시했다.

스웨덴 헬싱란드를 찾아서

취재/마쓰바라 히로코

스웨덴 수도 스톡홀름에서 북쪽으로 3시간 거리에 있는 헬싱란드 지방은 유네스코 세계유산으로 등록된 장식 농장가옥으로 유명합니다. 제가 사는 달라나 지방 바로 옆에 있는데 민속 의상과 민속 음악도 훌륭한 데다가 울 방적소와 리넨 공장도 있어서 2022년 여름에 친구와 나들이를 갔습니다.

'장식으로 꾸민 농가'라는 말을 듣고 이미지가 떠오르지 않았지만 직접 가보니 세계유산에 등록된 농가는 '으리으리한 저택'의 느낌으로 넓은 대지에 용도별로 오두막이 여러 채 있어서 고용인 수십 명을 거느린 부농의 집이라는 사실을 엿볼 수 있습니다. 부의 근원은 17~19세기에 전성기를 맞이한 마 산업이었습니다. 단순하게 마라고 하지만 유럽에서 재배하는 종류는 아마 (Flex)로 당시 면이 없었던 스웨덴에서 리넨은 울과 어깨를 나란히 하는 중요한 섬유였습니다. 이런 아마를 기르려면 물이 풍부하고 석회질 함량이 높으며 가벼운 토양이 필요한데 헬싱란드가 적합했습니다. 그래서 1723년에 헬싱란드에 있던 유럽 최대 규모의 리넨 공장은 스웨덴 왕가는 물론 유럽 왕족에게 상품을 납품했다고 합니다. 아마 재배 농가를 비롯해 아마실을 잣는 사람, 아마실로 천을 짜는 사람 등 리넨 산업에 종사하는 사람이 많았습니다. 성수기 때 공장 종업원 200명과 공장 부근의 농장에서 아마실을 잣는 여성이 1,900명 있었다고 하니 어마어마한 규모를 짐작해볼 수 있겠지요.

스웨덴산 원재료를 더는 쓰지 않지만, 스웨덴에서 100% 리넨을 생산하는 유일한 회사가 '아마 왕국' 헬싱란드에 있는데 그 유명한 벡스보 린(Växbo Lin)입니다. 생산은 기계화했지만, 베틀 보디에 날실을 통과하고 팽팽하게 당겨진 날실에 씨실을 밀어 넣는 작업이나 전통 직조 무늬를 넣는 과정은 사람이 직접 하는 것과 같습니다. 공장 내부를 가이드의 설명을 들으면서 혹은 개별적으로 견학할 수 있습니다.

스웨덴은 어느 지방이나 전통 자수와 직물이 남아 있는데 헬싱란드 상품은 그중에서도 장식 요소가 아주 강합니다. 새하얀 벽도 예쁘지만 그림을 그리고 마를 샹들리에처럼 장식으로 활용도 하고 민속 의상에도 공들였습니다. 리넨 산업의 발전이 가져온 부유함이 집 안 곳곳을 장식할 정도의 장식성을 낳지 않았을까 상상하니 당시 생활 모습이 보고 싶어졌습니다.

빈틈없이 스텐실 무늬로 채워진 벽과 꽃이 그려진 가구가 있는 세계유산에 등록된 장식 농장가옥 1채.

1／말린 마와 마가목 열매를 조합한 장식은 농가다운 인테리어로 인기 만점. 윗부분이 왕관 모양인 것도 멋스럽다. 하얀 바탕에 붉은 실로 꽃무늬를 수놓은 유명한 델스보 자수를 배경으로 한 자그마한 마 장식이 눈에 띈다. 2／마 산업에 종사한 사람들로 1800년대 사진으로 추정된다. 손에는 마를 빗질한 슬라이버(Sliver)를 들고 있다. 3／벡스보 린 공장에서 현재 생산하는 천도 볼 수 있다. 이 직조 무늬는 새의 눈이라는 의미의 Gåsögon(영어로도 Bird eye)이다. 4／헬싱란드에 있는 햄스로이드(수공예점)의 1열. 벽 무늬는 스텐실 무늬를 본떠 만든 시판 벽지지만, 두툼한 매트와 립스, 로젠공 같은 직물과 매치하면 사랑스러움은 배가 된다. 5／식물로서의 마를 그대로 직조한 아이템도 자주 보인다. 드문드문 들어간 마 씨주머니(씨앗이 들어 있다)가 귀엽다. 6／공장에서는 부티크도 운영하는데, 운이 좋으면 아웃렛에서 보물을 발견할 수 있다. www.vaxbolin.se

뜨개꾼의 심심풀이 뜨개

풀릴 듯 풀리지 않는 '뜨개 지혜의 고리'가 있는 풍경

짤랑짤랑 스륵스륵
풀릴 듯 풀리지 않는
쇠고리
2개 모양이 이어져 있다

조금만 더 하면 풀릴 것 같은
단순한 형태인데
짤랑짤랑 스륵스륵
풀릴 듯 풀리지 않는다

손뜨개 사이의 짧은 휴식
어느새 진지해져서

돌리고 비틀고 통과시켜서
ㅎㅇㅇㅇㅇㅇㅇ음!

빠졌을 때의 성취감
성공이다……!

그런데 다음 레벨은 어려워

뜨개꾼 203gow(니마루산고)
색다른 뜨개 작품 '이상한 뜨개'를 제작하고 있다.
온 거리를 뜨개 작품으로 가득 메우는 게릴라 뜨개
집단 '뜨개기습단'을 창설했다. 백화점 쇼윈도, 패션
잡지 배경, 미술관과 갤러리 전시, 워크숍 등 다방면
으로 활동하고 있다.
http://203gow.weebly.com(이상한 뜨개 HP)

글·사진/203gow 참고 작품

재료
베스트…데오리야 모크 울 B 청록색(20) 325g
넥워머…데오리야 모크 울 B 청록색(20) 65g

도구
대바늘 7호·5호

완성 크기
베스트…가슴둘레 90cm, 기장 59cm, 화장 22.5cm
넥워머…목둘레 61cm, 기장 19cm

게이지(10×10cm)
무늬뜨기 A 18.5코×28단, 무늬뜨기 B·C 18.5코 ×31단

POINT
● 베스트…손가락에 실을 걸어서 기초코를 만들어 뜨기 시작해 1코 무늬뜨기, 무늬뜨기 A·B·C, 가터뜨기로 뜹니다. 어깨 경사는 도안을 참고해 뜹니다. 뜨개 끝은 쉼코를 합니다. 어깨는 빼뜨기로 잇기, 옆선은 떠서 꿰매기를 합니다. 목둘레는 앞뒤 몸판을 이어 안면에서 덮어씌워 코막음합니다.
● 넥워머…손가락에 실을 걸어서 기초코를 만들어 뜨기 시작해 1코 고무뜨기, 무늬뜨기 A로 원형으로 뜹니다. 뜨개 끝은 1코 고무뜨기 코막음을 합니다.

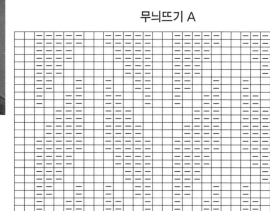

베스트

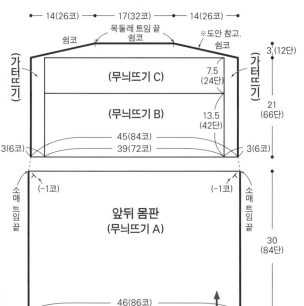

※지정하지 않은 것은 7호 대바늘로 뜬다.

넥워머

무늬뜨기 A

□ = ⊡

가터뜨기

□ = ⊡

무늬뜨기 B

□ = ⊡

무늬뜨기 C

□ = ⊡

1코 고무뜨기

□ = ⊡

넥워머 → | ← 앞뒤 몸판
뜨개 시작

어깨 뜨는 법

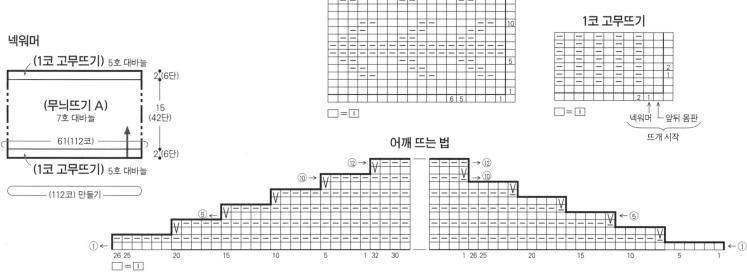

□ = ⊡

다이아 에포카

왼코 늘리기
※일본어 사이트

오른코 늘리기
※일본어 사이트

재료
다이아몬드케이토 다이아 에포카 그레이(357)
600g 15볼

도구
대바늘 8호·6호

완성 크기
가슴둘레 110cm, 어깨너비 45cm, 기장 64.5cm,
소매 기장 54.5cm

게이지(10×10cm)
메리야스뜨기 19.5코×29단, 무늬뜨기 A·A′·B·
C 19.5코×33단

POINT
● 몸판·소매…손가락에 실을 걸어서 기초코를

만들어 뜨기 시작해 테두리뜨기 A, 메리야스뜨기,
무늬뜨기 A로 원형으로 뜹니다. 이어서 앞뒤 몸판
은 각각 메리야스뜨기, 무늬뜨기 B·C·A′, 가터뜨
기를 배치해 뜹니다. 줄임코는 2코 이상은 덮어씌
우기, 1코는 가장자리 1코 세워 줄이기로 뜹니다.
소매 밑선의 늘림코는 도안을 참고하고 뜨개 끝은
덮어씌운 코막음합니다.

● 마무리…어깨는 덮어씌워 잇기를 합니다. 목둘
레는 지정 콧수를 주워 테두리뜨기 B로 원형으로
뜹니다. 뜨개 끝 겉뜨기는 겉뜨기로, 안뜨기는
안뜨기로 떠서 덮어씌워 코막음합니다. 소매는 코
와 단 잇기로 몸판과 연결합니다.

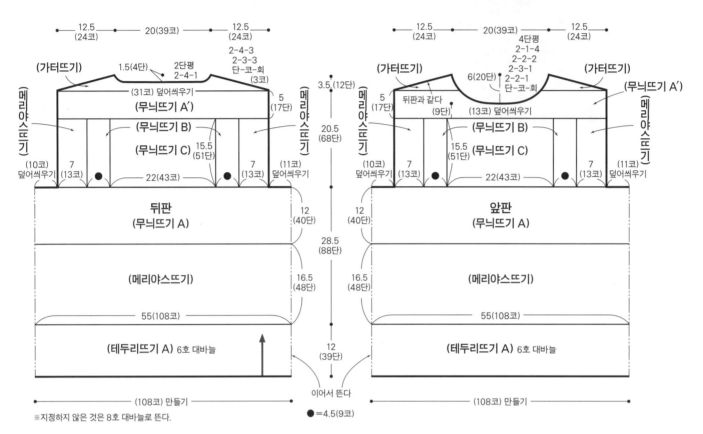

※지정하지 않은 것은 8호 대바늘로 뜬다.

이어서 뜬다

●=4.5(9코)

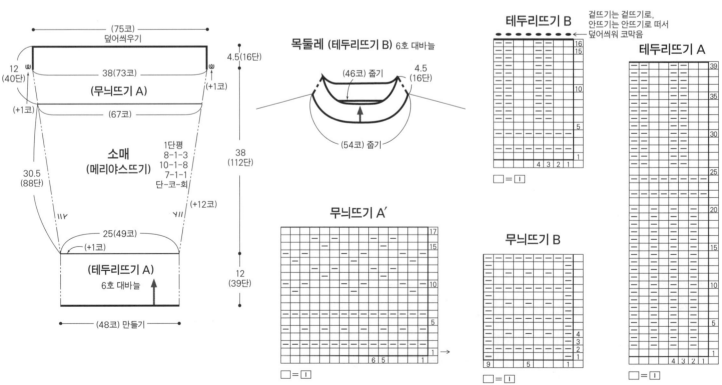

무늬뜨기 C

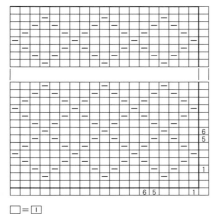

□ = □

가터뜨기

□ = □

무늬뜨기 A

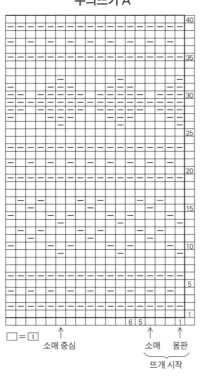

□ = □

소매 중심 ↑

소매 몸판

뜨개 시작

소매 밑선의 늘림코

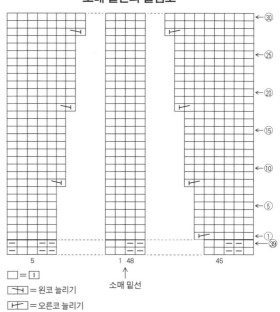

□ = □

⊺ = 왼코 늘리기

⊺ = 오른코 늘리기

소매 밑선 ↑

채널 제도 기초코

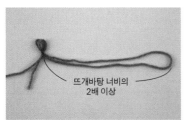

1 실 끝으로부터 뜨개바탕 너비의 2배 이상 되는 위치에서 실을 반으로 접고, 실 2가닥 으로 고리를 만들어 묶는다.

2 반으로 접은 실을 앞쪽에 두고 고리에 대바 늘을 넣는다. 반으로 접은 실은 화살표와 같 이 엄지에 감고 실타래 쪽 실은 검지에 건다.

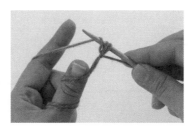

3 검지의 실을 대바늘에 건다(걸기코).

4 엄지의 실에 아래에서 대바늘을 넣고

5 검지의 실을 대바늘에 건 뒤 화살표 방향으 로 빼낸다.

6 엄지의 실을 일단 빼낸 다음 실을 당겨 코를 조인다.

7 처음에 만든 고리를 2코로 세고 지정 콧수 만큼 3~6을 반복한다.

8 2단 마지막 코는 실을 1가닥씩 나눠 뜬다.

5플라이 건지 울

중심 3코 모아 안뜨기

※ 일본어 사이트

재료
실…프랑지파니 5플라이 건지 울 잿빛 녹색
(Pistachio) 500g
단추…지름 13mm×3개

도구
대바늘 3호, 코바늘 3/0호

완성 크기
가슴둘레 101cm, 기장 56cm, 화장 70cm

게이지(10×10cm)
메리야스뜨기, 무늬뜨기 B·C 21코×33단, 무늬뜨기 A 24코×33단

POINT
● 몸판·소매…몸판은 채널 제도 기초코를 만들어 뜨기 시작해 가터뜨기, 2코 고무뜨기로 원형으로 뜹니다. 이어서 1코 고무뜨기, 메리야스뜨기, 무늬뜨기 A로 뜨는데, 겨드랑이 쪽 거싯의 늘림코는

도안을 참고해 뜹니다. 거싯에서 위쪽은 앞뒤 몸판을 나눠 무늬뜨기 A·B·C로 뜹니다. 뜨개 끝은 쉼코를 합니다. 뒤판은 가터뜨기로 어깨를 뜨고 앞판과 덮어씌워 잇기를 합니다. 소매는 거싯과 몸판에서 코를 주워 1코 고무뜨기, 무늬뜨기 D, 메리야스뜨기, 무늬뜨기 A로 원형으로 뜹니다. 줄임코는 도안을 참고하세요. 소맷부리는 2코 고무뜨기, 가터뜨기로 뜨고 뜨개 끝은 코바늘로 테두리뜨기를 하면서 코막음합니다.

● 마무리…목둘레는 지정 콧수를 주워 2코 고무뜨기로 왕복해 뜹니다. 뜨개 끝의 겉뜨기는 겉뜨기로, 안뜨기는 안뜨기로 떠서 덮어씌워 코막음합니다. 앞목둘레의 가장자리에서 코를 주워 단춧구멍을 내면서 가터뜨기로 앞목둘레 끝단을 뜹니다. 단추를 달아 마무리합니다.

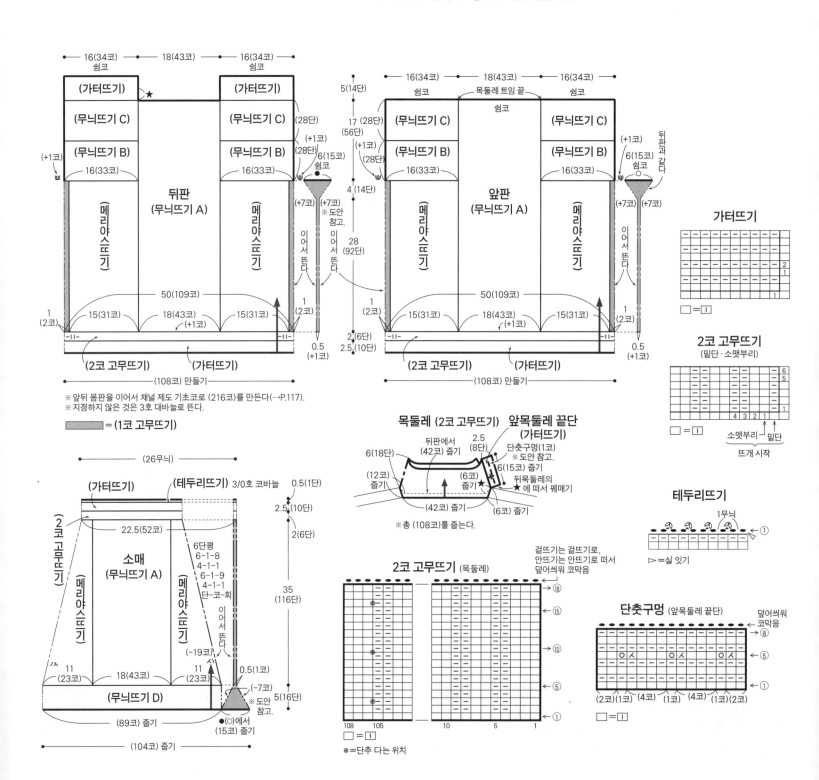

무늬뜨기 A

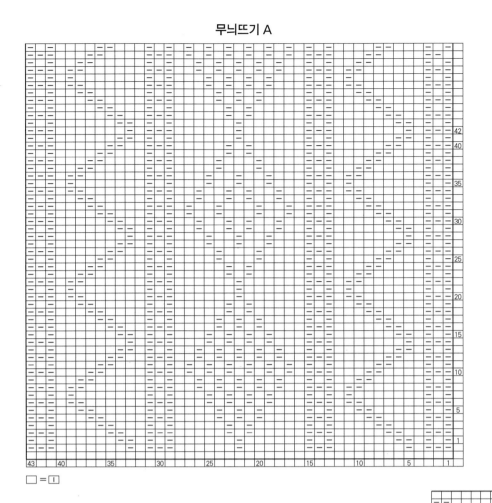

□ = ⊡

무늬뜨기 C

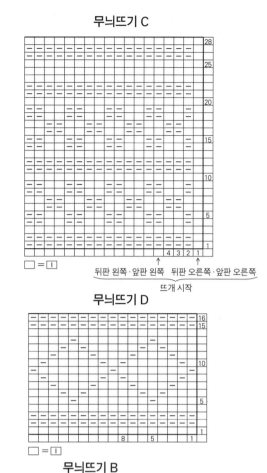

□ = ⊡

뒤판 왼쪽·앞판 왼쪽　뒤판 오른쪽·앞판 오른쪽

뜨개 시작

무늬뜨기 D

□ = ⊡

무늬뜨기 B

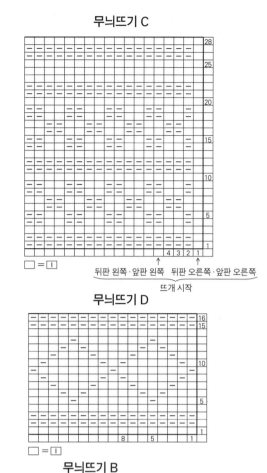

□ = ⊡

뒤판 왼쪽·앞판 왼쪽　뒤판 오른쪽·앞판 오른쪽

뜨개 시작

겨드랑이 쪽 거싯의 늘림코

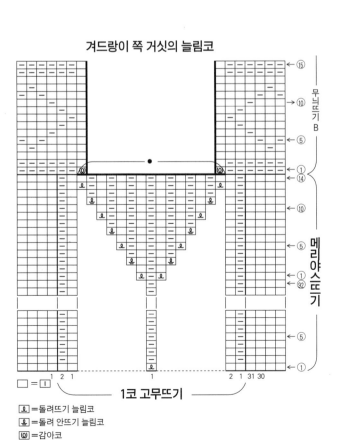

무늬뜨기 B

메리야스뜨기

□ = ⊡

1코 고무뜨기

ᛩ =돌려뜨기 늘림코

ᛩ =돌려 안뜨기 늘림코

Ⓜ =감아코

소매 쪽 거싯과 소매 밑선의 줄임코

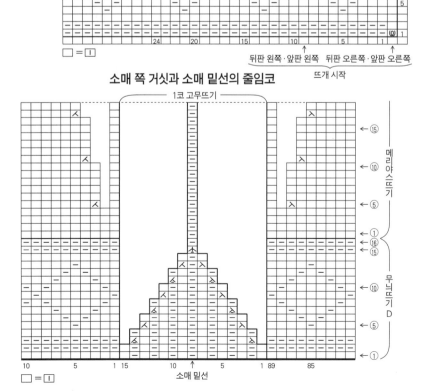

1코 고무뜨기

메리야스뜨기

무늬뜨기 D

□ = ⊡

소매 밑선

119

5플라이 건지 울

떠서 만드는 기초코

※ 일본어 사이트

재료
프랑지파니 5플라이 건지 울 남색(Navy) 505g
도구
대바늘 3호·2호
완성 크기
가슴둘레 102cm, 기장 56.5cm, 화장 70.5cm
게이지(10×10cm)
메리야스뜨기 22.5코×32단, 무늬뜨기 A·A′·B 22.5코×36단
POINT
● 몸판·소매…몸판은 떠서 만드는 기초코로 뜨기 시작해 앞뒤 몸판을 각각 가터뜨기로 뜹니다. 17단을 뜬 뒤 앞뒤 몸판을 이어서 메리야스뜨기, 무늬뜨기 A·B로 원형으로 뜹니다. 겨드랑이 쪽 거

싯의 늘림코는 도안을 참고하세요. 거싯에서 위쪽은 앞뒤 몸판을 나눠 뜹니다. 뜨개 끝은 쉼코를 합니다. 어깨는 별도 사슬로 기초코를 만들어 뜨기 시작하고 도안을 참고해 몸판과 연결하면서 무늬뜨기 C로 뜹니다. 소매는 거싯·몸판·어깨에서 코를 주워 메리야스뜨기, 무늬뜨기 A′, 2코 고무뜨기로 원형으로 뜹니다. 줄임코는 도안을 참고하세요. 뜨개 끝은 겉뜨기는 겉뜨기로, 안뜨기는 안뜨기로 떠서 덮어씌워 코막음합니다.
● 마무리…목둘레는 어깨의 기초코 사슬을 푼 코와 몸판의 쉼코에서 코를 주워 2코 고무뜨기로 원형으로 뜹니다. 뜨개 끝은 소맷부리와 같은 방법으로 정리합니다.

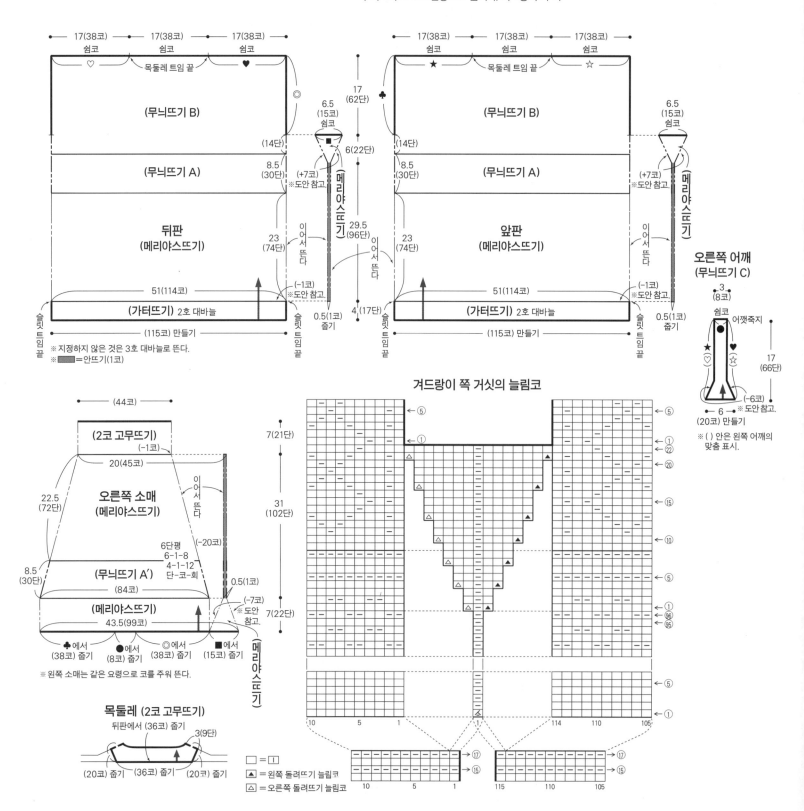

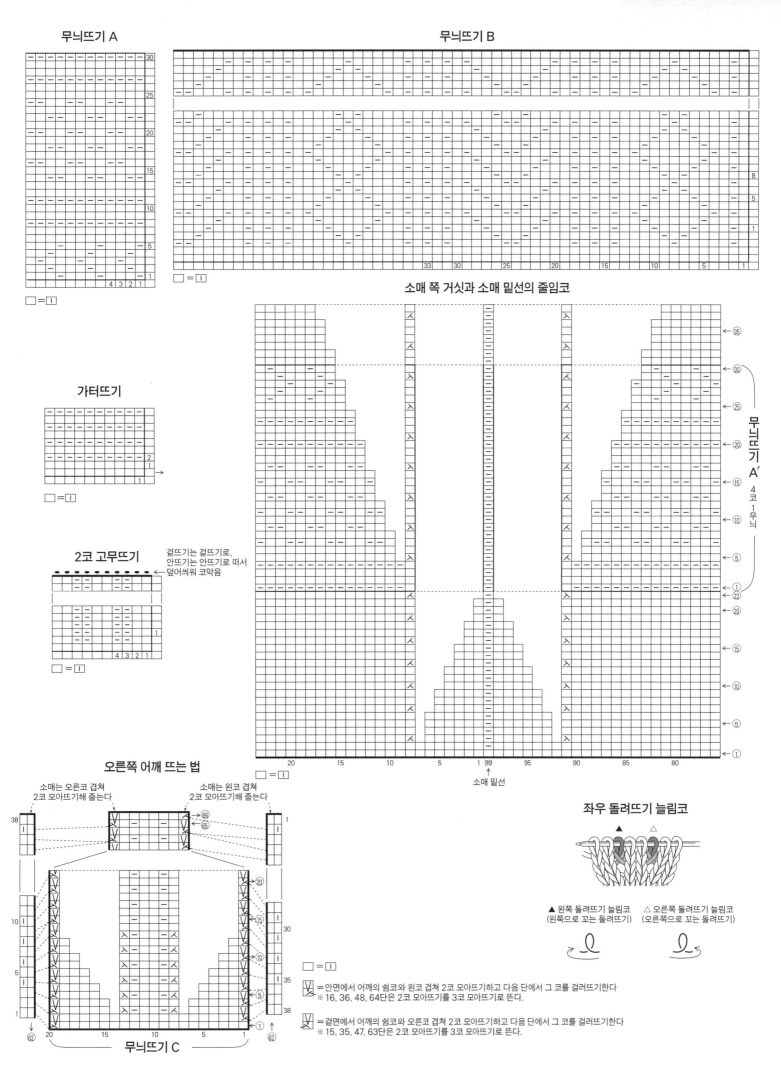

무늬뜨기 A

무늬뜨기 B

□ = ꞮꞮ

소매 쪽 거싯과 소매 밑선의 줄임코

가터뜨기

□ = Ꞇ

2코 고무뜨기

겉뜨기는 겉뜨기로,
안뜨기는 안뜨기로 떠서
덮어씌워 코막음

□ = Ꞇ

무늬뜨기 A′
4코 1무늬

소매 밑선

오른쪽 어깨 뜨는 법

소매는 오른코 겹쳐
2코 모아뜨기해 줍는다

소매는 왼코 겹쳐
2코 모아뜨기해 줍는다

무늬뜨기 C

좌우 돌려뜨기 늘림코

▲ 왼쪽 돌려뜨기 늘림코
(왼쪽으로 꼬는 돌려뜨기)

△ 오른쪽 돌려뜨기 늘림코
(오른쪽으로 꼬는 돌려뜨기)

□ = Ꞇ

Ⅴ =안면에서 어깨의 쉼코와 왼코 겹쳐 2코 모아뜨기하고 다음 단에서 그 코를 걸러뜨기한다
※ 16, 36, 48, 64단은 2코 모아뜨기를 3코 모아뜨기로 뜬다.

Ⅴ =겉면에서 어깨의 쉼코와 오른코 겹쳐 2코 모아뜨기하고 다음 단에서 그 코를 걸러뜨기한다
※ 15, 35, 47, 63단은 2코 모아뜨기를 3코 모아뜨기로 뜬다.

재료
다이아몬드케이토 다이아 타탄 빨강(3407) 455g
13볼

도구
대바늘 4호·2호

완성 크기
가슴둘레 100cm, 어깨너비 45cm, 기장 60cm,
소매 기장 51cm

게이지(10×10cm)
메리야스뜨기 26코×34단, 무늬뜨기 A·B·A'
26코×42단

POINT
● 몸판은 손가락에 실을 걸어서 기초코를 만들어
뜨기 시작하고 2단에서 줄임코를 한 다음 가터뜨

기로 왕복합니다. 24단 뜬 뒤 앞뒤 몸판을 이어서
2코 무늬뜨기, 메리야스뜨기, 무늬뜨기 A·B·A'
로 원형으로 뜹니다. 진동둘레부터는 앞뒤 몸판을
나눠 왕복하고, 뜨개 끝은 쉼코를 합니다. 어깨의
17코는 덮어씌워 잇기를 합니다. 어깨·목둘레는
도안을 참고해 몸판에서 코를 주워 메리야스뜨기
합니다. 어깨의 줄임코와 목둘레의 되돌아뜨기는
도안을 참고하세요. 이어서 목둘레는 2코 고무뜨
기로 원형으로 뜨고, 뜨개 끝은 도안을 참고해 덮
어씌워 코막음합니다. 소매는 거싯의 쉼코와 몸판
에서 코를 주워 메리야스뜨기와 2코 고무뜨기로
원형으로 뜹니다. 줄임코는 도안을 참고하세요. 뜨
개 끝은 목둘레와 같은 방법으로 정리합니다.

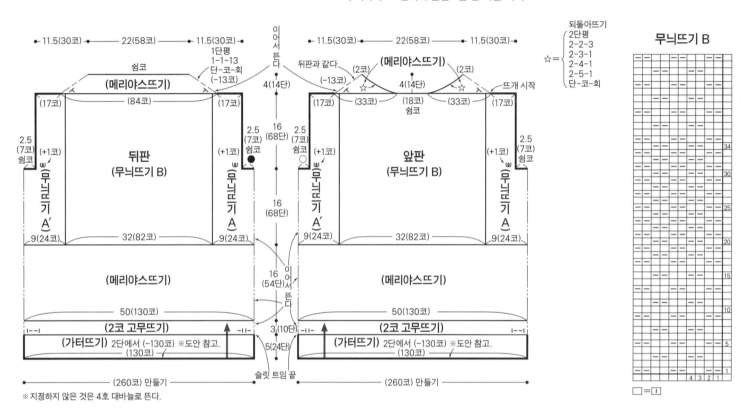

※ 지정하지 않은 것은 4호 대바늘로 뜬다.

무늬뜨기 B

□ = 1

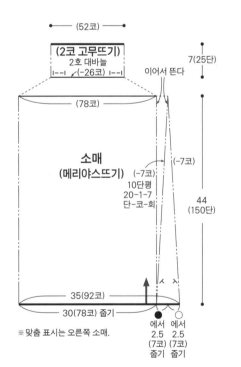

※ 맞춤 표시는 오른쪽 소매.

가터뜨기 (밑단)

□ = 1
☑ = 안면에서 왼코 겹쳐 3코 모아 안뜨기로 뜬다.

목둘레
(2코 고무뜨기)
2호 대바늘

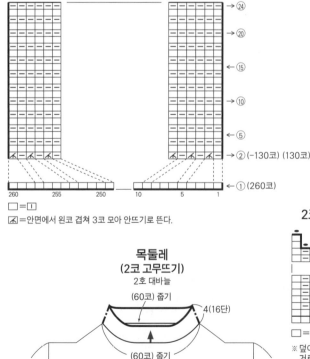

2코 고무뜨기 (앞뒤 몸판)

□ = 1
앞판 뒤판
뜨개 시작

2코 고무뜨기 (목둘레)

겉뜨기 부분은 2코마다
2단을 뜬 뒤 덮어씌워 코막음.
안뜨기 부분은 안뜨기를 뜨고
덮어씌워 코막음

□ = 1

※ 덮어씌워 코막음은 1번째 코를
거르고 마지막 코와 함께 겉뜨기
를 떠서 덮어씌워 코막음한다.

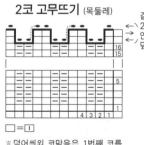

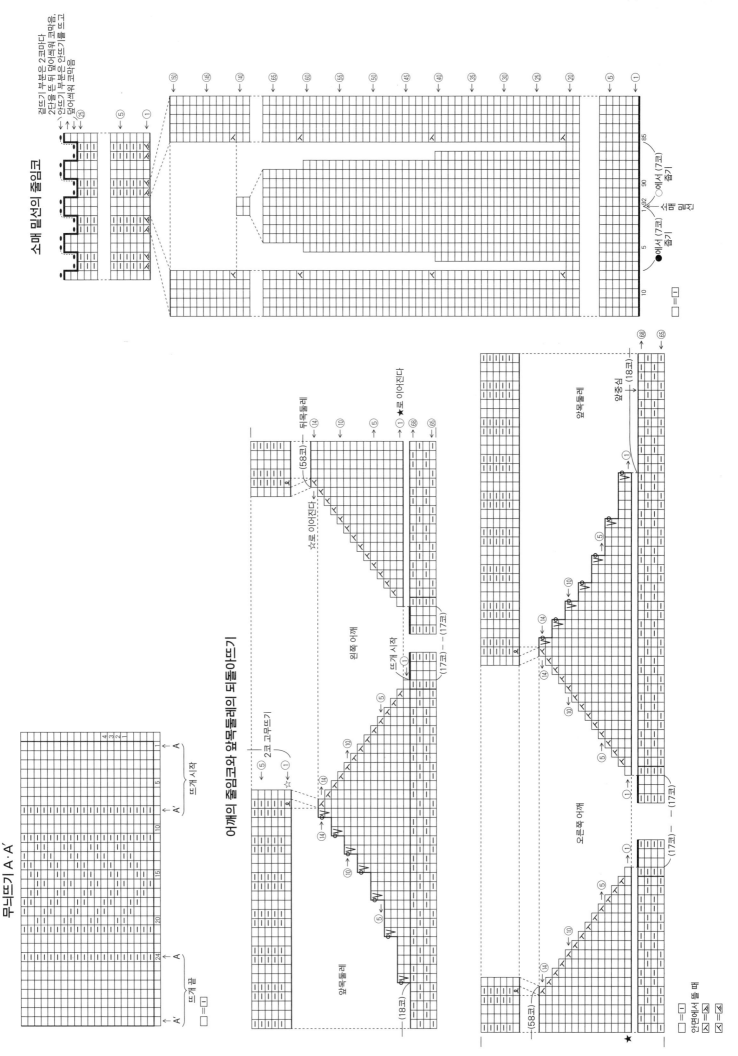

소매 밑선의 줄임코

무늬뜨기 A·A′

어깨의 줄임코와 앞목둘레의 되돌아뜨기

모크 울 A

2코 고무뜨기 코막음
(원형뜨기)

※ 일본어 사이트

재료
실…데오리야 모크 울 A 에크뤼(32) 570g
단추…지름 15mm×3개
도구
대바늘 8호·6호·3호
완성 크기
가슴둘레 84cm, 기장 62.5cm, 화장 66cm
게이지(10×10cm)
무늬뜨기 A·C 23.5코×31단, 메리야스뜨기 20코
×31단
POINT
● 몸판·소매…모두 2가닥으로 뜹니다. 몸판
은 2코 고무뜨기 기초코로 뜨기 시작해 2코 고
무뜨기로 원형으로 뜹니다. 이어서 무늬뜨기
A·B·C·D로 뜹니다. 88단을 뜬 뒤 도안을 참고

해 늘림코를 하면서 거싯을 메리야스뜨기로 뜹
니다. 28단을 뜬 뒤 앞뒤 몸판을 나눠 무늬뜨기
A·B·C·E로 왕복해 뜹니다. 앞목둘레의 줄임코
는 중심 코는 쉼코, 1코는 가장자리 1코 세워 줄이
기를 합니다. 어깨는 안끼리 맞대어 빼뜨기로 잇
기를 합니다. 소매는 지정 위치에서 코를 주워 도
안을 참고해 줄임코를 하면서 메리야스뜨기, 무늬
뜨기 D·F, 2코 고무뜨기로 원형으로 뜹니다. 뜨개
끝은 2코 고무뜨기 코막음을 합니다.
● 마무리…목둘레는 지정 콧수를 주워 가터뜨기
와 2코 고무뜨기로 뜹니다. 지정 위치에 단춧구멍
을 냅니다. 뜨개 끝은 가터뜨기는 덮어씌워 코막
음, 2코 고무뜨기는 2코 고무뜨기 코막음을 합니
다. 단추를 달아 마무리합니다.

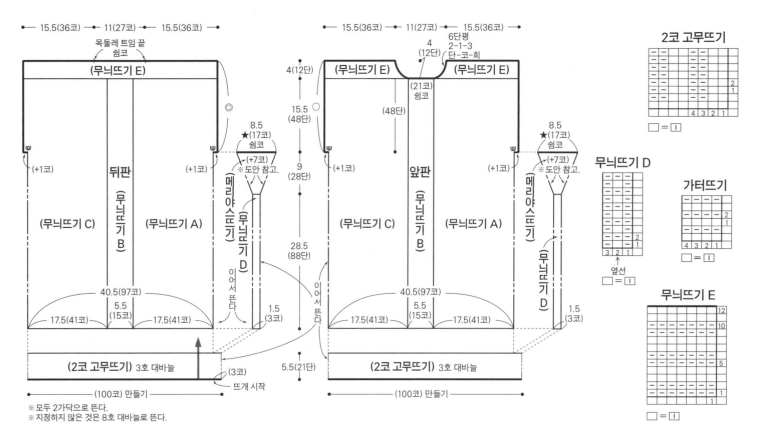

※ 모두 2가닥으로 뜬다.
※ 지정하지 않은 것은 8호 대바늘로 뜬다.

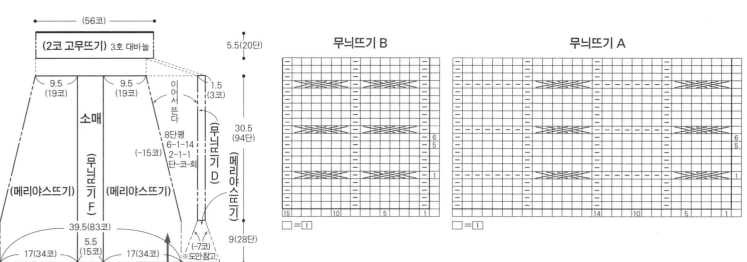

※ 맞춤 표시는 오른쪽 소매.

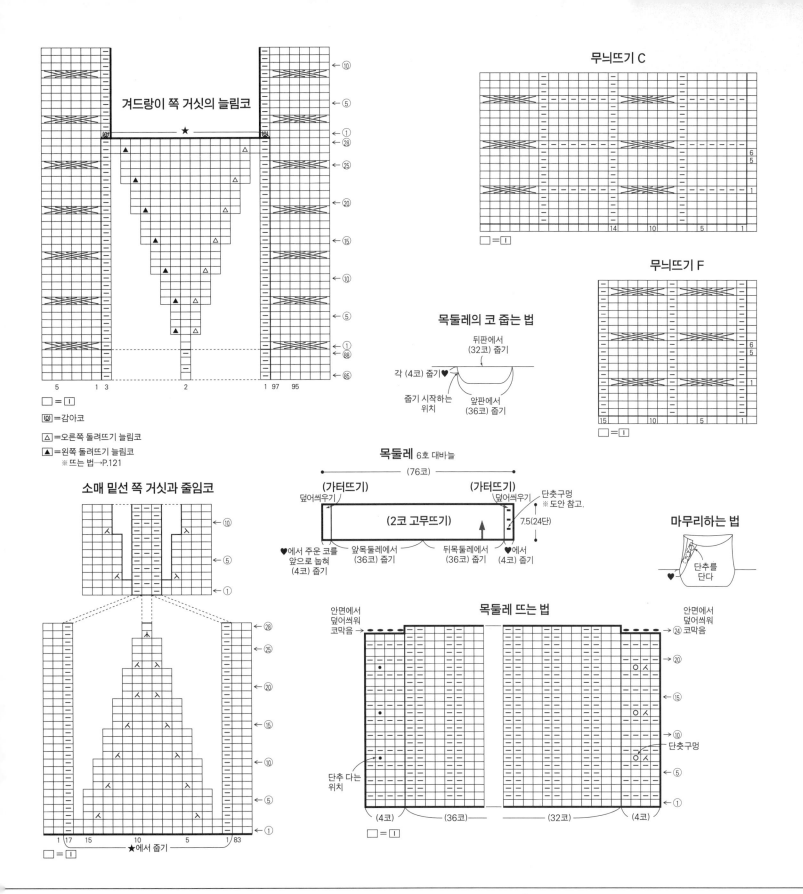

무늬뜨기 C

무늬뜨기 F

겨드랑이 쪽 거싯의 늘림코

5　　1　3　　　　　　2　　　　　1　97　95

□ = ☐
☐ = 감아코
△ = 오른쪽 돌려뜨기 늘림코
▲ = 왼쪽 돌려뜨기 늘림코
　　※ 뜨는 법→P.121

목둘레의 코 줍는 법

뒤판에서
(32코) 줍기
각 (4코) 줍기 ♥
줍기 시작하는 위치
앞판에서
(36코) 줍기

목둘레 6호 대바늘

├─────── (76코) ───────┤
(가터뜨기)　　　　　　　　(가터뜨기)
덮어씌우기　　　　　　　　덮어씌우기　단춧구멍
　　　　(2코 고무뜨기)　　　　　※도안 참고.
　　　　　　　　　　　　　　　7.5(24단)
♥에서 주운 코를　앞목둘레에서　뒤목둘레에서　♥에서
앞으로 눕혀　　(36코) 줍기　(36코) 줍기　(4코) 줍기
(4코) 줍기

소매 밑선 쪽 거싯과 줄임코

1　17　15　　　10　　　5　　　1　83
★에서 줍기

□ = ☐

목둘레 뜨는 법

안면에서 덮어씌워 코막음
단추 다는 위치
(4코)──(36코)──(32코)──(4코)
안면에서 덮어씌워 코막음
단춧구멍
단추 다는 위치

□ = ☐

마무리하는 법

단추를 단다

아이코드 코막음

1 아이코드를 뜨는 실로 3코를 만든다.

2 겉뜨기로 2코 뜨고 3번째 코와 뜨개바탕의 첫 코를 오른코 겹쳐 2코 모아뜨기한다.

3 뜬 오른바늘의 3코를 그대로 방향을 유지하고 왼바늘에 옮긴다.

4 2와 3을 반복한다.

5 뜨개바탕의 코가 없어질 때까지 반복한다.

왼코에 꿴 매듭뜨기

※일본어 사이트

왼코 겹쳐 3코 모아 안뜨기

※일본어 사이트

재료
실…스키 얀 스키 프로일라인 오렌지색(2937)
530g 14볼
단추…지름 18mm×6개
도구
대바늘 7호·5호
완성 크기
가슴둘레 108cm, 기장 58.5cm, 화장 66cm
게이지(10×10cm)
메리야스뜨기 19코×27.5단, 무늬뜨기 20코×
27.5단
POINT
● 몸판·소매…몸판은 손가락에 실을 걸어서 기
초코를 만들어 뜨기 시작해 가터뜨기, 2코 고무뜨

기, 메리야스뜨기, 무늬뜨기로 뜹니다. 목둘레의
줄임코는 2코 이상은 덮어씌우기, 1코는 가장자리
1코 세워 줄이기를 합니다. 어깨는 덮어씌워 잇기
를 합니다. 소매는 지정 콧수를 주워 2코 고무뜨
기, 가터뜨기, 메리야스뜨기로 뜹니다. 소매 밑선
의 줄임코는 가장자리 2코 세워 줄이기를 합니다.
뜨개 끝은 겉뜨기는 겉뜨기로, 안뜨기는 안뜨기로
떠서 덮어씌워 코막음합니다.
● 마무리…옆선·소매 밑선은 떠서 꿰매기를 합니
다. 목둘레·앞단은 지정 콧수를 주워 테두리뜨
기로 뜹니다. 오른쪽 앞단에는 단춧구멍을 냅니다.
뜨개 끝은 소맷부리와 같은 방법으로 정리합니다.
단추를 달아 마무리합니다.

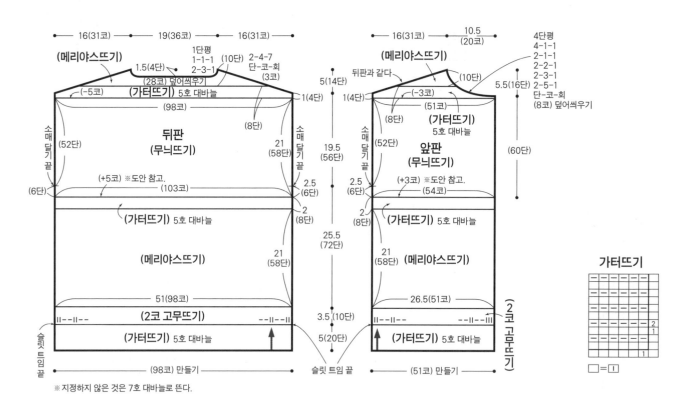

※지정하지 않은 것은 7호 대바늘로 뜬다.

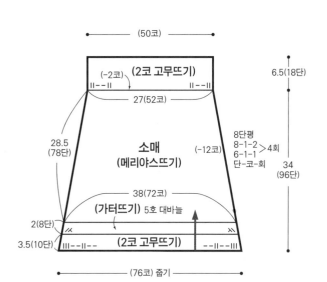

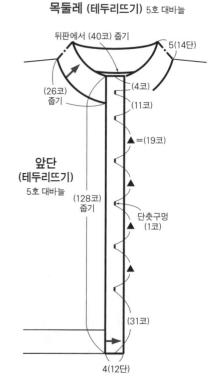

목둘레 (테두리뜨기) 5호 대바늘

가터뜨기

2코 고무뜨기

□=□

← 오른쪽 앞판·소매
뒤판·왼쪽 앞판·소맷부리

뜨개 시작

테두리뜨기

겉뜨기는 겉뜨기로,
안뜨기는 안뜨기로 떠서
덮어씌워 코막음

□=□

※앞단은 12단까지 뜬다.

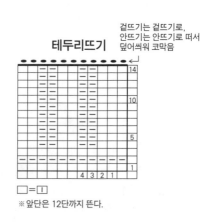

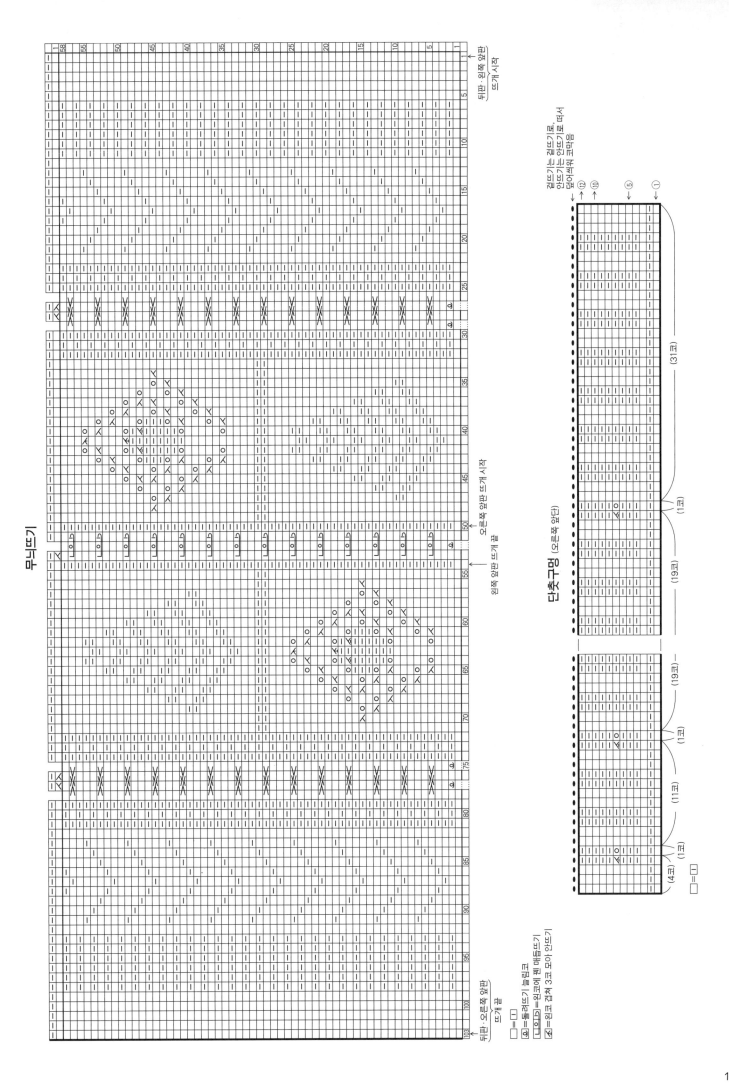

무늬뜨기

단춧구멍 (오른쪽 앞단)

□=□
回=돌려뜨기 늘림코
└○」=원코에 꿰 매듭뜨기
区=왼코 겹쳐 3코 모아 안뜨기

127

재료
스키 얀 스키 UK 블렌드 멜란지 파랑(8017) 580g
15볼
도구
대바늘 8호·6호
완성 크기
가슴둘레 106cm, 기장 57.5cm, 화장 74cm
게이지(10×10cm)
메리야스뜨기 17.5코×24단, 무늬뜨기 A·B·C·D
17.5코×28단
POINT
● 몸판·소매…몸판은 채널 제도 기초코를 만들어 뜨기 시작해 가터뜨기, 2코 고무뜨기, 메리야스

뜨기, 무늬뜨기 A·B·C·D로 뜹니다. 목둘레의 줄임코는 앞중심의 코는 쉼코를 합니다. 그 외에는 2코 이상은 덮어씌우기, 1코는 가장자리 1코 세워 줄이기를 합니다. 어깨는 덮어씌워 잇기를 합니다. 소매는 몸판에서 코를 주워 2코 고무뜨기와 메리야스뜨기로 뜹니다. 소매 밑선의 줄임코는 가장자리 2코 세워 줄이기를 합니다. 뜨개 끝은 겉뜨기는 겉뜨기로, 안뜨기는 안뜨기로 떠서 덮어씌워 코막음합니다.
● 마무리…옆선·소매 밑선은 떠서 꿰매기를 합니다. 목둘레는 지정 콧수를 주워 2코 고무뜨기로 원형으로 뜹니다. 뜨개 끝은 소맷부리와 같은 방법으로 정리합니다.

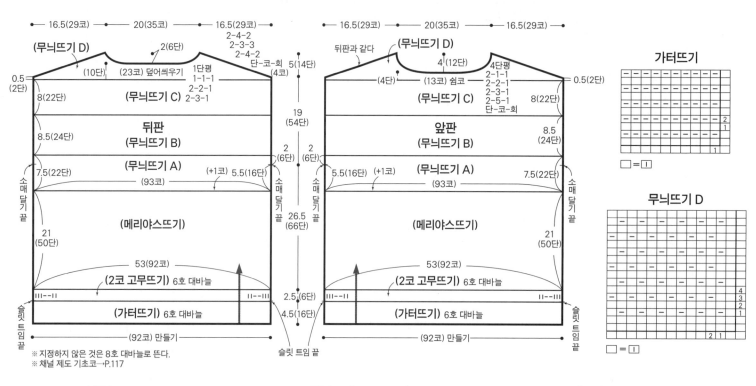

뒤판 (무늬뜨기 D / 무늬뜨기 C / 뒤판 무늬뜨기 B / 무늬뜨기 A / 메리야스뜨기 / 2코 고무뜨기 6호 대바늘 / 가터뜨기 6호 대바늘)

16.5(29코) 20(35코) 16.5(29코)
2(6코) 2-4-2 2-4-2 2-4-2 단-코-회(4코)
(10단) (23코) 덮어씌우기 1단평 1-1-1 2-2-1 2-3-1 5(14단)
0.5(2단) 8(22단) 8.5(24단) 19(54단)
7.5(22단) (93코) (+1코) 5.5(16단) 2(6코)
21(50단) 26.5(66단)
53(92코) 2.5(6코)
(92코) 만들기 4.5(16단)

앞판 (무늬뜨기 D / 무늬뜨기 C / 앞판 무늬뜨기 B / 무늬뜨기 A / 메리야스뜨기 / 2코 고무뜨기 6호 대바늘 / 가터뜨기 6호 대바늘)

16.5(29코) 20(35코) 16.5(29코)
뒤판과 같다
4(12단) 4단평 2-1-1 2-2-1 2-1-1 2-5-1 단-코-회
(4단) (13코) 쉼코
0.5(2단) 8(22단)
8.5(24단)
5.5(16단) (+1코) (93코) 7.5(22단)
21(50단)
53(92코)
(92코) 만들기

※ 지정하지 않은 것은 8호 대바늘로 뜬다.
※ 채널 제도 기초코→P.117
소매 달기 끝 / 슬릿 트임 끝 / 소매 달기 끝 / 슬릿 트임 끝

가터뜨기
□=Ⅰ

무늬뜨기 D
□=Ⅰ

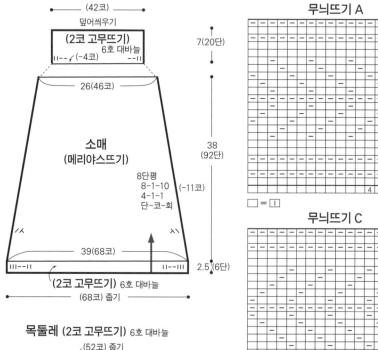

(42코) 덮어씌우기
2코 고무뜨기 6호 대바늘 (-4코)
26(46코)
소매 (메리야스뜨기)
7(20단)
8단평 8-1-10 4-1-1 단-코-회 (-11코)
38(92단)
39(68코)
2.5(6코)
2코 고무뜨기 6호 대바늘
(68코) 줄기

목둘레 (2코 고무뜨기) 6호 대바늘
(52코) 줄기
7.5(20단)
(60코) 줄기

무늬뜨기 A
22 20 15 10 5 1
4 3 2 1
□=Ⅰ

무늬뜨기 B
24 20 15 10 5 1
10 5 1
□=Ⅰ

무늬뜨기 C
22 20 15 10 5 1
4 3 2 1
□=Ⅰ

2코 고무뜨기 (목둘레)

겉뜨기는 겉뜨기로, 안뜨기는 안뜨기로 떠서 덮어씌워 코막음
4 3 2 1
□=Ⅰ 앞중심

2코 고무뜨기
(앞뒤 몸판·소매·소맷부리)

4 3 2 1
□=Ⅰ
앞뒤 몸판·소매 / 소맷부리 / 뜨개 시작

브란도

재료
실…나이토상사 브란도 황록색(124) 560g 14볼
단추…지름 20mm×9개

도구
대바늘 6호·4호

완성 크기
가슴둘레 90cm, 기장 74.5cm, 화장 72cm

게이지
무늬뜨기(10×10cm) B·C 18.5코×30.5단, D 17.5코×28단. 무늬뜨기 E·E′ 1무늬 10코=4cm, 28단=10cm

POINT
● 몸판·소매…떠서 만드는 기초코로 뜨기 시작해 앞뒤 몸판을 이어서 테두리뜨기 A를 뜨고 분산 줄임코를 하면서 무늬뜨기 A로 뜹니다. 이어서 도안을 참고해 무늬뜨기 A′·B로 뜹니다. 거싯의 코

는 쉼코를 하고 거싯에서 위쪽은 오른쪽 앞판, 뒤판, 왼쪽 앞판으로 나눠 무늬뜨기 B·C로 뜹니다. 목둘레의 줄임코는 2코 이상은 덮어씌우기, 1코는 가장자리 1코 세워 줄이기를 합니다. 어깨는 덮어씌워 잇기를 합니다. 소매는 거싯의 쉼코와 몸판에서 코를 주워 무늬뜨기 A′·D·E로 원형으로 뜹니다. 소매 밑선의 줄임코는 도안을 참고하세요. 이어서 소맷부리를 테두리뜨기 B로 뜹니다. 뜨개 끝은 안뜨기를 뜨면서 덮어씌워 코막음합니다.
● 마무리…목둘레는 지정 콧수를 주워 2코 고무뜨기로 뜨고 뜨개 끝은 쉼코를 합니다. 앞단은 테두리뜨기 B로 뜨고 오른쪽 앞단에는 단춧구멍을 냅니다. 뜨개 끝은 소맷부리와 같은 방법으로 정리합니다. 목둘레의 테두리를 가터뜨기로 뜨고 뜨개 끝은 소맷부리와 같은 방법으로 정리합니다. 단추를 달아 마무리합니다.

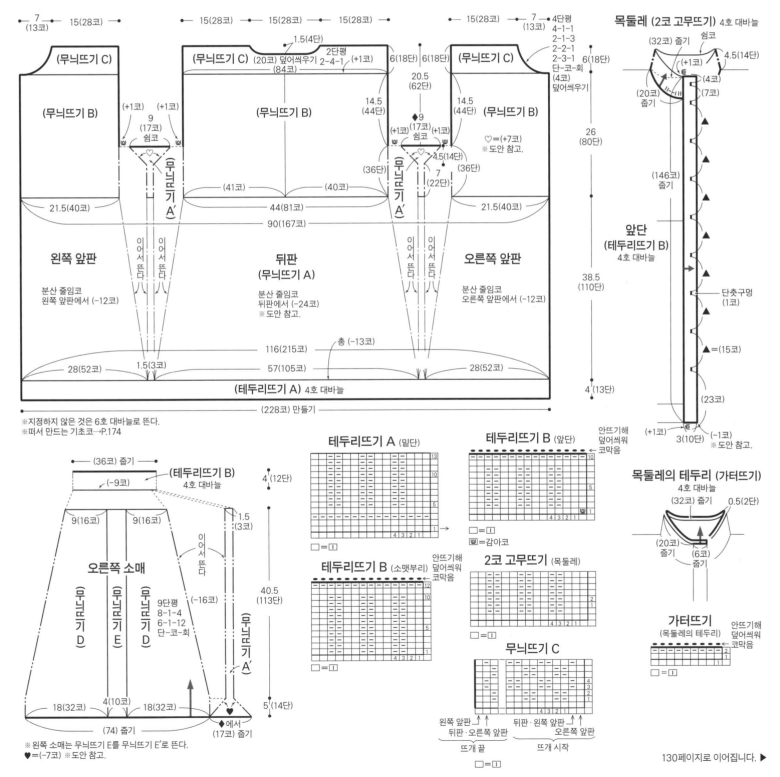

※지정하지 않은 것은 6호 대바늘로 뜬다.
※떠서 만드는 기초코→P.174

130페이지로 이어집니다. ▶

129

▶ 129페이지에서 이어집니다.

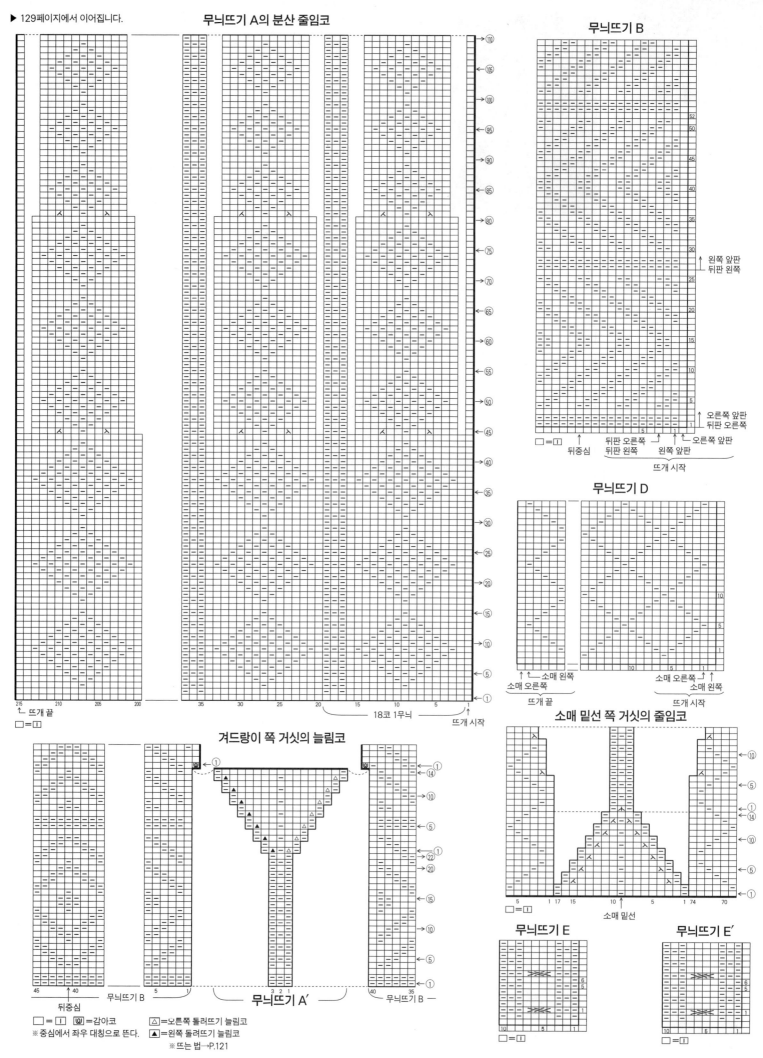

무늬뜨기 A의 분산 줄임코

무늬뜨기 B

무늬뜨기 D

겨드랑이 쪽 거싯의 늘림코

소매 밑선 쪽 거싯의 줄임코

무늬뜨기 E

무늬뜨기 E′

□ = Ⅰ
■ = 감아코
△ = 오른쪽 돌려뜨기 늘림코
▲ = 왼쪽 돌려뜨기 늘림코
※ 중심에서 좌우 대칭으로 뜬다.
※ 뜨는 법→P.121

130

단춧구멍 (오른쪽 앞단)

안뜨기해
덮어씌워 코막음
←⑩
←⑤
←①

(4코)(1코)(7코)(1코)(15코) — (15코)(1코)(15코)(1코)(23코)

□=[I]
⊡=감아코

※9단의 첫 줄임코는 가장자리 1코를 안으로 접어 2코 모아뜨기한다.

page ★★★

노르웨지아

재료
베스트…나이토상사 에브리데이 노르웨지아 샌드베이지(424) 260g 3볼
모자…나이토상사 에브리데이 노르웨지아 샌드베이지(424) 55g 1볼

도구
대바늘 6호·4호

완성 크기
베스트…가슴둘레 101cm, 어깨너비 42cm, 기장 60.5cm
모자…머리둘레 50cm, 깊이 24.5cm

게이지(10×10cm)
무늬뜨기 A 19코×27단, 무늬뜨기 B·C 19코×27.5단

POINT
● 베스트…손가락에 실을 걸어서 기초코를 만들어 뜨기 시작해 가터뜨기, 무늬뜨기 A·B로 원형으로 뜹니다. 진동둘레에서 위쪽은 앞뒤 몸판을 나눠 왕복해 뜹니다. 줄임코는 2코 이상은 덮어씌우기, 1코는 가장자리 1코 세워 줄이기를 합니다. 어깨는 덮어씌워 잇기를 합니다. 목둘레·진동둘레는 지정 콧수를 주워 1코 고무뜨기로 원형으로 뜹니다. 뜨개 끝은 1코 고무뜨기 코막음을 합니다.
● 모자…손가락에 실을 걸어서 기초코를 만들어 뜨기 시작해 메리야스뜨기, 무늬뜨기 C, 2코 고무뜨기로 원형으로 뜹니다. 분산 줄임코는 도안을 참고하세요. 뜨개 끝은 실을 조여서 마무리합니다.

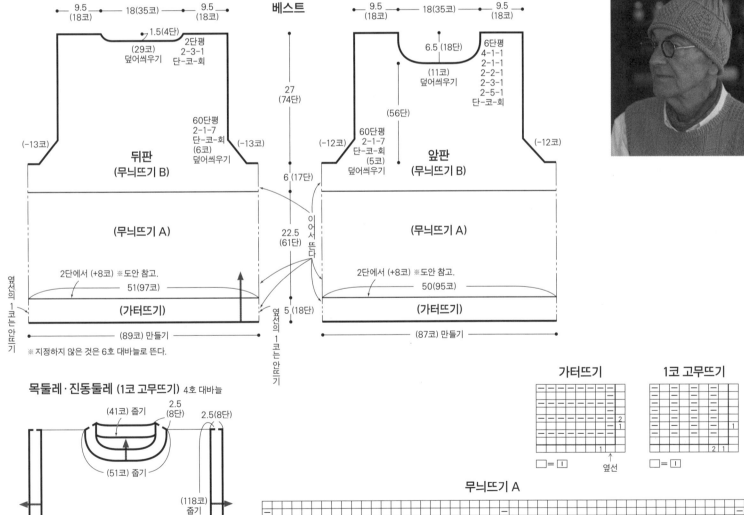

베스트

뒤판 (무늬뜨기 B)
앞판 (무늬뜨기 B)

9.5 (18코) · 18(35코) · 9.5 (18코)

1.5(4단)
(29코) 덮어씌우기
2단평 2-3-1 단-코-회

6.5 (18단)
(11코) 덮어씌우기
6단평 4-1-1 2-1-1 2-2-1 2-3-1 2-5-1 단-코-회

27 (74단)

(56단)

60단평 2-1-7 단-코-회 (6코) 덮어씌우기
60단평 2-1-7 단-코-회 (5코) 덮어씌우기

(-13코) (-13코)
(-12코) (-12코)

6 (17단)

(무늬뜨기 A)

22.5 (61단)

이어서 뜬다

옆선의 1코는 안뜨기

2단에서 (+8코) ※도안 참고.
51(97코)
50(95코)

(가터뜨기)

5 (18단)

(89코) 만들기
(87코) 만들기

옆선의 1코는 안뜨기

※지정하지 않은 것은 6호 대바늘로 뜬다.

목둘레·진동둘레 (1코 고무뜨기) 4호 대바늘

(41코) 줍기
2.5 (8단)
2.5 (8단)
(51코) 줍기
(118코) 줍기

가터뜨기
□=[I]
옆선

1코 고무뜨기
□=[I]

무늬뜨기 A
□=[I] ♀=돌려뜨기 늘림코
24 20 15 10 5 1
옆선

132페이지로 이어집니다. ▶

▶ 131페이지에서 이어집니다.

무늬뜨기 B

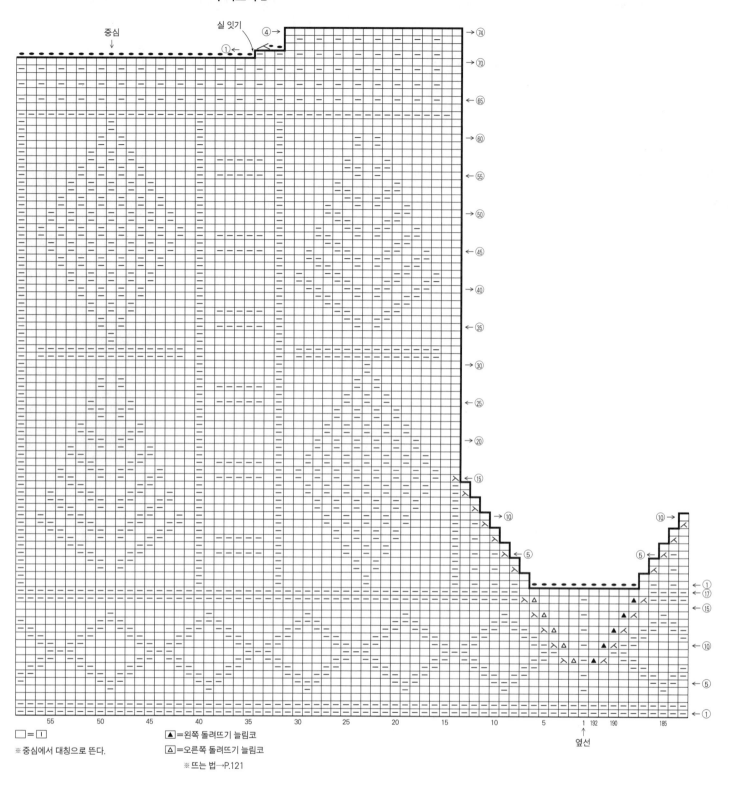

□ = □

※ 중심에서 대칭으로 뜬다.

▲ = 왼쪽 돌려뜨기 늘림코

△ = 오른쪽 돌려뜨기 늘림코

※ 뜨는 법 → P.121

앞목둘레의 줄임코

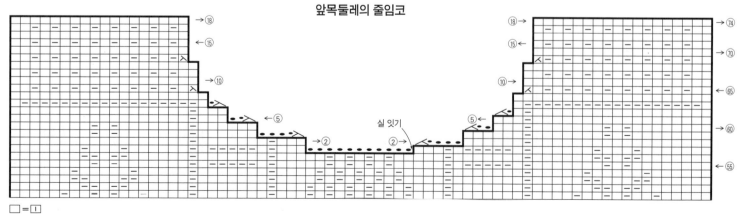

□ = □

모자의 분산 줄임코

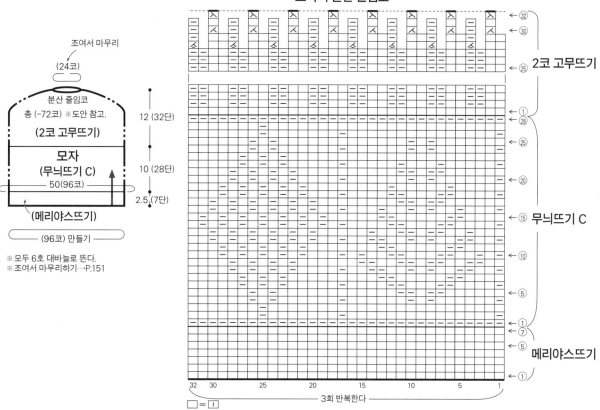

조여서 마무리
(24코)

분산 줄임코
총 (-72코) ※도안 참고.
(2코 고무뜨기)

모자
(무늬뜨기 C)
50(96코)

(메리야스뜨기)

(96코) 만들기

12 (32단)
10 (28단)
2.5 (7단)

※ 모두 6호 대바늘로 뜬다.
※ 조여서 마무리하기→P.151

2코 고무뜨기

무늬뜨기 C

메리야스뜨기

3회 반복한다

□ = ☐

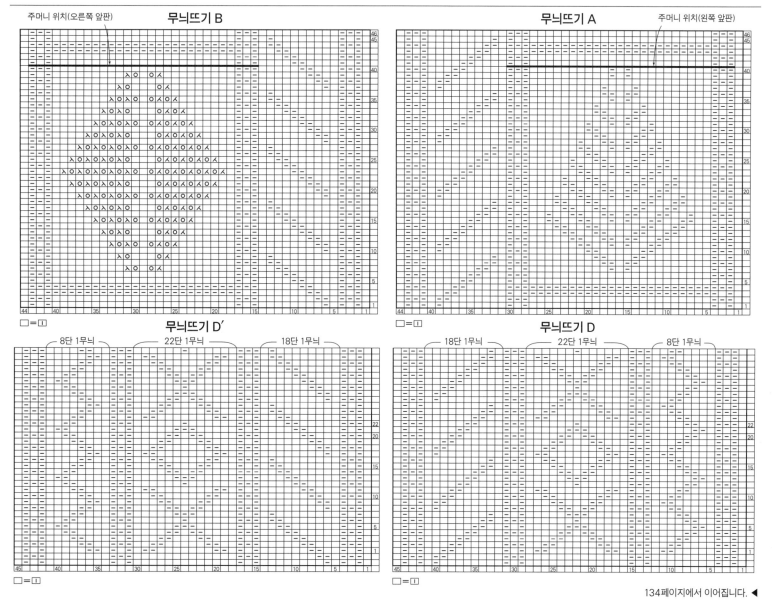

주머니 위치(오른쪽 앞판)

무늬뜨기 B

□ = ☐

무늬뜨기 A

주머니 위치(왼쪽 앞판)

□ = ☐

무늬뜨기 D'

8단 1무늬   22단 1무늬   18단 1무늬

□ = ☐

무늬뜨기 D

18단 1무늬   22단 1무늬   8단 1무늬

134페이지에서 이어집니다. ◀

재료
실…올림포스 시젠노쓰무기(병태) 진그레이(108)
675g 7볼
단추…지름 20mm×6개

도구
대바늘 7호·6호·5호

완성 크기
가슴둘레 101.5cm, 어깨너비 42cm, 기장
56.5cm, 소매 기장 52.5cm

게이지(10×10cm)
무늬뜨기 A·B·C·D·D'·E 21.5코×28단

POINT
● 몸판·소매…손가락에 실을 걸어서 기초코를
만들어 뜨기 시작해 멍석뜨기 A로 뜹니다. 이어
서 도안을 참고해 몸판은 멍석뜨기 B, 무늬뜨기

A·B·C·D·D'로, 소매는 멍석뜨기 B, 무늬뜨기 E
를 배치해 뜹니다. 오른쪽 앞판에는 단춧구멍을 냅
니다. 앞판의 주머니 위치에는 별도의 실을 떠 넣습
니다. 줄임코는 2코 이상은 덮어씌우기, 1코는 가장
자리 1코 세워 줄이기를 합니다. 소매 밑선의 늘림
코는 1코 안쪽에서 돌려뜨기 늘림코를 합니다.
● 마무리…별도의 실을 풀어서 코를 주워 주머
니 안면과 입구를 뜹니다. 주머니 입구의 뜨개 끝
은 1코 고무뜨기 코막음을 합니다. 어깨는 덮어씌
워 잇기, 옆선·소매 밑선은 떠서 꿰매기를 합니다.
목둘레는 지정 콧수를 주워 게이지 조정을 하면
서 1코 고무뜨기합니다. 뜨개 끝은 주머니 입구와
같은 방법으로 정리하고, 소매는 빼뜨기로 꿰매서
몸판과 연결합니다. 단추를 달아 마무리합니다.

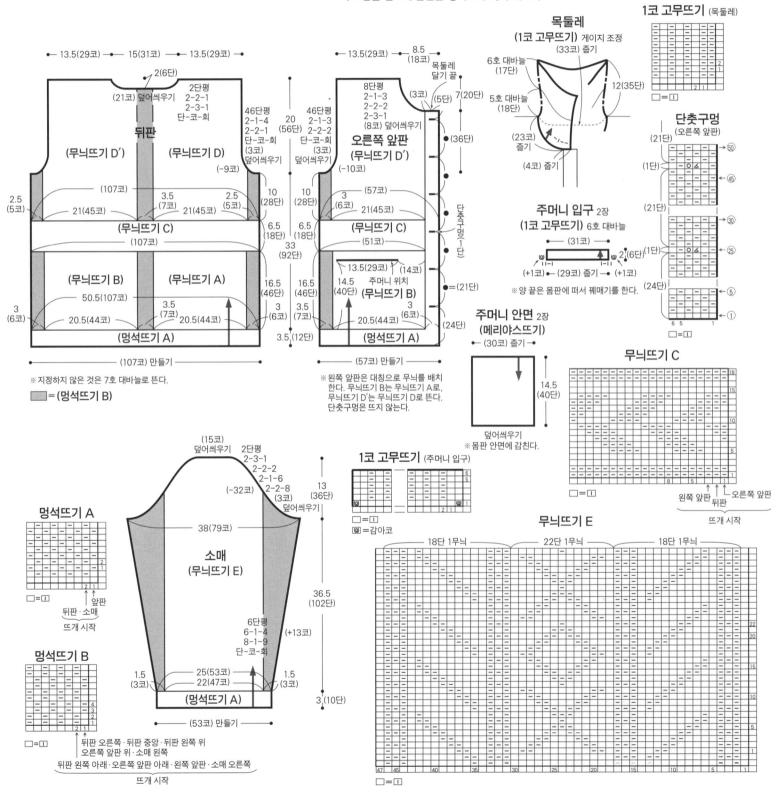

재료
실…로완 키드 클래식 연갈색(00898) 200g 4볼
걸고리…No.3 실버×2쌍

도구
대바늘 6호·5호·4호

완성 크기
가슴둘레 92cm, 어깨너비 40cm, 기장 54.5cm

게이지
무늬뜨기 20코=10cm, 18단=5.5cm. 메리야스뜨기(10×10cm) 20코×26단

POINT
● 몸판…1코 고무뜨기 기초코로 뜨기 시작해 앞 뒤 몸판을 이어서 1코 고무뜨기, 무늬뜨기, 메리야스뜨기로 뜹니다. 진동둘레에서 위쪽은 오른쪽 앞

판, 뒤판, 왼쪽 앞판을 나눠 뜹니다. 줄임코는 2코 이상은 덮어씌우기, 1코는 가장자리 1코 세워 줄이기를 합니다.
● 마무리…어깨는 빼뜨기로 잇기를 합니다. 진동 둘레는 1코 고무뜨기로 원형으로 뜹니다. 뜨개 끝은 1코 고무뜨기 코막음을 합니다. 목둘레는 게이지 조정을 하면서 테두리뜨기로 뜨고 분산 증감코는 도안을 참고하세요. 뜨개 끝은 덮어씌워 코막음 합니다. 앞단은 몸판과 목둘레에서 코를 주워 테두리뜨기로 뜹니다. 뜨개 끝은 목둘레와 같은 방법으로 정리합니다. 목둘레·앞단은 안으로 접어 감칩니다. 앞단 옆선은 떠서 꿰매기를 하고 걸고리를 달아 마무리합니다.

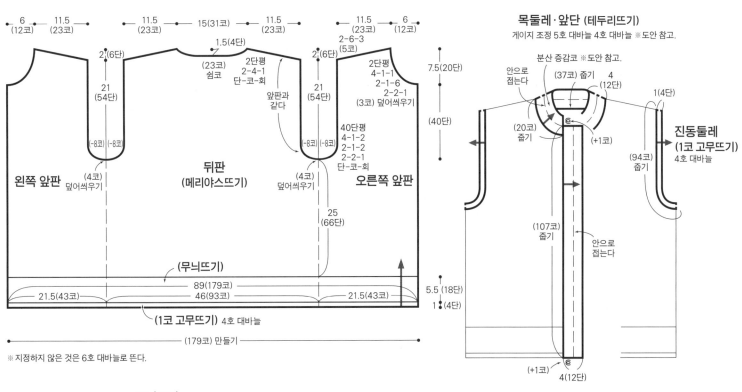

※ 지정하지 않은 것은 6호 대바늘로 뜬다.

무늬뜨기

마무리하는 법

1코 고무뜨기

테두리뜨기

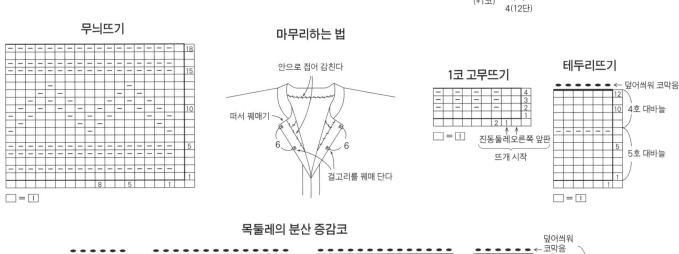

목둘레의 분산 증감코

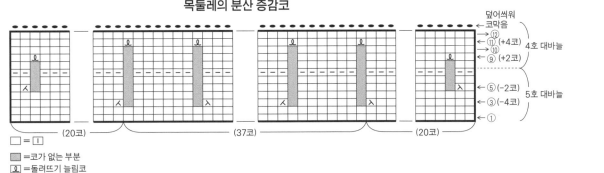

□ = ↓
■ = 코가 없는 부분
ℓ = 돌려뜨기 늘림코

시젠노쓰무기(병태)

2코 고무뜨기 코막음
(왕복뜨기)　(원형뜨기)

※ 일본어 사이트　※ 일본어 사이트

재료
올림포스 시젠노쓰무기(병태) 베이지(102) 600g
6볼

도구
대바늘 6호·5호

완성 크기
가슴둘레 104cm, 어깨너비 46cm, 기장 50cm,
소매 기장 51.5cm

게이지
무늬뜨기(10×10cm) A·B·D·E·G·H 20코×
29단, 무늬뜨기 F 24코×29단. 무늬뜨기 C 1무늬
14코=5.5cm, 29단=10cm

POINT
● 몸판·소매…별도 사슬로 기초코를 만들어 뜨
기 시작해 몸판은 무늬뜨기 A~H, 소매는 무늬뜨

기 A·B·D·F를 배치해 뜹니다. 줄임코는 2코 이
상은 덮어씌우기, 1코는 가장자리 1코 세워 줄이
기를 하되 목둘레의 줄임코는 좌우가 다르므로 주
의합니다. 몸판의 무늬뜨기 E·F·H의 뜨개 끝은
불규칙하므로 도안을 참고하세요. 소매 밑선의 늘
림코는 1코 안쪽에서 돌려뜨기 늘림코를 합니다.
소매의 뜨개 끝은 덮어씌워 코막음합니다. 밑단·
소맷부리는 기초코의 사슬을 풀어서 코를 주워
2코 고무뜨기로 뜹니다. 뜨개 끝은 2코 고무뜨기
코막음을 합니다.
● 마무리…어깨는 덮어씌워 잇기를 합니다. 목둘
레는 지정 콧수를 주워 2코 고무뜨기로 원형으로
뜹니다. 뜨개 끝은 밑단과 같은 방법으로 정리합니
다. 소매는 코와 단 잇기로 몸판과 연결합니다. 옆
선·소매 밑선은 떠서 꿰매기를 합니다.

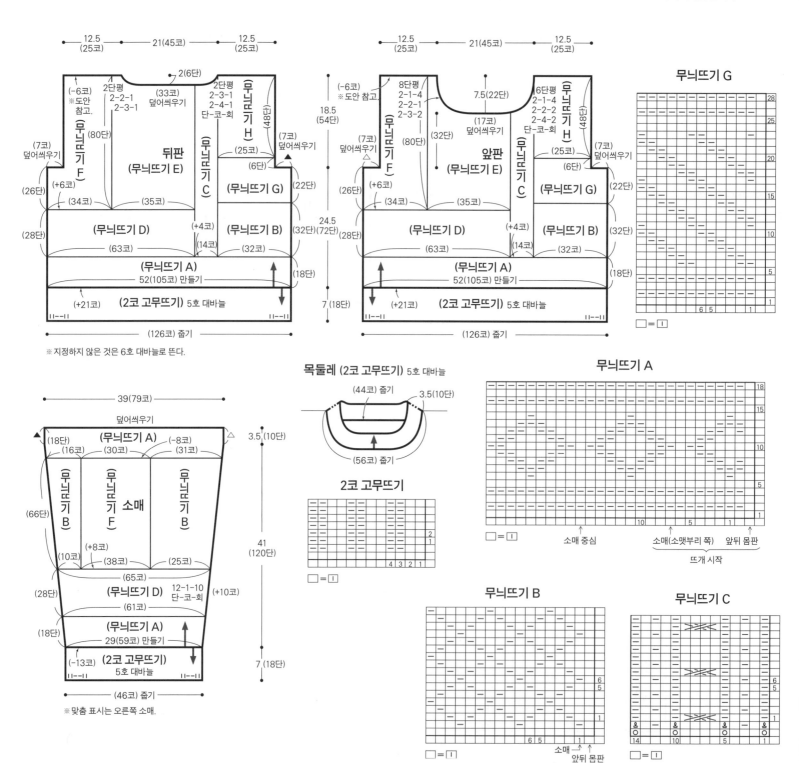

※ 지정하지 않은 것은 6호 대바늘로 뜬다.

※ 맞춤 표시는 오른쪽 소매.

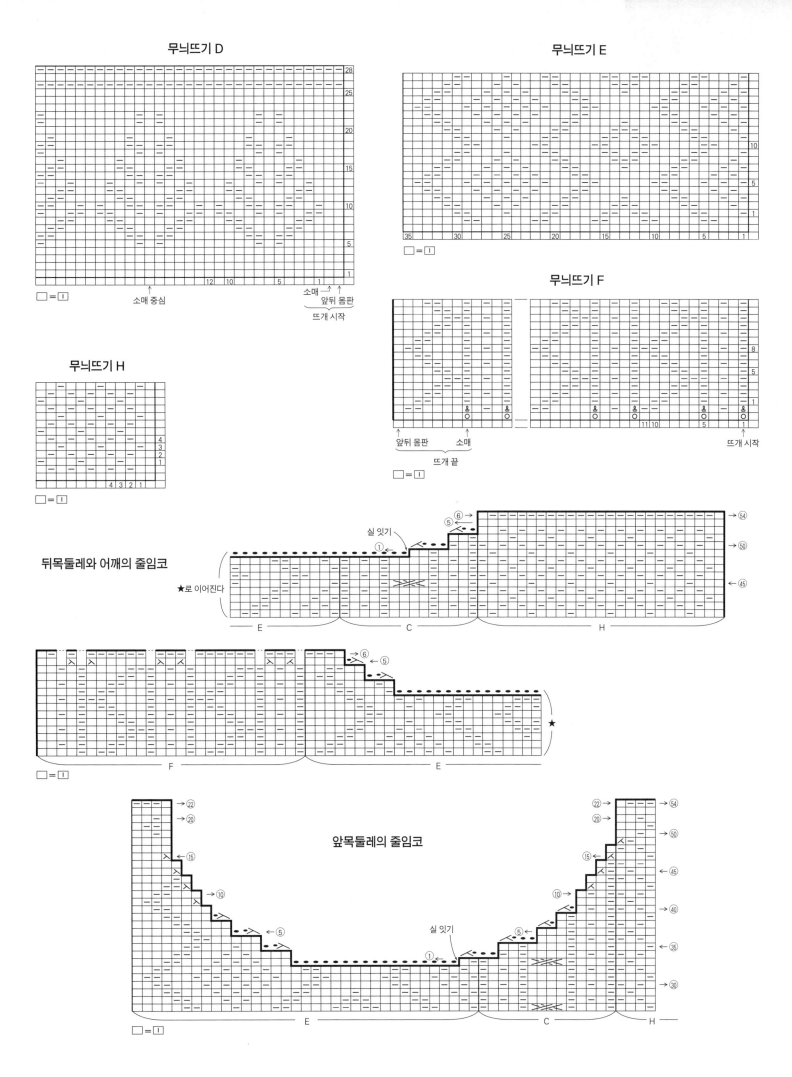

무늬뜨기 D

□ = □

소매 중심

소매 → ← 앞뒤 몸판
뜨개 시작

무늬뜨기 E

□ = □

무늬뜨기 F

앞뒤 몸판   소매
뜨개 끝

뜨개 시작

□ = □

무늬뜨기 H

□ = □

뒤목둘레와 어깨의 줄임코

★로 이어진다

실 잇기

E   C   H

□ = □

F   E

★

앞목둘레의 줄임코

실 잇기

E   C   H

□ = □

메리노 스타일 '병태'

실을 가로로 걸치는
배색무늬뜨기

※ 일본어 사이트

왼코 늘리기

※ 일본어 사이트

오른코 늘리기

※ 일본어 사이트

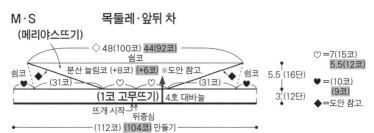

재료
다루마 메리노 스타일 '병태'. ※실의 색이름·색번
호·사용량은 표를 참고하세요.

도구
대바늘 6호·7호·4호

완성 크기
S…기장 49.5cm
M…기장 51.5cm
L…기장 54cm
XL…기장 56cm

게이지(10×10cm)
메리야스뜨기 21코×30단(6호 대바늘), 20코×
28단(7호 대바늘), 배색무늬뜨기 22코×26단

POINT
● 몸판·소매…목부터 손가락에 실을 걸어서 기
초코를 만들어 뜨기 시작해 1코 고무뜨기로 원형
뜨기합니다. 이어서 앞뒤 차를 메리야스뜨기로 왕
복뜨기합니다. 몸판은 도안을 참고해 분산 늘림코
를 하면서 메리야스뜨기, 배색무늬뜨기, 테두리뜨
기로 원형뜨기를 합니다. 배색무늬뜨기는 실을 가
로로 걸치는 방법으로 뜹니다. 마지막은 덮어씌워
코막음을 합니다. 소매는 지정한 위치에서 코를 주
워 메리야스뜨기와 1코 고무뜨기로 원형뜨기합니
다. 마지막은 겉뜨기는 겉뜨기로, 안뜨기는 안뜨기
로 덮어씌워 코막음합니다. 겨드랑이 부분은 늘어
나지 않게 꿰맵니다.

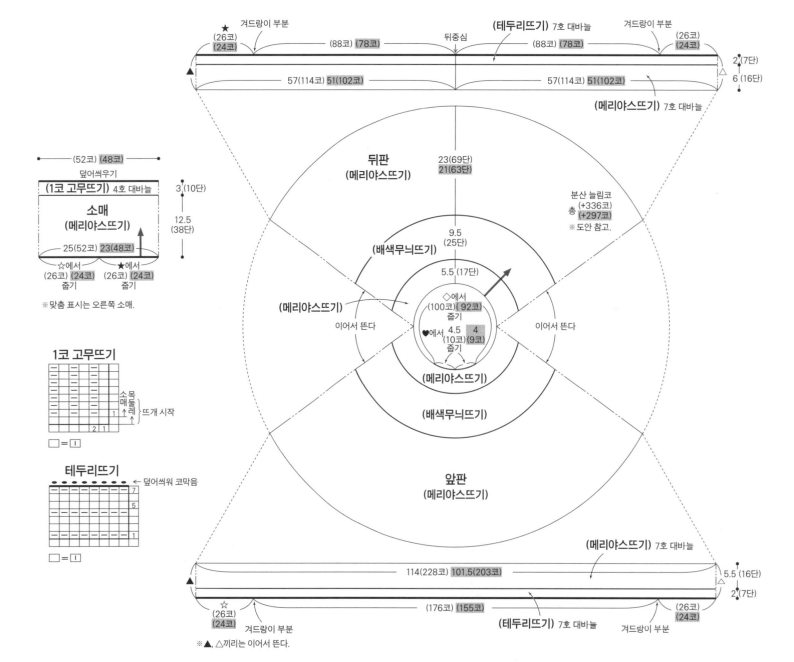

※ 지정하지 않은 것은 6호 대바늘로 뜬다.
※ ▨은 S, 그 외는 M 또는 공통.

138

실 사용량

색이름(색번호)	S	M	L	XL
코르크(4)	320g 8볼	380g 10볼	450g 12볼	520g 13볼
천연색(1)	20g 1볼	25g 1볼	25g 1볼	25g 1볼
다크 브라운(10)	20g 1볼	20g 1볼	25g 1볼	25g 1볼

L·XL

목둘레·앞뒤 차

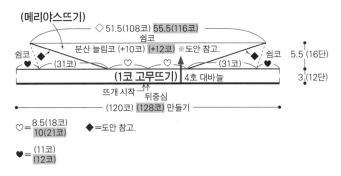

(메리야스뜨기)
◇ 51.5(108코) 55.5(116코)
쉼코
분산 늘림코 (+10코) (+12코) ※도안 참고.
쉼코 ◆ ♥ (31코) ♡ ♡ ♡ (31코) ♥ ◆ 쉼코
5.5 (16단)
(1코 고무뜨기) 4호 대바늘
3 (12단)
뜨개 시작 뒤중심
(120코) (128코) 만들기

♡= 8.5(18코) 10(21코)　　◆=도안 참고.

♥= (11코) (12코)

※ 지정하지 않은 것은 6호 대바늘로 뜬다.
※ ▨은 XL, 그 외는 L 또는 공통.

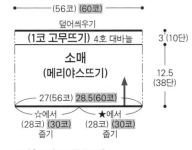

(56코) (60코)
덮어씌우기
(1코 고무뜨기) 4호 대바늘
3 (10단)
소매
(메리야스뜨기)
12.5 (38단)
27(56코) 28.5(60코)
☆에서 (28코) (30코) 줄기　★에서 (28코) (30코) 줄기

※ 맞춤 표시는 오른쪽 소매.

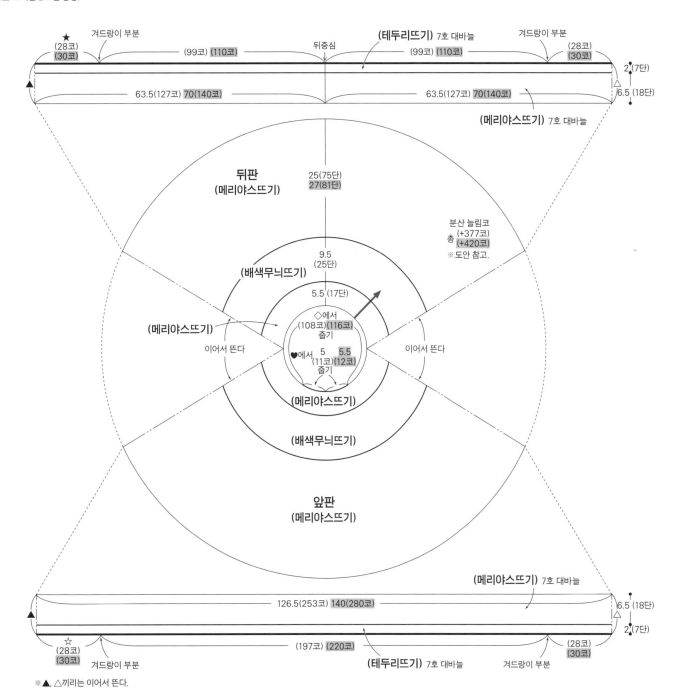

★ (28코) (30코)　겨드랑이 부분
(99코) (110코)
뒤중심
(테두리뜨기) 7호 대바늘
겨드랑이 부분
(99코) (110코)
(28코) (30코)
2 (7단)
63.5(127코) 70(140코)　　63.5(127코) 70(140코)
6.5 (18단)
(메리야스뜨기) 7호 대바늘

뒤판
(메리야스뜨기)
25(75단) 27(81단)

(배색무늬뜨기)

9.5 (25단)

분산 늘림코 총 (+377코) (+420코) ※ 도안 참고.

5.5 (17단)

(메리야스뜨기)
◇에서 (108코)(116코) 줄기

이어서 뜬다 　이어서 뜬다

♥에서 5 5.5 (11코)(12코) 줄기

(메리야스뜨기)

(배색무늬뜨기)

앞판
(메리야스뜨기)

(메리야스뜨기) 7호 대바늘

126.5(253코) 140(280코)
6.5 (18단)
2 (7단)
☆ (28코) (30코)　겨드랑이 부분
(197코) (220코)
(테두리뜨기) 7호 대바늘
겨드랑이 부분
(28코) (30코)

※▲, △끼리는 이어서 뜬다.

140페이지로 이어집니다. ▶

▶ 139페이지에서 이어집니다.

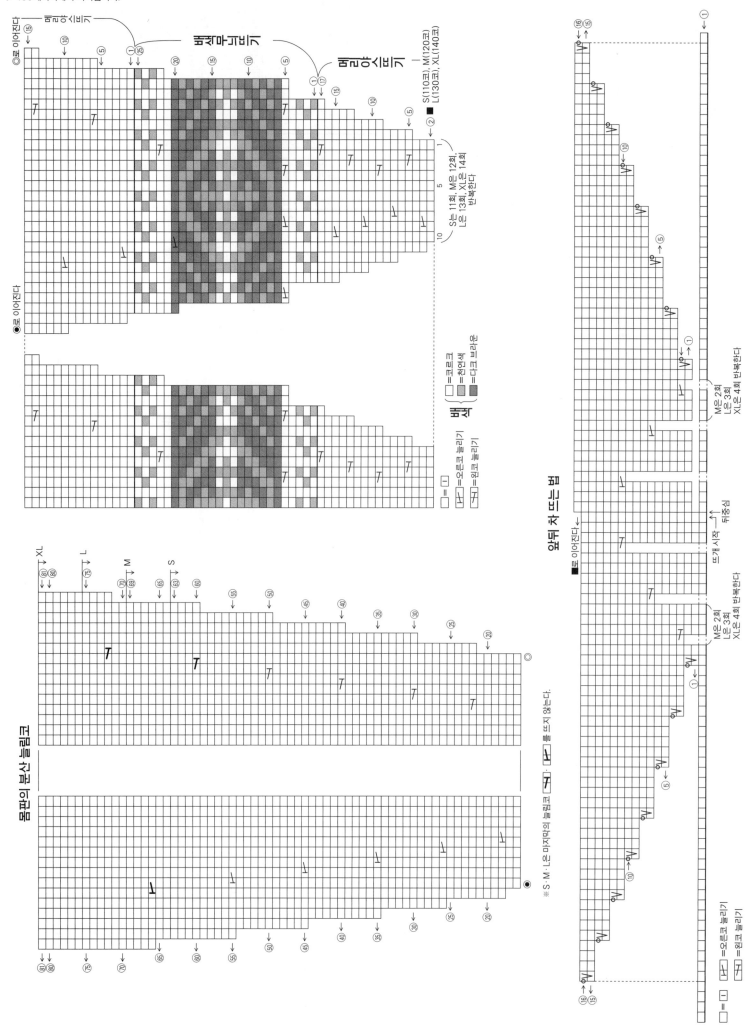

재료
헤지호그 파이버 키드실크 레이스 초록색·하늘
색·보라색 계열 그러데이션(Down By The River)
50g 1타래

도구
코바늘 7/0호·6/0호

완성 크기
폭 26cm, 길이 106.5cm

게이지
무늬뜨기 1무늬=4.7cm, 12.5단=10cm

POINT
● 사슬뜨기로 기초코를 만들어 뜨기 시작해 테
두리뜨기를 뜹니다. 이어서 도안을 참고해 코를 줍
고, 무늬뜨기로 뜹니다.

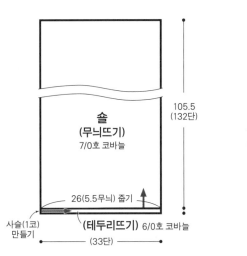

숄
(무늬뜨기)
7/0호 코바늘

105.5
(132단)

26(5.5무늬) 줍기

사슬(1코)
만들기

(테두리뜨기) 6/0호 코바늘

(33단)

=사슬 3코로 기둥코를 만든 다음 피코 빼뜨기의 요령
으로 앞단의 한길 긴뜨기 머리의 앞쪽 반 코와 다리
의 실 1가닥에 바늘을 넣어서 한길 긴뜨기를 뜬다.

=아래에 있는 3단의 사슬을 감싸 뜨면서 4단 아래의
사슬을 주워 짧은뜨기를 뜬다. 4번째 단은 테두리뜨
기의 한길 긴뜨기를 줍는다.

무늬뜨기

1무늬

8단 1무늬

테두리뜨기

뜨개 시작

① ⑤ ⑩ ⑮ ⑳ ㉕ ㉚ ㉝

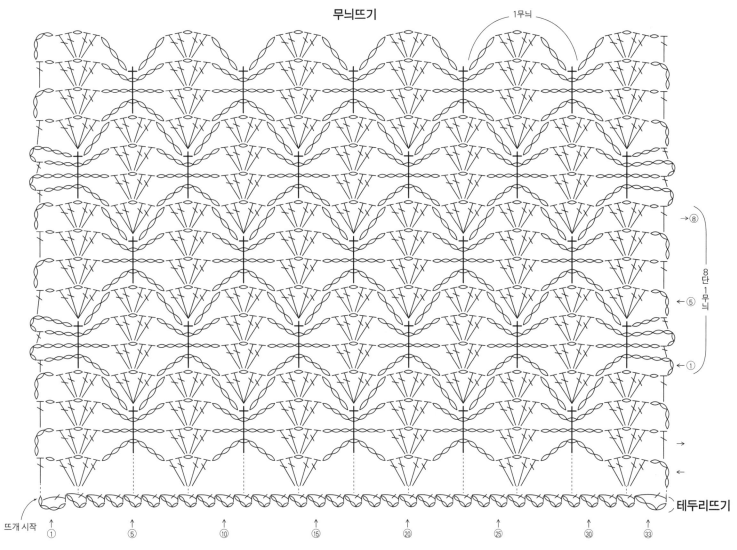

재료
로완 키드 클래식 잿빛 파랑(00856) 315g 7볼
도구
대바늘 8호·5호
완성 크기
가슴둘레 106cm, 기장 62.5cm, 화장 69cm
게이지(10×10cm)
메리야스뜨기, 무늬뜨기 19코×26.5단
POINT
● 요크·몸판·소매…요크는 별도 사슬로 기초코를 만들고 도안을 참고해 메리야스뜨기, 무늬뜨기, 테두리뜨기로 뜹니다. 이어서 앞뒤 몸판은 요크에

서 지정 콧수를 줍고 거싯의 코는 감아코로 코를 만들어서 메리야스뜨기와 테두리뜨기, 1코 고무뜨기로 뜨는데 옆선의 1코는 안뜨기로 뜹니다. 뜨개 끝은 겉뜨기는 겉뜨기로, 안뜨기는 안뜨기로 떠서 덮어씌워 코막음합니다. 소매는 요크의 쉼코와 거싯의 코에서 코를 주워 메리야스뜨기와 1코 고무뜨기로 원형으로 뜨는데 소매 밑선의 1코는 안뜨기로 뜹니다. 뜨개 끝은 밑단과 같은 방법으로 정리합니다.
● 마무리…목둘레는 기초코 사슬을 풀어 코를 줍고 도안을 참고해 아이코드 코막음을 합니다. 뜨개 끝은 앞단과 메리야스 잇기로 연결합니다.

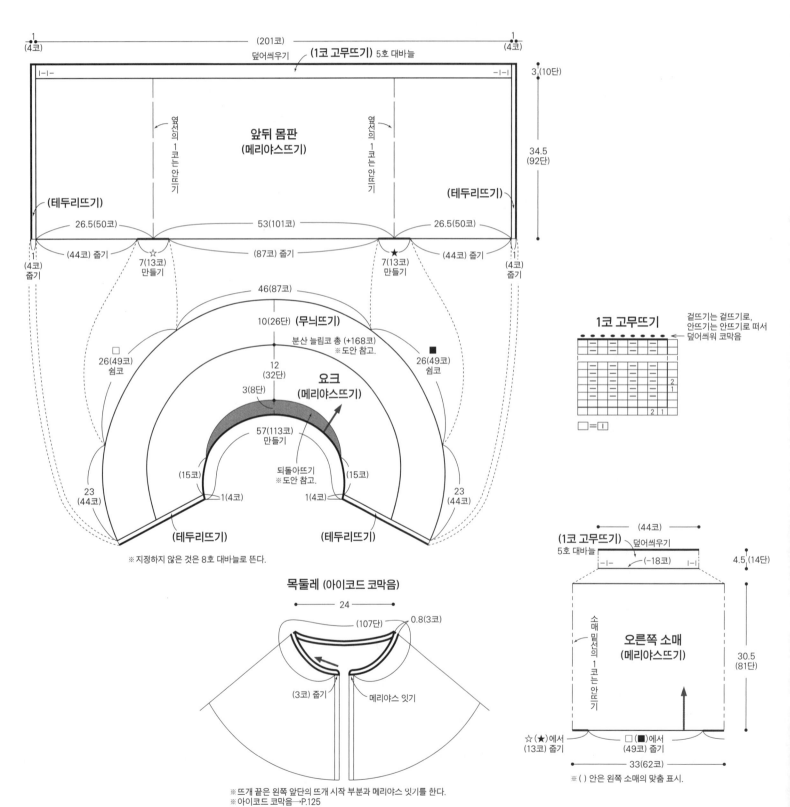

※지정하지 않은 것은 8호 대바늘로 뜬다.

1코 고무뜨기

겉뜨기는 겉뜨기로,
안뜨기는 안뜨기로 떠서
덮어씌워 코막음

□=[]

목둘레 (아이코드 코막음)

24
(107단)
0.8(3코)
(3코) 줍기
메리야스 잇기

※뜨개 끝은 왼쪽 앞단의 뜨개 시작 부분과 메리야스 잇기를 한다.
※아이코드 코막음→P.125

오른쪽 소매
(메리야스뜨기)

(44코)
(1코 고무뜨기)
덮어씌우기
5호 대바늘
(-18코)
4.5 (14단)

소매 밑선의 1코는 안뜨기

30.5 (81단)

☆(★)에서 (13코) 줍기
□(■)에서 (49코) 줍기
33(62코)

※( ) 안은 왼쪽 소매의 맞춤 표시.

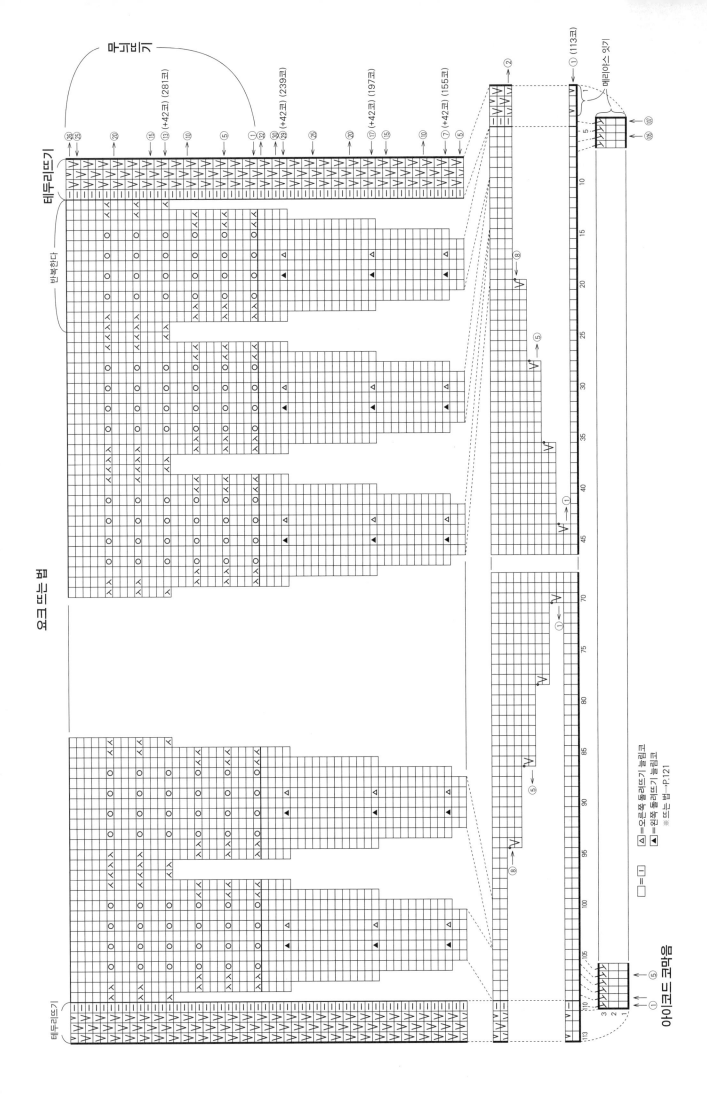

143

실을 가로로 걸치는
배색무늬뜨기

※ 일본어 사이트

재료

로완 펠티드 트위드. ※색이름·색번호·사용량은 표를 참고하세요.

도구

대바늘 6호·4호

완성 크기

S…가슴둘레 100cm, 어깨너비 39cm, 기장 66cm, 소매 63.5cm

M…가슴둘레 120cm, 어깨너비 45cm, 기장 70cm, 소매 68.5cm

게이지(10×10cm)

배색무늬뜨기 25코×26단

POINT

● 몸판·소매…손가락에 걸어 만드는 기초코로 뜨기 시작해 2코 고무뜨기, 배색무늬뜨기를 합니

다. 배색무늬뜨기는 실을 가로로 걸치는 방법으로 합니다. 줄임코는 2번째 코부터는 덮어씌우기, 첫 코는 가장자리 1코를 세워서 줄임코합니다. 어깨도 같은 방법으로 줄임코합니다. 목둘레 중심 코는 쉼코해둡니다. 소매 밑선의 늘림코는 1코 안쪽에서 돌려뜨기 늘림코합니다.

● 마무리…오른쪽 어깨는 메리야스 잇기로 연결합니다. 목둘레는 지정 콧수만큼 주워서 2코 고무뜨기를 왕복뜨기합니다. 뜨개 끝은 겉뜨기는 겉뜨기로 안뜨기는 안뜨기하면서 덮어씌워 코막음합니다. 왼쪽 어깨도 오른쪽 어깨와 같은 방법의 잇기로 연결합니다. 옆선, 소매 밑선, 목둘레 옆선은 떠서 꿰매기를 하는데 목둘레 옆선에서 접고 뒤집는 부분은 안면에서 꿰매기를 합니다. 소매는 반박음 질로 몸통과 연결합니다.

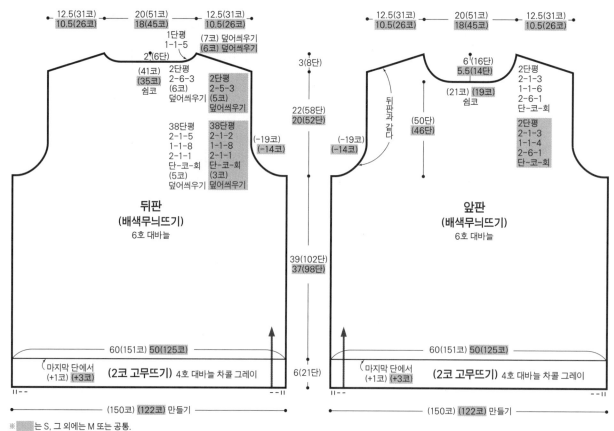

※ ▨는 S, 그 외에는 M 또는 공통.

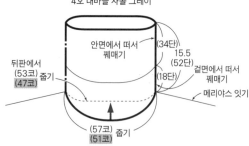

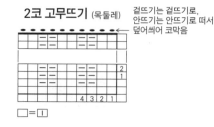

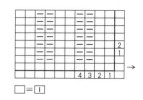

실 사용량

색이름(색번호)	S	M
차콜 그레이(159 Carbon)	5볼	7볼
연그레이(197 Alabaster)	5볼	6볼

※ 실 분량은 해외 도안대로 실었다.

배색무늬뜨기

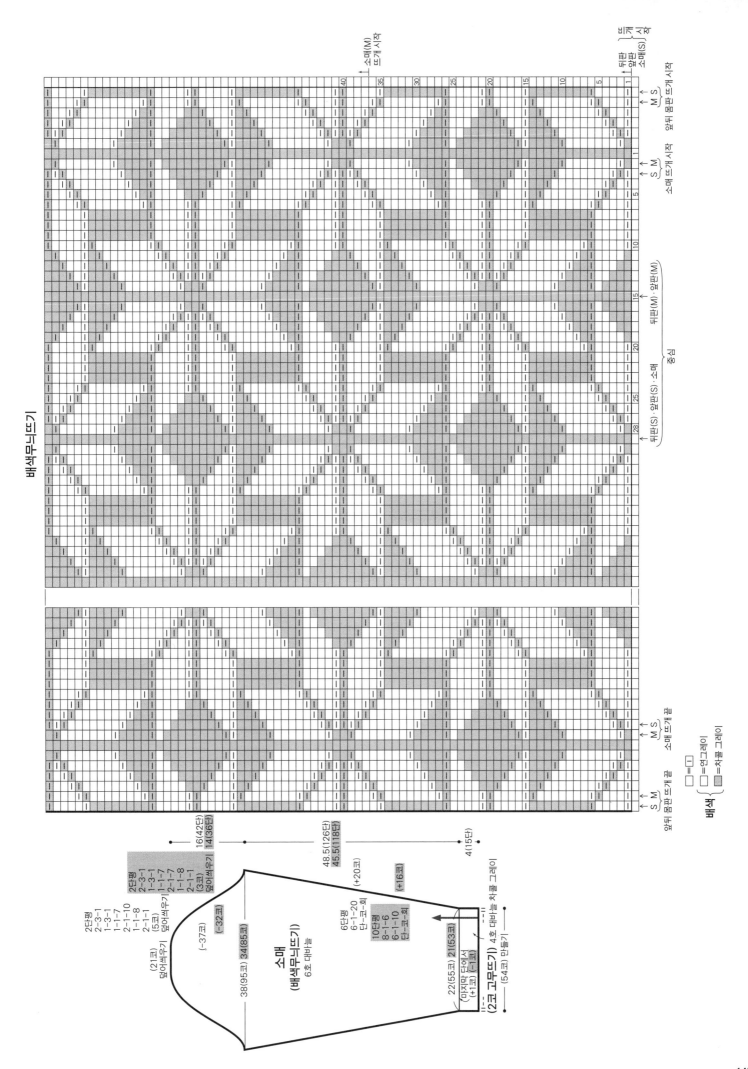

배색
- □ = □
- □ = 연그레이
- ▩ = 차콜 그레이

소매
(배색무늬뜨기)
6호 대바늘

2단평
2-3-1
1-3-1
1-1-7
2-1-10
1-1-8
2-1-1 (5코)
덜어세우기

(21코)
덜어세우기

(-37코)

38(95코) 34(85코)

(-32코)

2단평
2-3-1
1-3-1
1-1-7
1-1-7
2-1-7
2-1-1 (3코)
덜어세우기

16(42단) 14(36단)

48.5(126단) 45.5(118단)

6단평
6-1-20
단-코-회
(+20코)

10단평
8-1-6
6-1-10
단-코-회
(+16코)

4(15단)

22(55코) 21(53코)

(마지막 단에서 (+1코)
(-1코)

(2코 고무뜨기) 4호 대바늘 차콜 그레이
(54코) 만들기

145

실을 가로로 걸치는
배색무늬뜨기

※ 일본어 사이트

재료
로완 알파카 소프트 DK. ※색이름·색번호·사용량은 표를 참고하세요.

도구
대바늘 6호·4호

완성 크기
S…가슴둘레 91cm, 기장 64.5cm, 화장 82.5cm
M…가슴둘레 111cm, 기장 69cm, 화장 91.5cm

게이지(10×10cm)
메리야스뜨기 22코×30단

POINT
● 몸판·소매…손가락에 걸어 만드는 기초코로

뜨기 시작해 2코 고무뜨기, 메리야스뜨기를 원형으로 합니다. 몸판은 앞판에서 요크로 바뀌는 선까지 뜨면 앞중심에서 지정 콧수를 쉼코하고, 되돌아뜨기로 왕복뜨기합니다. 소매 밑선의 늘림코는 도안을 참고하세요.
● 마무리…요크는 몸판과 소매에서 코를 주워 도안을 참고해 분산 증감코를 하면서 배색무늬뜨기를 합니다. 배색무늬뜨기는 실을 가로로 걸치는 방법으로 뜹니다. 계속해서 목둘레를 2코 고무뜨기합니다. 뜨개 끝은 겉뜨기는 겉뜨기로 안뜨기는 안뜨기하면서 덮어씌워 코막음합니다. 거싯의 코는 메리야스 잇기를 합니다.

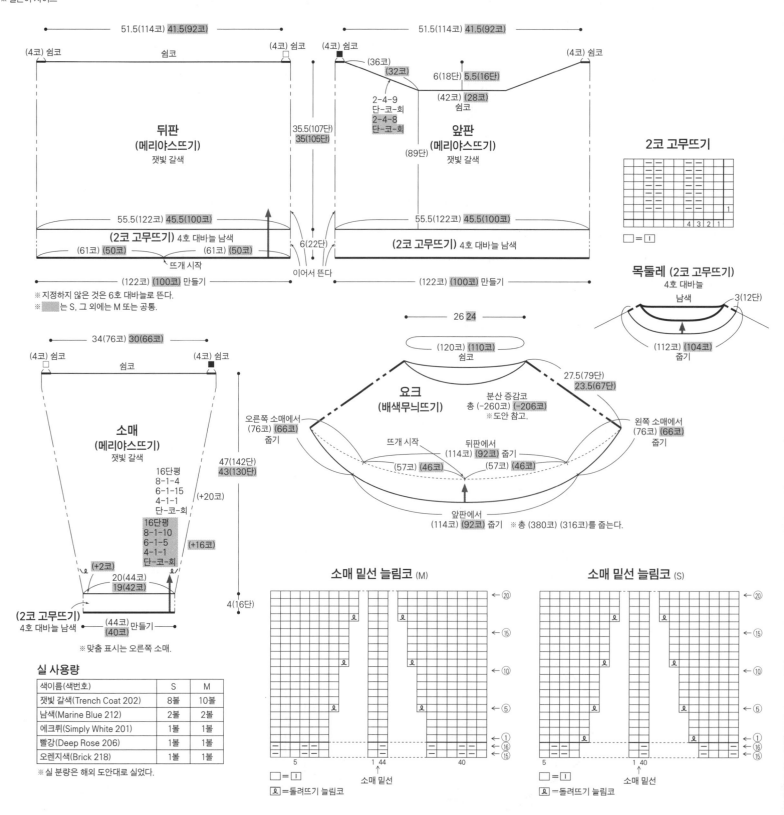

실 사용량

색이름(색번호)	S	M
잿빛 갈색(Trench Coat 202)	8볼	10볼
남색(Marine Blue 212)	2볼	2볼
에크뤼(Simply White 201)	1볼	1볼
빨강(Deep Rose 206)	1볼	1볼
오렌지색(Brick 218)	1볼	1볼

※ 실 분량은 해외 도안대로 실었다.

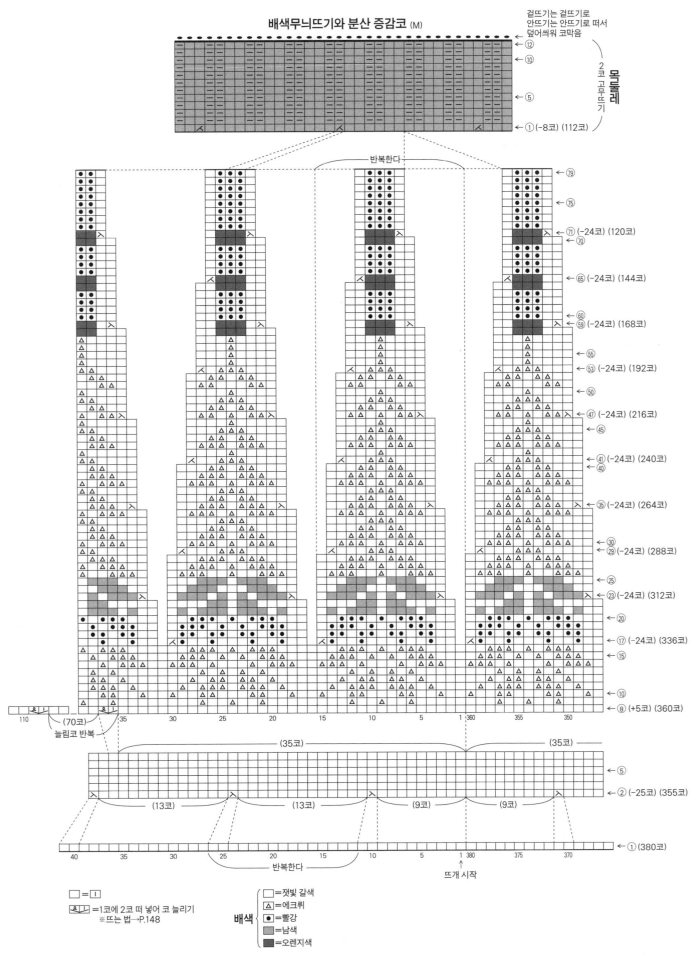

배색무늬뜨기와 분산 증감코 (M)

겉뜨기는 겉뜨기로
안뜨기는 안뜨기로 떠서
덮어씌워 코막음

2코 고무뜨기 · 목둘레

① (-8코) (112코)

반복한다

←79
←75
⑦ (-24코) (120코)
←70
⑥ (-24코) (144코)
⑥
⑤ (-24코) (168코)
←55
←⑤ (-24코) (192코)
←50
⑥ (-24코) (216코)
←45
←⑥ (-24코) (240코)
←40
⑥ (-24코) (264코)
←30
←⑥ (-24코) (288코)
←25
←⑥ (-24코) (312코)
←20
⑦ (-24코) (336코)
←15
←10
⑧ (+5코) (360코)

110 (70코) 35 30 25 20 15 10 5 1 360 355 350
늘림코 반복

(35코) (35코)
←⑤
←② (-25코) (355코)
(13코) (13코) (9코) (9코)
←① (380코)
40 35 30 25 20 15 10 5 1 380 375 370
반복한다 뜨개 시작

□ = ▯
▯ = 1코에 2코 떠 넣어 코 늘리기
※뜨는 법→P.148

배색
□ = 잿빛 갈색
△ = 에크뤼
● = 빨강
▨ = 남색
▧ = 오렌지색

148페이지로 이어집니다. ▶

147

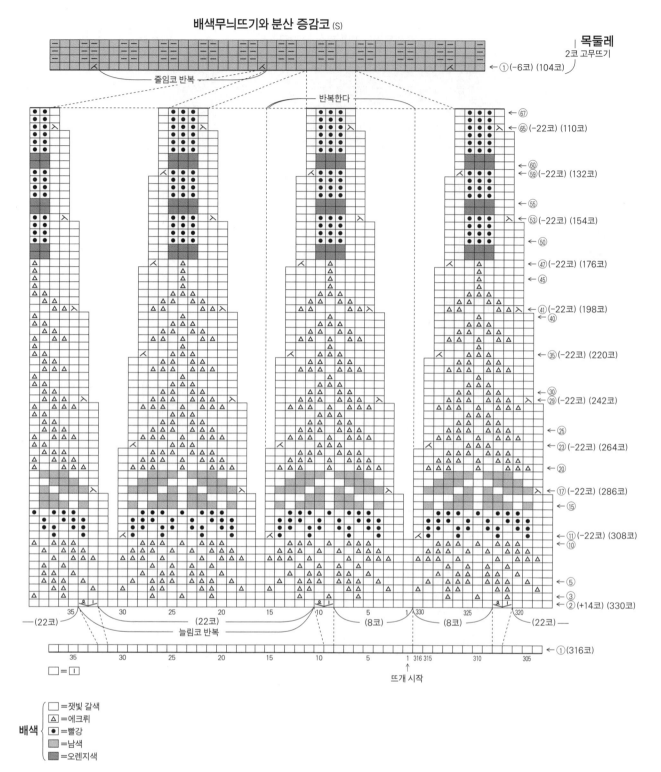

▶ 147페이지에서 이어집니다.

배색무늬뜨기와 분산 증감코 (S)

목둘레
2코 고무뜨기

← ① (−6코) (104코)

줄임코 반복

반복한다

← ㉗
← ㉕ (−22코) (110코)
← ㉖
← ㉚ (−22코) (132코)
← ㉝
← ㉝ (−22코) (154코)
← ㉚
← ㉛ (−22코) (176코)
← ㊺
← ㊵ (−22코) (198코)
← ㊵
← ㉟ (−22코) (220코)
← ㉚
← ㉙ (−22코) (242코)
← ㉕
← ㉓ (−22코) (264코)
← ⑳
← ⑰ (−22코) (286코)
← ⑮
← ⑪ (−22코) (308코)
← ⑩
← ⑤
← ③
← ② (+14코) (330코)

35　30　25　20　15　10　5　1 330　325　320

(22코)　(22코)　(8코)　(8코)　(22코)

늘림코 반복

35　30　25　20　15　10　5　1 316 315　310　305

← ① (316코)

뜨개 시작

□ = 「1」

배색
□ = 잿빛 갈색
△ = 에크뤼
● = 빨강
▨(남색) = 남색
▨(오렌지) = 오렌지색

▨「2」 = 1코에 2코 떠 넣어 코 늘리기(kfb)

1코에 2코 떠 넣어 코 늘리기(겉뜨기의 늘려뜨기(오른쪽에서))

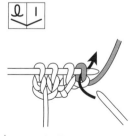  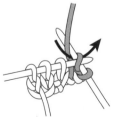 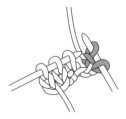

1 가장자리 코를 겉뜨기한다. 왼쪽
　바늘에서 빼지 않고

2 돌려뜨기하듯이 바늘을 넣어

3 실을 걸어 빼낸다.

4 겉뜨기의 늘려뜨기를 떴다.

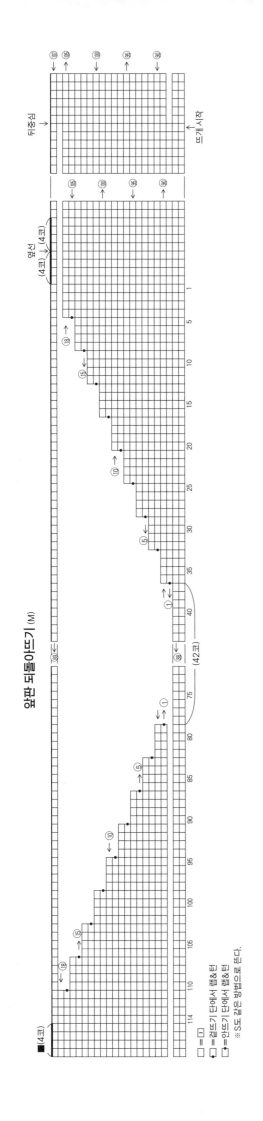

앞판 뒤돌아뜨기 (M)

뒤중심

옆선

뜨개 시작

열선 (4코) (4코)

(42코)

(4코)

□ = □
▨ = 겉뜨기 단에서 걸 & 턴
● = 안뜨기 단에서 걸 & 턴
※ S도 같은 방법으로 뜬다.

겉싸개
(무늬뜨기)
6/0호 코바늘

66
(66단)

66(24무늬·사슬 145코) 만들기

무늬뜨기

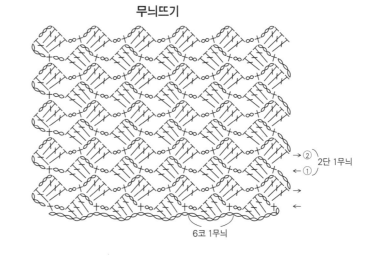

→② 2단 1무늬
←①

6코 1무늬

베이비 슈즈 2장
(가터뜨기) 6호 대바늘

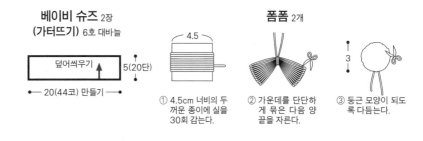

덮어씌우기

5(20단)

20(44코) 만들기

4.5

① 4.5cm 너비의 두꺼운 종이에 실을 30회 감는다.

폼폼 2개

② 가운데를 단단하게 묶은 다음 양끝을 자른다.

3

③ 둥근 모양이 되도록 다듬는다.

베이비 슈즈 마무리하는 법

① 뜨개바탕을 반으로 접고 바닥, 발등, 발끝을 감침질한다.

② ★ 위치에 폼폼을 꿰매서 단다.

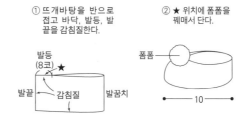

발등
(8코) ★

발끝
감침질
발꿈치

폼폼

10

150페이지에서 이어집니다. ◀

심플 베이비 니트
46·47 page ★★

베이비 애니

베이비 애니 프린트

A

B

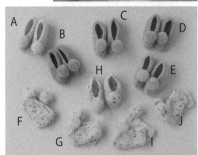

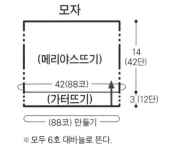

A
B
C
D
H
E
F
J
G
I

재료
실…퍼피 베이비 애니, 베이비 애니 프린트. ※색이름·색번호·사용량은 표를 참고하세요.
단추(카디건)…지름 15mm×2개

도구
대바늘 6호, 코바늘 6/0호

완성 크기
카디건…가슴둘레 60cm, 기장 30cm, 화장 31cm
모자…머리둘레 42cm
베이비 슈즈…바닥 길이 10cm
겉싸개…66cm×66cm

게이지
가터뜨기(10×10cm) 19코×40단(카디건), 22코×40단(베이비 슈즈), 메리야스뜨기 21코×30단. 무늬뜨기는 1무늬=2.7cm, 10단=10cm

POINT
● 카디건…몸판은 손가락에 걸어 만드는 기초코로 뜨기 시작해 가터뜨기합니다. 어깨는 메리야스 잇기를 합니다. 소매는 지정 위치에서 코를 주워 가터뜨기합니다. 뜨개 끝은 덮어씌워 코막음합니다. 옆선과 소매 밑선은 떠서 꿰매기를 합니다. 단추를 달아서 완성합니다.
● 모자…손가락에 걸어 만드는 기초코로 뜨기 시작해 가터뜨기와 메리야스뜨기를 원형뜨기합니다. 뜨개 끝은 쉼코를 해 겉면끼리 맞대고 빼뜨기 잇기를 합니다.
● 베이비 슈즈…손가락에 걸어 만드는 기초코로 뜨기 시작해 가터뜨기를 합니다. 뜨개 끝은 덮어씌워 코막음을 합니다. 도안을 참고해 감침질하고 폼폼을 만들어 답니다.
● 겉싸개…사슬뜨기로 기초코를 만들어 뜨기 시작해 무늬뜨기를 합니다.

실 사용량

구분		실이름	색이름(색번호)	사용량
카디건		베이비 애니	초록색(104)	150g 4볼
모자		베이비 애니 프린트	에크뤼+파랑·갈색·초록색 계열(205)	35g 1볼
겉싸개	A	베이비 애니	에크뤼(101)	240g 6볼
	B	베이비 애니 프린트	에크뤼+분홍·노랑·황록 계열(202)	240g 6볼
베이비 슈즈	A	베이비 애니	에크뤼(101)	각 20g 각 1볼
	B		파랑(105)	
	C		초록색(104)	
	D		노랑(102)	
	E		분홍(103)	
	F	베이비 애니 프린트	에크뤼+분홍·보라·오렌지 계열(204)	
	G		에크뤼+하늘·노랑·오렌지 계열(203)	
	H		에크뤼+분홍·노랑·황록 계열(202)	
	I		에크뤼+노랑·민트·연분홍 계열(201)	
	J		에크뤼+파랑·갈색·초록색 계열(205)	

카디건

←10(19코)→ ←10(19코)→ ←10(19코)→   ←10(19코)→ ←10(19코)→

목둘레 트임
덮어씌우기

단춧구멍(1코)
※억지
단춧구멍
덮어씌우기

(8코)   (3코)

13(52단)

5(21단)
(31단)

뒤판
(가터뜨기)

앞판
(가터뜨기)

소매 달기 끝

소매 달기 끝   소매 달기 끝

17(68단)

←30(57코) 만들기→   ←20(38코) 만들기→

※모두 6호 대바늘로 뜬다.

단춧구멍 (오른쪽 앞판)

단춧구멍
(1코) (8코) (1코) (3코)

→안면에서 덮어씌워 코막음
←31
←30
←25

15   10   5   1

□=□

※뜨개코를 넓혀서 단춧구멍을 낸다.

가터뜨기

2
1
1

□=□

모자

(메리야스뜨기)

14(42단)

42(88코)

(가터뜨기)

3(12단)

(88코) 만들기

※모두 6호 대바늘로 뜬다.

덮어씌우기

소매
(가터뜨기)

16(64단)

26(50코)

◉에서 (25코) 줍기   ◉에서 (25코) 줍기

※맞춤 표시는 오른쪽 소매.

◀ 겉싸개 뜨는 법은 149페이지로 이어집니다.

브리티시 파인

실을 가로로 걸치는
배색무늬뜨기

※ 일본어 사이트

재료
퍼피 브리티시 파인. ※실의 색이름·색번호·사용량은 표를 참고하세요.

도구
대바늘 3호·1호

완성 크기
머리둘레 56cm

게이지(10×10cm)
배색무늬뜨기 A·B·C 33코×33단

POINT
● 별도의 사슬코로 뜨기 시작해 배색무늬뜨기 A·B·C로 원형뜨기합니다. 배색무늬뜨기는 실을 가로로 걸치는 방법으로 뜹니다. 분산 증감코는 도안을 참고하세요. 실을 조여서 마무리합니다. 기초코의 사슬을 풀어 코를 줍고, 배색무늬 2코 고무뜨기를 합니다. 마무리는 겉뜨기는 겉뜨기로, 안뜨기는 안뜨기로 뜨면서 덮어씌워 코막음을 합니다.

배색과 사용량

구분	색이름(색번호)	사용량
□	연그레이 믹스(019)	25g 1볼
▨	터쿼이즈 블루(092)	15g 1볼
▩	잿빛 파랑(062)	10g 1볼
△	옅은 황록색(073)	4g 1볼
◼	잿빛 빨강(013)	2g 1볼
▣	겨자색(065)	2g 1볼
⦿	황록색(091)	2g 1볼

조여서 마무리
(16코)

분산 줄임코
총 (−224코)
※ 도안 참고.

10(33단)

(배색무늬뜨기 C)

(배색무늬뜨기 B)

73(240코)   4.5(15단)

(배색무늬뜨기 A)

분산 늘림코
총 (+56코)
※ 도안 참고.

56(184코) 만들기   6(20단)

(배색무늬 2코 고무뜨기) 1호 대바늘   3(11단)

(−16코)

(168코) 줍기

※ 지정하지 않은 것은 3호 대바늘로 뜬다.

배색무늬 2코 고무뜨기

← 겉뜨기는 겉뜨기로
안뜨기는 안뜨기로
떠서 덮어씌워
코막음

□ = ☐

배색무늬뜨기 B

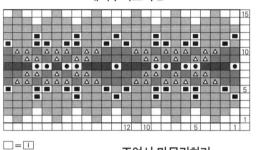

조여서 마무리하기

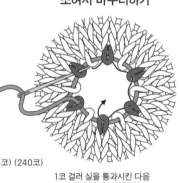

1코 걸러 실을 통과시킨 다음
2회에 나눠 오므린다

배색무늬뜨기 A와 분산 늘림코
8코 1무늬

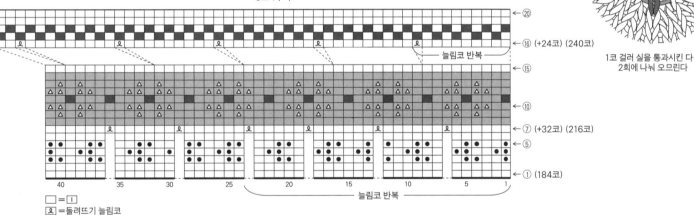

□ = ☐
𝕽 = 돌려뜨기 늘림코

배색무늬뜨기 C와 분산 줄임코

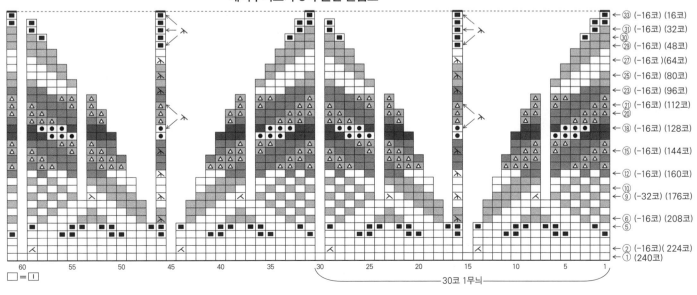

30코 1무늬

□ = ☐

바람공방의 페어아일

39 page ★★★

브리티시 파인

실을 가로로 걸치는
배색무늬뜨기

※ 일본어 사이트

재료
퍼피 브리티시 파인. ※실의 색이름·색번호·사용
량은 표를 참고하세요.

도구
대바늘 3호·2호·1호

완성 크기
가슴둘레 104cm, 기장 57.5cm, 화장 75.5cm

게이지(10×10cm)
메리야스뜨기, 배색무늬뜨기 31코×36단

POINT
● 몸판·소매…손가락에 실을 걸어서 기초코를 만
들어 뜨기 시작해 2코 고무뜨기, 배색무늬뜨기 A,

메리야스뜨기로 뜹니다. 배색무늬뜨기는 실을 가로
로 걸치는 방법으로 뜹니다. 거싯의 코는 덮어씌우
기, 래글런선의 줄임코는 끝에서 3번째 코와 4번째
코를 한 번에 뜹니다. 소매 밑선의 늘림코는 1코 안
쪽에서 돌려뜨기로 코 늘리기를 합니다. 마지막은
쉼코로 합니다.
● 마무리…래글런선, 옆선, 소매 밑선은 떠서 꿰
매고, 거싯의 코는 메리야스 잇기를 합니다. 요크
는 몸판과 소매에서 코를 주워 분산 줄임코를 하
면서 배색무늬뜨기 B로 뜹니다. 이어서 목둘레를
2코 고무뜨기로 뜨고, 마지막은 겉뜨기는 겉뜨기
로 안뜨기는 안뜨기로 덮어씌워 코막음합니다.

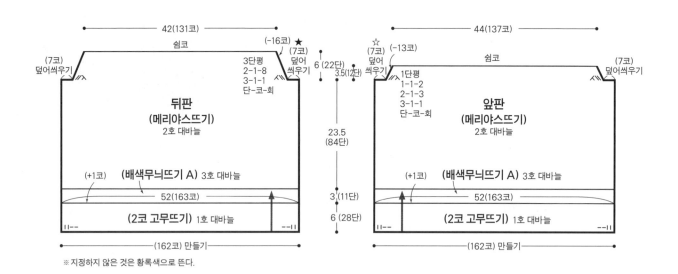

※ 지정하지 않은 것은 황록색으로 뜬다.

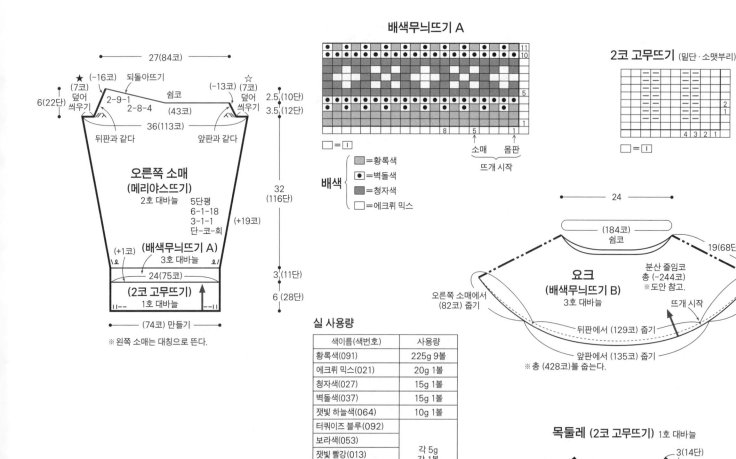

배색무늬뜨기 A

□ = □

배색
　■ =황록색
　• =벽돌색
　■ =청자색
　□ =에크뤼 믹스

2코 고무뜨기 (밑단·소맷부리)

□ = □

※ 왼쪽 소매는 대칭으로 뜬다.

실 사용량

색이름(색번호)	사용량
황록색(091)	225g 9볼
에크뤼 믹스(021)	20g 1볼
청자색(027)	15g 1볼
벽돌색(037)	15g 1볼
잿빛 하늘색(064)	10g 1볼
터쿼이즈 블루(092)	각 5g 각 1볼
보라색(053)	
잿빛 빨강(013)	
연그레이 믹스(019)	
잿빛 핑크(068)	
옅은 하늘색(074)	2g 1볼

요크 (배색무늬뜨기 B) 3호 대바늘

분산 줄임코
총 (-244코)
※도안 참고.

오른쪽 소매에서 (82코) 줍기
왼쪽 소매에서 (82코) 줍기
뒤판에서 (129코) 줍기
앞판에서 (135코) 줍기
※ 총 (428코)를 줍는다.

목둘레 (2코 고무뜨기) 1호 대바늘

3(14단)
(136코) 줍기

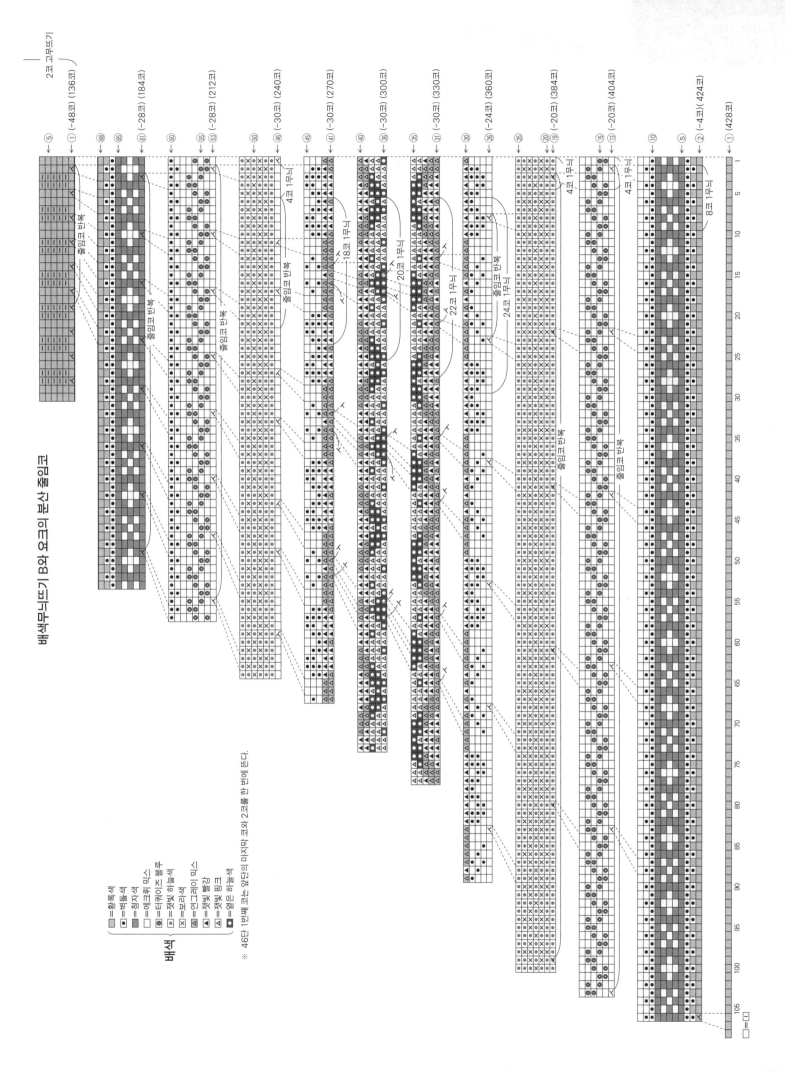

배색무늬뜨기 B와 요크의 분산 줄임코

배색

□ = 황록색
● = 벽돌색
■ = 청자색
□ = 에크뤼 믹스
◎ = 터쿼이즈 블루
● = 짙빛 하늘색
⊠ = 보라색
◀ = 언그레이 믹스
△ = 짙빛 빨강
⬮ = 짙빛 핑크
▣ = 엷은 하늘색

※ 46단 1번째 코드 앞단의 마지막 코와 2코를 한 번에 뜬다.

□ = □

브리티시 파인

실을 가로로 걸치는
배색무늬뜨기

※ 일본어 사이트

재료
퍼피 브리티시 파인. ※실의 색이름·색번호·사용량은 표를 참고하세요.
도구
대바늘 3호·1호
완성 크기
여성용…가슴둘레 94cm, 어깨너비 35cm, 기장 56cm
남성용…가슴둘레 102cm, 어깨너비 40cm, 기장 63.5cm
게이지(10×10cm)
배색무늬뜨기 33코×34단

POINT
● 몸판…손가락에 실을 걸어서 기초코를 만들어 뜨기 시작해 2코 고무뜨기와 배색무늬뜨기를 합니다. 배색무늬는 실을 가로로 걸치는 방법으로 뜹니다. 줄임코는 2코 이상은 덮어씌우기, 1코는 가장자리 1코를 세우는 줄임코를 합니다.
● 마무리…어깨는 덮어씌워 잇기, 옆선은 떠서 꿰매기를 합니다. 목둘레와 진동둘레는 지정 콧수를 주워 2코 고무뜨기로 원형뜨기를 합니다. 마지막은 겉뜨기는 겉뜨기로 안뜨기는 안뜨기로 덮어씌워 코막음합니다.

여성용

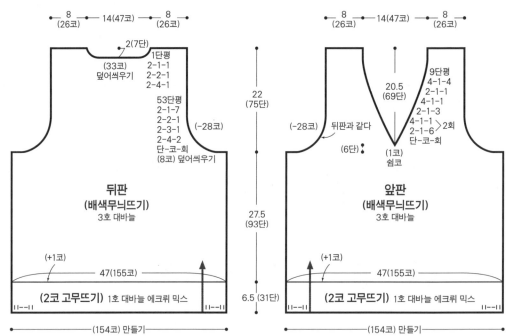

뒤판
(배색무늬뜨기)
3호 대바늘

8 (26코) ← 14(47코) → 8 (26코)

2(7단)
(33코) 덮어씌우기
1단평
2-1-1
2-2-1
2-4-1

53단평
2-1-7
2-2-1
2-3-1
2-4-2
단-코-회
(8코) 덮어씌우기
(-28코)

22 (75단)
27.5 (93단)
6.5 (31단)

(+1코) 47(155코)

(2코 고무뜨기) 1호 대바늘 에크뤼 믹스
(154코) 만들기

앞판
(배색무늬뜨기)
3호 대바늘

8 (26코) ← 14(47코) → 8 (26코)

(-28코)
뒤판과 같다
(6단)

9단평
4-1-4
2-1-1
4-1-1
2-1-3
4-1-1 〉2회
2-1-6
단-코-회

20.5 (69코)
(1코) 쉼코

(+1코) 47(155코)

(2코 고무뜨기) 1호 대바늘 에크뤼 믹스
(154코) 만들기

목둘레·진동둘레 (2코 고무뜨기)
1호 대바늘 에크뤼 믹스

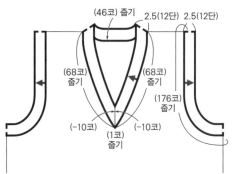

(46코) 줍기 2.5(12단) 2.5(12단)
(68코) 줍기 (68코) 줍기
(176코) 줍기
(-10코) (-10코)
(1코) 줍기

브이넥 끝의 줄임코 (공통)

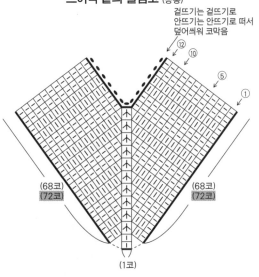

겉뜨기는 겉뜨기로
안뜨기는 안뜨기로 떠서
덮어씌워 코막음

⑫ ⑩ ⑤ ①

(68코) (72코)   (68코) (72코)

(1코)

※ ▨은 남성용, 그 외는 여성용 또는 공통.

2코 고무뜨기

										2
										1

4 3 2 1

□ = Ⅰ

실 사용량(여성용)

색이름(색번호)	사용량
에크뤼(021)	75g 3볼
잿빛 파랑(062)	35g 2볼
열은 황록색(073)	25g 1볼
연지색(004)	20g 1볼
잿빛 하늘색(064)	20g 1볼
겨자색(065)	20g 1볼
연녹색(080)	15g 1볼
연녹색(080)	10g 1볼
연갈색 믹스(040)	10g 1볼
녹색(055)	10g 1볼

배색무늬뜨기

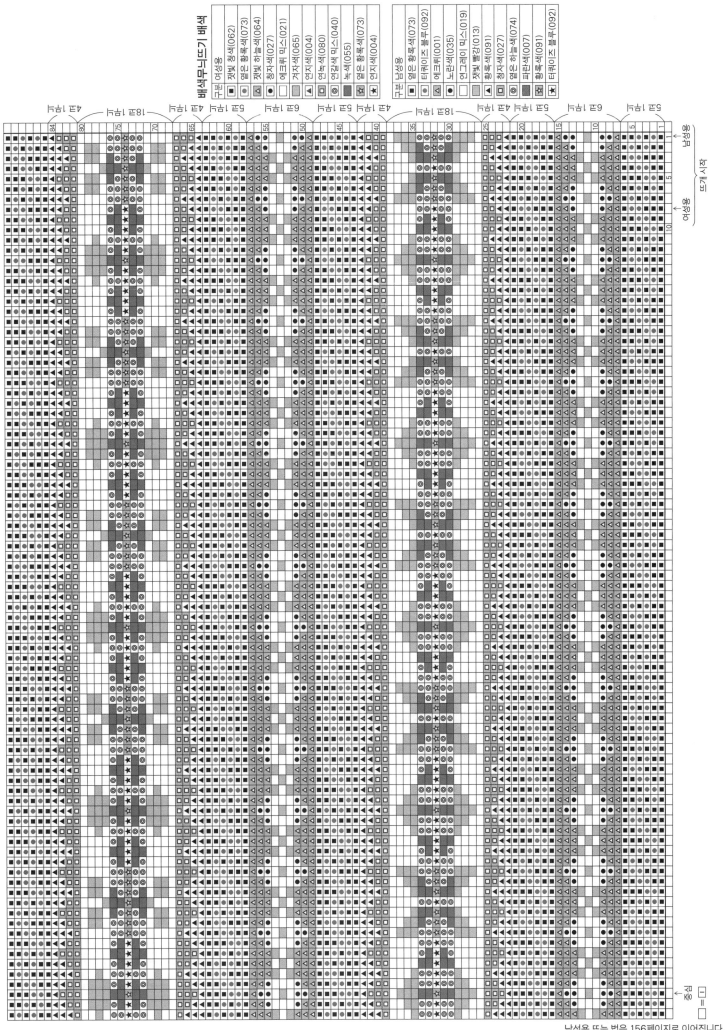

남성용 뜨는 법은 156페이지로 이어집니다. ▶

▶ 155페이지에서 이어집니다.

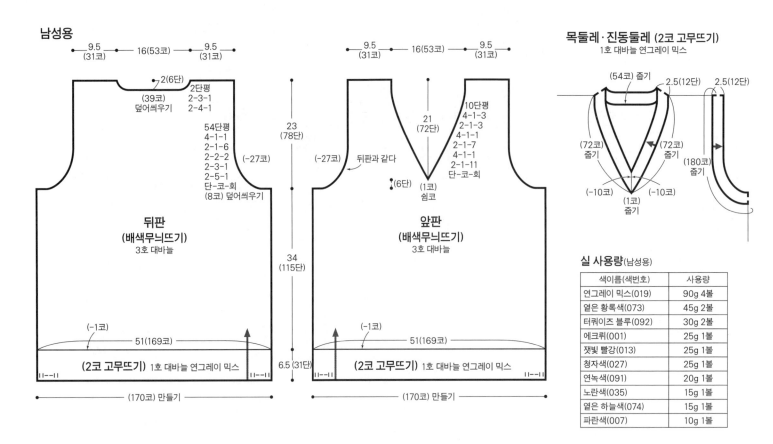

남성용

뒤판
(배색무늬뜨기)
3호 대바늘

9.5 (31코) — 16(53코) — 9.5 (31코)

2(6단)
2단평
(39코) 덮어씌우기
2-3-1
2-4-1

54단평
4-1-1
2-1-6
2-2-2
2-3-1
2-5-1
단-코-회
(8코) 덮어씌우기
(-27코)

23 (78단)

34 (115단)

(-1코)
51(169코)
(2코 고무뜨기) 1호 대바늘 연그레이 믹스
6.5 (31단)
(170코) 만들기

앞판
(배색무늬뜨기)
3호 대바늘

9.5 (31코) — 16(53코) — 9.5 (31코)

뒤판과 같다
(-27코)

21 (72단)

10단평
4-1-3
2-1-3
4-1-1
2-1-7
4-1-1
2-1-11
단-코-회

(6단)
(1코) 쉼코

(-1코)
51(169코)
(2코 고무뜨기) 1호 대바늘 연그레이 믹스
(170코) 만들기

목둘레·진동둘레 (2코 고무뜨기)
1호 대바늘 연그레이 믹스

(54코) 줄기
2.5(12단) 2.5(12단)
(72코) 줄기 (72코) 줄기
(180코) 줄기
(-10코) (1코) 줄기 (-10코)

실 사용량(남성용)

색이름(색번호)	사용량
연그레이 믹스(019)	90g 4볼
옅은 황록색(073)	45g 2볼
터쿼이즈 블루(092)	30g 2볼
에크뤼(001)	25g 1볼
잿빛 빨강(013)	25g 1볼
청자색(027)	25g 1볼
연녹색(091)	20g 1볼
노란색(035)	15g 1볼
옅은 하늘색(074)	15g 1볼
파란색(007)	10g 1볼

무늬뜨기 A

무늬뜨기 B

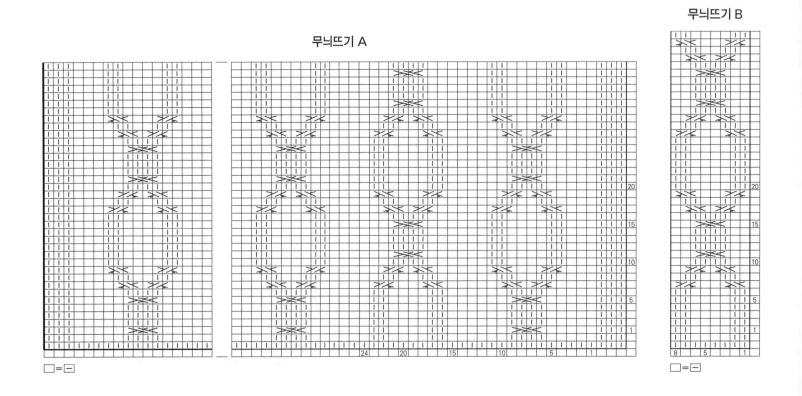

□=□

긴가-3

세이카

재료
Silk HASEGAWA 긴가-3 붉은 자주색(130 VERY BERRY) 225g 5볼, 세이카 진분홍(35 AZALEA) 125g 5볼

도구
대바늘 6호, 4호

완성 크기
가슴둘레 122cm, 기장 62.5cm, 화장 73.5cm

게이지(10×10cm)
무늬뜨기A 23코×31단, 안메리야스뜨기 22코× 29단

POINT
● 몸판·소매…모두 긴가-3과 세이카를 1가닥씩

합사해 뜹니다. 손가락에 걸어 만드는 기초코로 뜨기 시작해 2코 고무뜨기를 합니다. 몸판은 무늬뜨기 A, 소매는 안메리야스뜨기와 무늬뜨기 B를 계속합니다. 앞목둘레의 줄임코는 2코째부터 덮어씌우기, 첫 코는 가장자리 첫 코를 세워 줄임코를 합니다. 소매 밑선의 늘림코는 1코 안쪽에서 돌려뜨기 늘림코를 합니다. 뜨개 끝은 쉼코를 합니다.

● 마무리…어깨·소매는 맞춤 표시를 맞춰서 코와 단 잇기를 합니다. 옆선과 소매 밑선은 떠서 꿰매기를 합니다. 목둘레는 지정 콧수만큼 주워서 2코 고무뜨기를 원형으로 합니다. 뜨개 끝의 겉뜨기는 겉뜨기로 안뜨기는 안뜨기하면서 덮어씌워 코막음합니다.

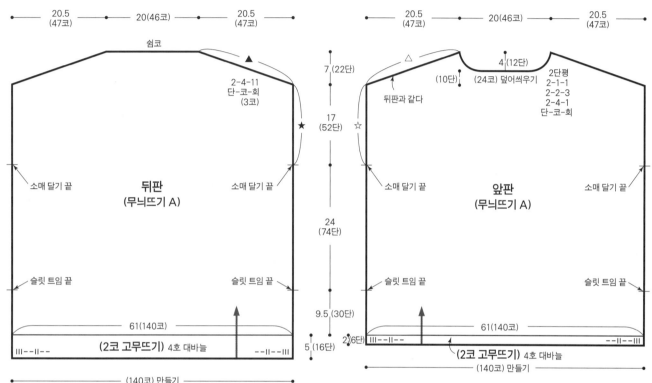

※ 모두 긴가-3과 세이카를 1가닥씩 합사해 뜬다.
※ 지정하지 않은 것은 6호 대바늘로 뜬다.

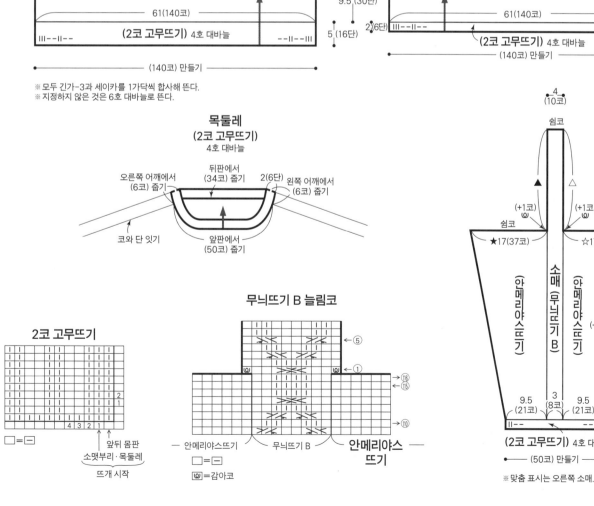

재료
실…헤지호그 파이버 스키니 싱글즈 핑크·하늘
색·갈색 계열 그러데이션(Opalite) 415g 5타래
단추…지름 18mm×5개

도구
대바늘 4호·2호

완성 크기
가슴둘레 102cm, 어깨너비 39cm, 기장 57.5cm,
소매길이 53cm

게이지(10×10cm)
메리야스뜨기 27.5코×38단

POINT
● 몸판·소매…별도 사슬로 기초코를 만들어 뜨
기 시작하고, 메리야스뜨기로 뜹니다. 줄임코는
2코 이상은 덮어씌우기, 1코는 끝의 1코를 세우는

줄임코를 합니다. 늘림코는 1코 안쪽에서 돌려뜨
기 늘림코를 합니다. 밑단·소맷부리는 기초코의
사슬을 풀어 코를 줍고, 2코 고무뜨기로 뜹니다.
뜨개 끝은 겉뜨기는 겉뜨기로, 안뜨기는 안뜨기로
덮어씌워 코막음합니다.
● 마무리…주머니는 앞판의 지정 위치에서 코를
주워 무늬뜨기와 2코 고무뜨기로 뜹니다. 뜨개 끝
은 밑단과 같은 방법으로 합니다. 어깨는 덮어씌워
잇기, 옆선·소매 밑선·주머니 옆선은 떠서 꿰매기
로 연결합니다. 앞단·목둘레는 지정 콧수를 주워
2코 고무뜨기로 뜹니다. 오른쪽 앞단에는 단춧구
멍을 만듭니다. 뜨개 끝은 밑단과 같은 방법으로
합니다. 소매는 빼뜨기로 잇기로 몸판과 합칩니다.
단추를 달아 완성합니다.

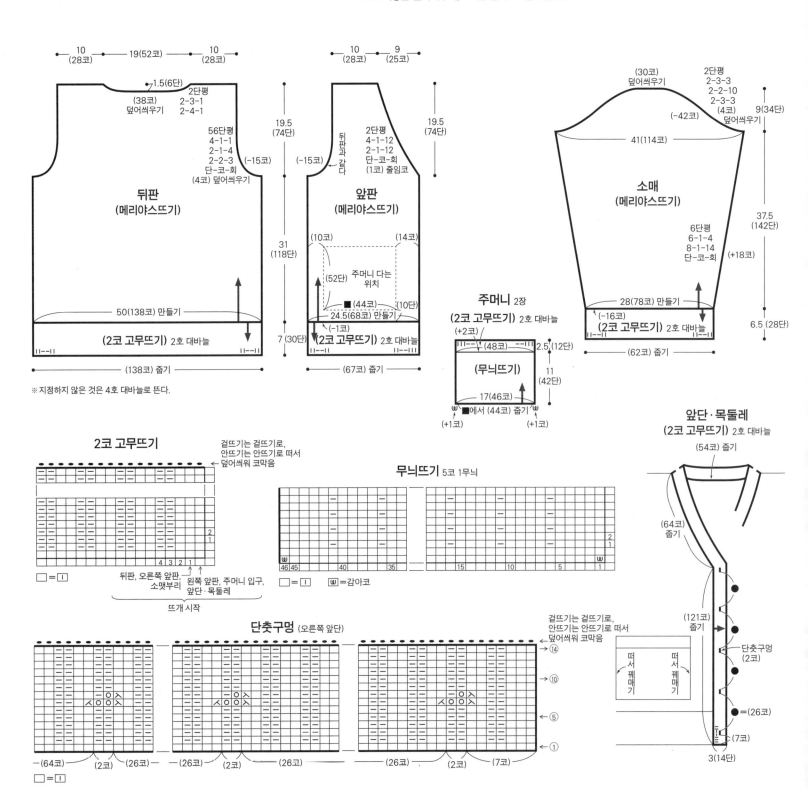

개력적인 실크

49 page ★★★

긴가-3

세이카

재료

Silk HASEGAWA 긴가-3 터쿼이즈 블루(M-26 CAPRI) 100g 2볼, 밝은 하늘색(M-25 SKY) 75g 2볼, 세이카 연그레이(16 RAINY DAY) 75g 3볼

도구

코바늘 6/0호

완성 크기

가슴둘레 108cm, 기장 61cm, 화장 55cm

게이지(10×10cm)

줄무늬 무늬뜨기 20코×13단

POINT

● 몸판…지정하지 않은 것은 긴가-3과 세이카를

1가닥씩 합사해서 뜹니다. 사슬뜨기로 기초코를 만들어 뜨기 시작해 앞뒤판 모두 도안을 참고해 왼쪽 밑단부터 줄무늬 무늬뜨기를 합니다.

● 마무리…꿰매기, 잇는 몸판 배색에 맞춰서 긴가-3 1가닥을 사용합니다. 어깨·소매는 짧은뜨기의 사슬 잇기와 짧은뜨기의 사슬 꿰매기를 합니다. 오른쪽 옆선, 왼쪽 소매 밑선은 짧은뜨기의 사슬 잇기, 왼쪽 옆선, 오른쪽 소매 밑선은 짧은뜨기의 사슬 꿰매기를 합니다. 지정 콧수만큼 주워서 밑단, 목둘레는 줄무늬 테두리뜨기 A, 소맷부리는 줄무늬 테두리뜨기 B를 원형으로 왕복뜨기합니다.

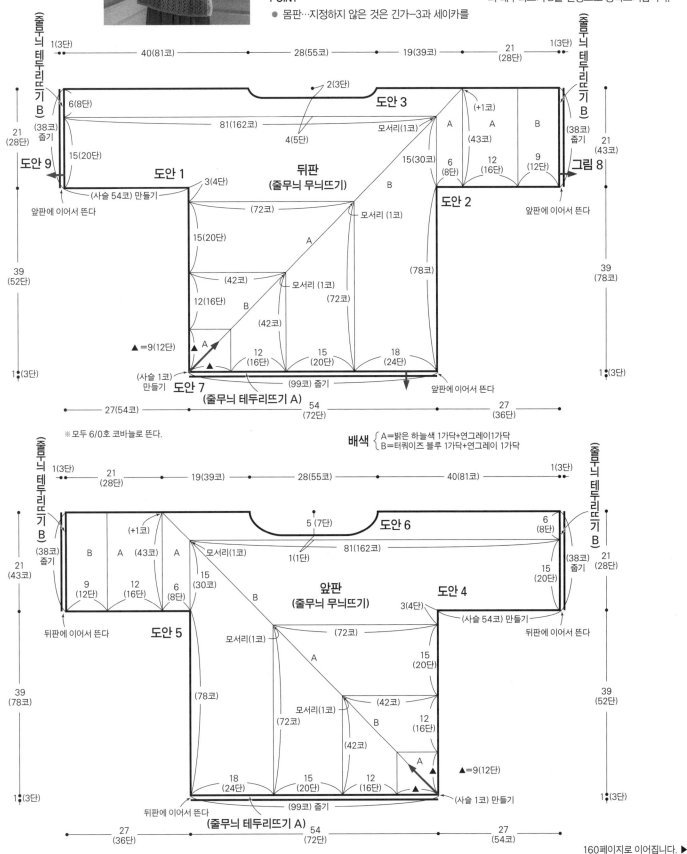

※ 모두 6/0호 코바늘로 뜬다.

배색 { A=밝은 하늘색 1가닥+연그레이 1가닥
B=터쿼이즈 블루 1가닥+연그레이 1가닥 }

160페이지로 이어집니다. ▶

► 159페이지에서 이어집니다.

줄무늬 무늬뜨기 늘림코

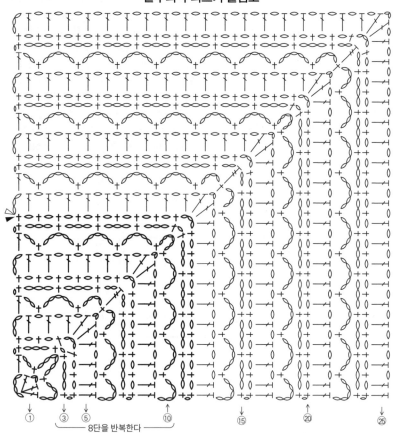

① ③ ⑤ ⑩ ⑮ ⑳ ㉕

8단을 반복한다

줄무늬 무늬뜨기

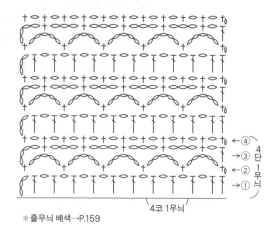

④ ③ ② ①
4단 1무늬
1무늬

4코 1무늬

※ 줄무늬 배색→P.159

▷ =실 잇기
► =실 자르기

배색 { —=밝은 하늘색 1가닥+연그레이 1가닥
     —=터쿼이즈 블루 1가닥+연그레이 1가닥 }

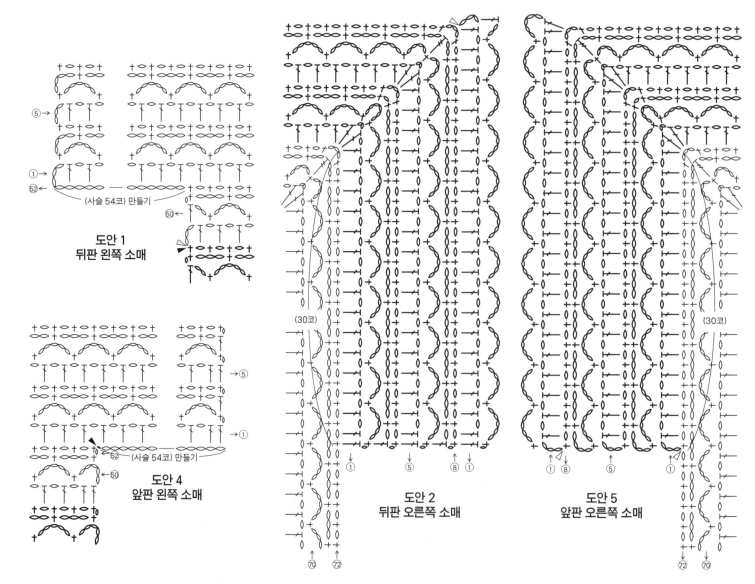

⑤→
①→
㊷←
(사슬 54코) 만들기
㊿→

도안 1
뒤판 왼쪽 소매

→⑤
→①
㊷← (사슬 54코) 만들기
←㊿

도안 4
앞판 왼쪽 소매

(30코)

① ⑤ ⑧ ①
⑦⓪ ⑦②

도안 2
뒤판 오른쪽 소매

(30코)

① ⑧ ⑤ ①
⑦② ⑦⓪

도안 5
앞판 오른쪽 소매

160

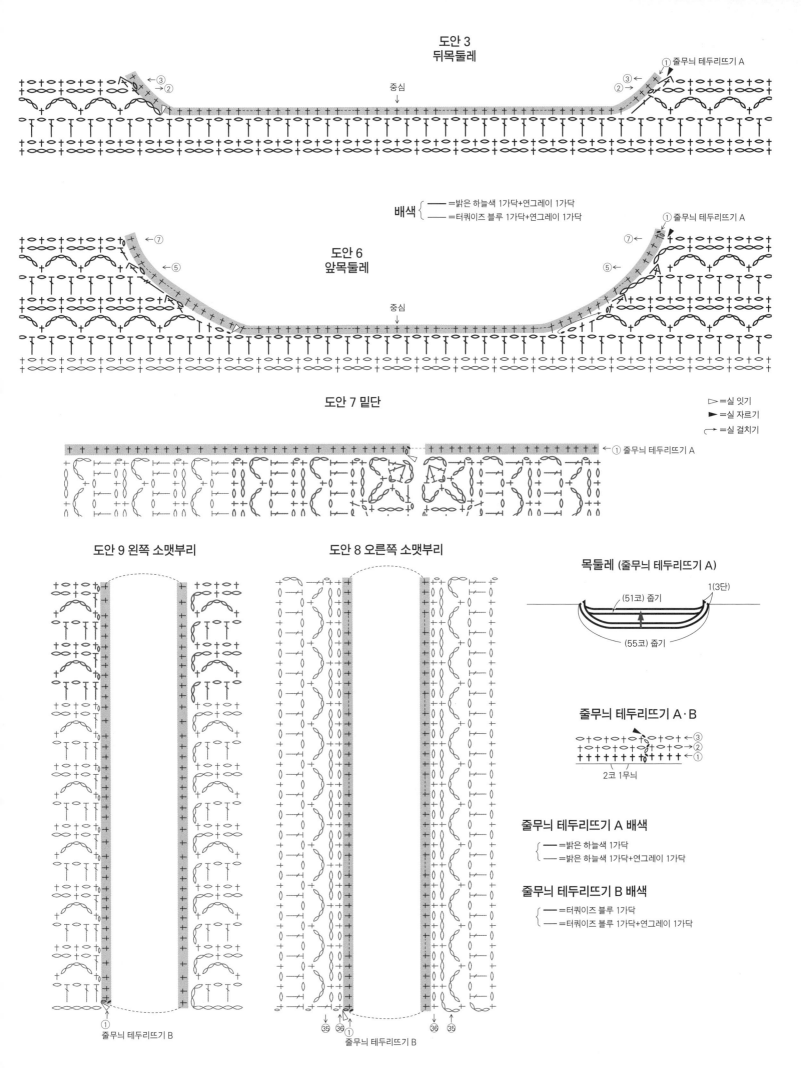

도안 3
뒤목둘레

③ ←
② →
① 줄무늬 테두리뜨기 A
중심

배색 {
—=밝은 하늘색 1가닥+연그레이 1가닥
—=터쿼이즈 블루 1가닥+연그레이 1가닥
}

도안 6
앞목둘레

⑦ ←
⑤ ←
① 줄무늬 테두리뜨기 A
중심

도안 7 밑단

▷=실 잇기
►=실 자르기
↪=실 걸치기

① 줄무늬 테두리뜨기 A

도안 9 왼쪽 소맷부리

도안 8 오른쪽 소맷부리

① 줄무늬 테두리뜨기 B

㉟ ㊱ ① ㊱ ㉟
줄무늬 테두리뜨기 B

목둘레 (줄무늬 테두리뜨기 A)

1(3단)
(51코) 줍기
(55코) 줍기

줄무늬 테두리뜨기 A·B

③ ←
② ←
① →
2코 1무늬

줄무늬 테두리뜨기 A 배색

{
—=밝은 하늘색 1가닥
—=밝은 하늘색 1가닥+연그레이 1가닥
}

줄무늬 테두리뜨기 B 배색

{
—=터쿼이즈 블루 1가닥
—=터쿼이즈 블루 1가닥+연그레이 1가닥
}

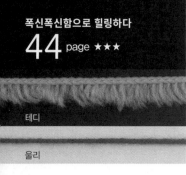

테디

울리

실을 가로로 걸치는
배색무늬뜨기

※ 일본어 사이트

재료

DMC 테디 하늘색(315) 310g 7볼, 울리 연그레이
(121) 70g 2볼, 옅은 하늘색(071) 60g 2볼, 베이지
(111) 55g 2볼

도구

대바늘 7호·8호

완성 크기

가슴둘레 92cm, 어깨너비 36cm, 기장 51.5cm,
소매길이 61cm

게이지(10×10cm)

메리야스뜨기 17코×28.5단, 배색무늬뜨기 20코
×23단

POINT

● 몸판·소매…몸판은 손가락에 실을 걸어서 기
초코를 만들어 뜨기 시작해 가터뜨기와 메리야스

뜨기로 원형뜨기를 합니다. 옆선의 줄임코는 도안
을 참고하세요. 진동둘레부터 위는 앞뒤를 나눠서
왕복으로 뜹니다. 줄임코는 2코 이상은 덮어씌우
기, 1코는 가장자리 1코를 세우는 줄임코를 하지
만, 앞목둘레의 중심은 쉼코로 합니다. 소매는 몸
판과 같은 방식의 기초코로 뜨기 시작해 1코 고무
뜨기, 가터뜨기, 배색무늬뜨기를 합니다. 배색무늬
는 실을 가로로 걸치는 방법으로 뜹니다. 소매 밑
선 뜨는 법은 도안을 참고하세요.

● 마무리…어깨는 덮어씌워 잇기를 합니다. 목둘
레는 지정 콧수를 주워 가터뜨기로 원형뜨기를 하
고, 덮어씌워 코막음으로 마무리합니다. 소매 밑선
은 떠서 꿰매기를 합니다. 소매는 빼뜨기 잇기로
몸판과 합칩니다.

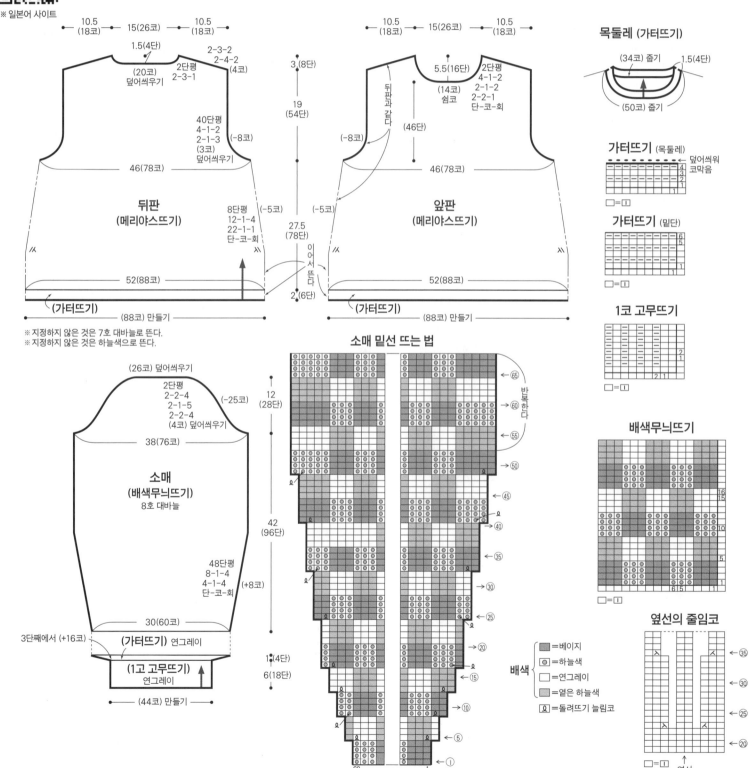

※ 지정하지 않은 것은 7호 대바늘로 뜬다.
※ 지정하지 않은 것은 하늘색으로 뜬다.

테디

울리

코 고무뜨기 코막음
(원형뜨기)

※일본어 사이트

재료
DMC 테디 에크뤼(318) 315g 7볼, 울리 에크뤼
(03) 250g 5볼
도구
대바늘 4호·10호, 코바늘 4/0호
완성 크기
가슴둘레 108cm, 기장 60cm, 화장 67.5cm
게이지(10×10cm)
메리야스뜨기 23코×37단(4호 대바늘), 17코×
27단(10호 대바늘)
POINT
● 몸판·소매… 몸판은 손가락에 실을 걸어서 기
초코를 만들어 뜨기 시작해 오른쪽 앞판·뒤판·왼
쪽 앞판은 메리야스뜨기와 가터뜨기, 앞판 중앙은
메리야스뜨기로 뜹니다. 130단을 떴으면 거짓 코

는 쉼코를 하고, 오른쪽 앞판·뒤판·왼쪽 앞판을
나눠서 뜹니다. 뒤목둘레 트임은 안면에서, 앞목둘
레 트임은 겉면에서 덮어씌워 코막음을 합니다. ▲,
△끼리는 떠서 꿰매기를 합니다. 어깨는 29코로
하고 빼뜨기 잇기를 합니다. 소매는 지정한 위치에
서 코를 주워 메리야스뜨기, 2코 고무뜨기로 원형
뜨기를 합니다. 마무리는 2코 고무뜨기 코막음을
합니다.
● 마무리… 주머니는 몸판과 같은 방식으로 뜨기
시작해 메리야스뜨기로 뜨고, 마무리는 덮어씌워
코막음을 합니다. 주머니 옆은 떠서 꿰매기로 몸판
과 합칩니다. 밑단은 지정 콧수를 주워 2코 고무
뜨기로 원형뜨기를 하는데, 주머니 바닥은 몸판과
포개서 코를 줍습니다. 마무리는 소맷부리와 같은
방식으로 합니다.

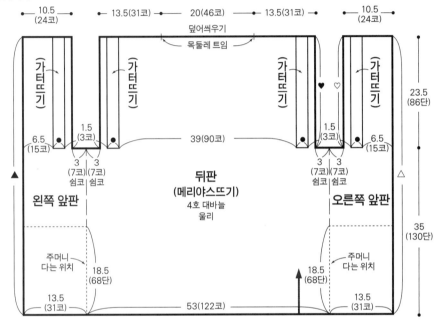

※ ▲, △끼리는 떠서 꿰매기를 한다.

● = 2.5(6코)

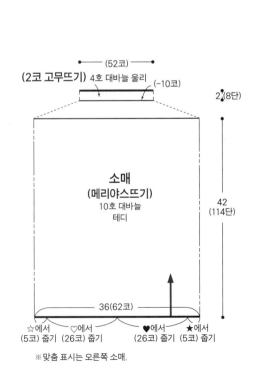

※맞춤 표시는 오른쪽 소매.

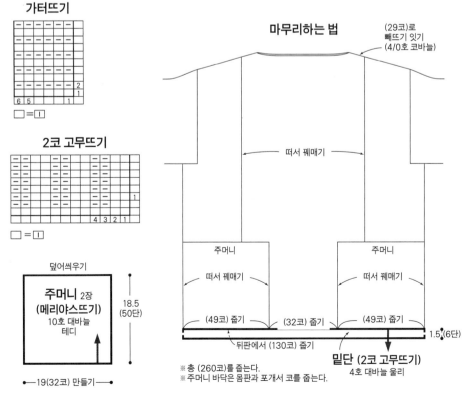

긴가-3

세이카

한길 긴 앞걸어뜨기
※ 일본어 사이트

한길 긴 뒤걸어뜨기
※ 일본어 사이트

재료
실…Silk HASEGAWA 세이카 하양(1 WHITE) 110g 5볼
실…Silk HASEGAWA 긴가-3 초록(76 HISUI) 65g 2볼, 밝은 연두(116 MELON) 65g 2볼, 연두(75 COBAT GREEN) 60g 2볼, 연초록(74 PEARL GREEN) 40g 1볼, 밝은 연초록(73 OPAL) 25g 1볼

도구
코바늘 5/0호, 6/0호

완성 크기
가슴둘레 92cm, 기장 46.5cm, 화장 51.5cm

게이지(10×10cm)
줄무늬 무늬뜨기 23코×11단(5/0호 코바늘)

POINT
● 요크·몸판·소매…모두 지정한 실을 합사해 뜹니다. 요크는 a색으로 사슬뜨기로 기초코를 만들어 뜨기 시작해 줄무늬 무늬뜨기를 원형으로 합니다. 늘림코는 도안을 참고하세요. 뒤판에 앞뒤 단차로 3단 왕복뜨기를 계속합니다. 앞뒤 몸판은 요크 코와 거싯의 c색 사슬뜨기 기초코에서 코를 주워 줄무늬 무늬뜨기를 하는데, 8단까지 뜨면 바늘을 바꿔서 도안을 참고해 분산 늘림코를 합니다. 테두리뜨기를 계속합니다. 소매는 요크와 거싯 기초코와 앞뒤 단차에서 코를 주워 줄무늬 무늬뜨기, 테두리뜨기를 합니다.
● 마무리…목둘레는 지정한 콧수만큼 주워 테두리뜨기를 합니다.

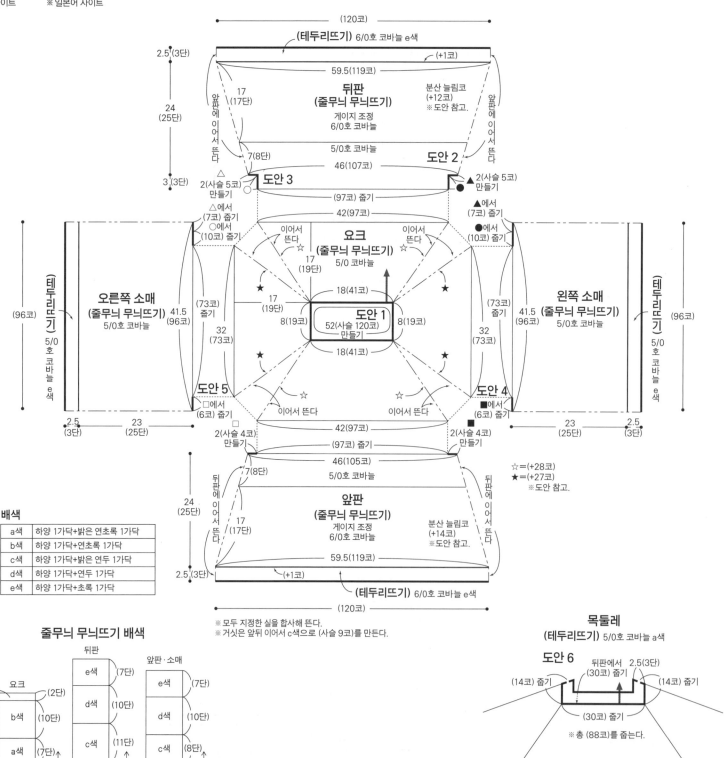

배색

a색	하양 1가닥+밝은 연초록 1가닥
b색	하양 1가닥+연초록 1가닥
c색	하양 1가닥+밝은 연두 1가닥
d색	하양 1가닥+연두 1가닥
e색	하양 1가닥+초록 1가닥

줄무늬 무늬뜨기 배색

뒤판

앞판·소매

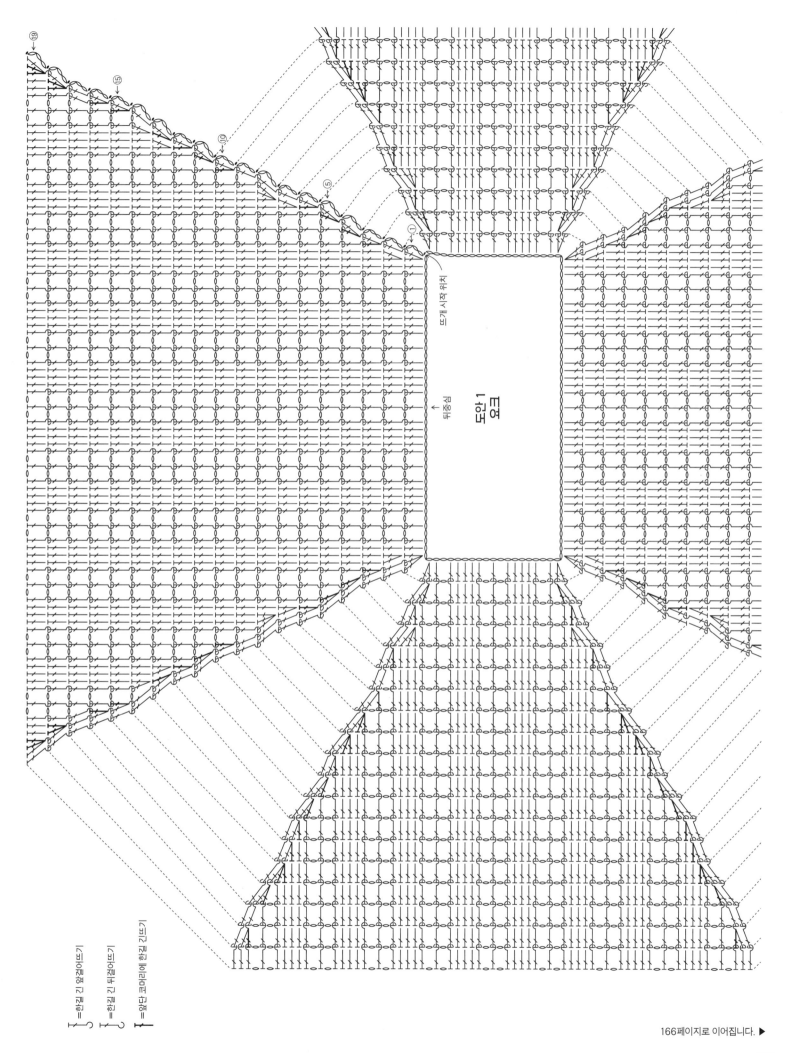

도안 1
요크

뜨개 시작 위치

뒤중심 →

⑲
⑮
⑩
⑤
①

= 한길 긴 앞걸어뜨기
= 한길 긴 뒤걸어뜨기
= 앞단 코머리에 한길 긴뜨기

166페이지로 이어집니다. ▶

▶ 165페이지에서 이어집니다.

줄무늬 무늬뜨기

테두리뜨기

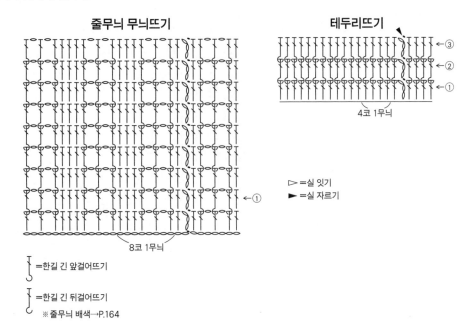

4코 1무늬

8코 1무늬

▷ =실 잇기
► =실 자르기

⌇ =한길 긴 앞걸어뜨기

⌇ =한길 긴 뒤걸어뜨기

※ 줄무늬 배색→P.164

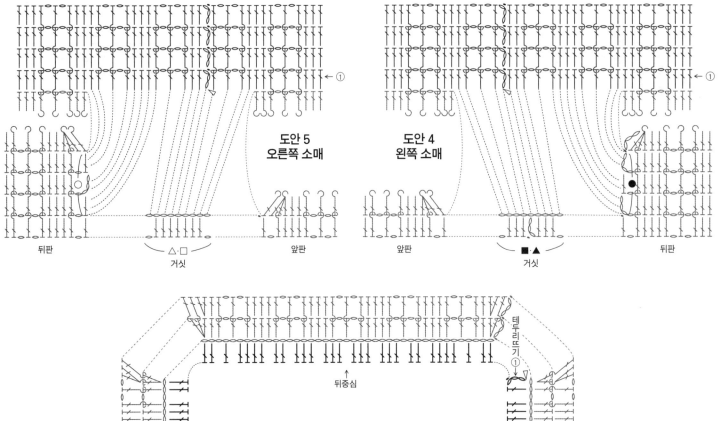

도안 5
오른쪽 소매

도안 4
왼쪽 소매

뒤판 △·□ 앞판
거싯

앞판 ■·▲ 뒤판
거싯

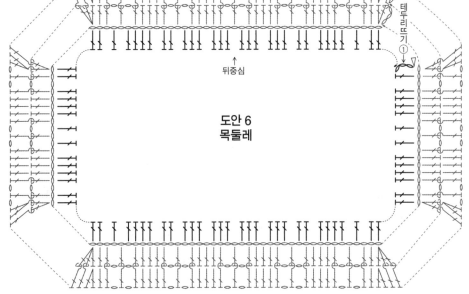

도안 6
목둘레

뒤중심

테두리뜨기 ①

※ 테두리뜨기 1단은 코를 갈라서 줍는다.

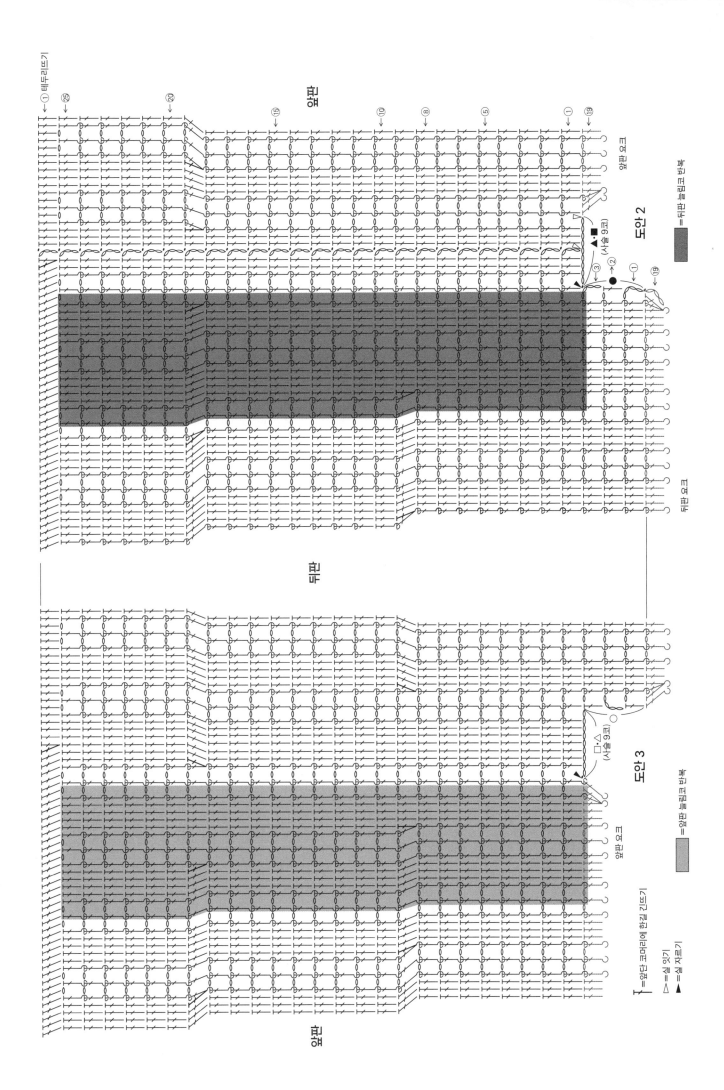

도안 2

도안 3

긴가-3

세이카

재료
Silk HASEGAWA 긴가-3 벽돌색(37 CHILI PEPPER) 130g 3볼, 세이카 에크뤼(2 ECRU) 65g 3볼

도구
대바늘 5호·4호

완성 크기
가슴둘레 106cm, 기장 57.5cm, 화장 24cm

게이지
메리야스뜨기(10×10cm) 21.5코×32단, 무늬뜨기 1무늬 17코=8cm, 32단=10cm

POINT
● 모두 긴가-3과 세이카를 1가닥씩 합사해서 뜹니다. 손가락에 걸어 만드는 기초코로 뜨기 시작해 목둘레와 요크는 1코 고무뜨기, 무늬뜨기, 메리야스뜨기를 배치한 대로 원형으로 뜹니다. 늘림코는 도안을 참고하세요. 몸판은 앞과 뒤를 따로따로 1코 고무뜨기와 메리야스뜨기를 왕복뜨기합니다. 줄임코는 도안을 참고하세요. 뒤판은 앞뒤 단차로 10단을 뜹니다. 무늬뜨기, 메리야스뜨기, 1코 고무뜨기를 원형으로 계속 뜹니다. 옆선 줍는 법은 도안을 참고하세요. 뜨개 끝은 겉뜨기는 겉뜨기로 안뜨기는 안뜨기하면서 덮어씌워 코막음합니다.

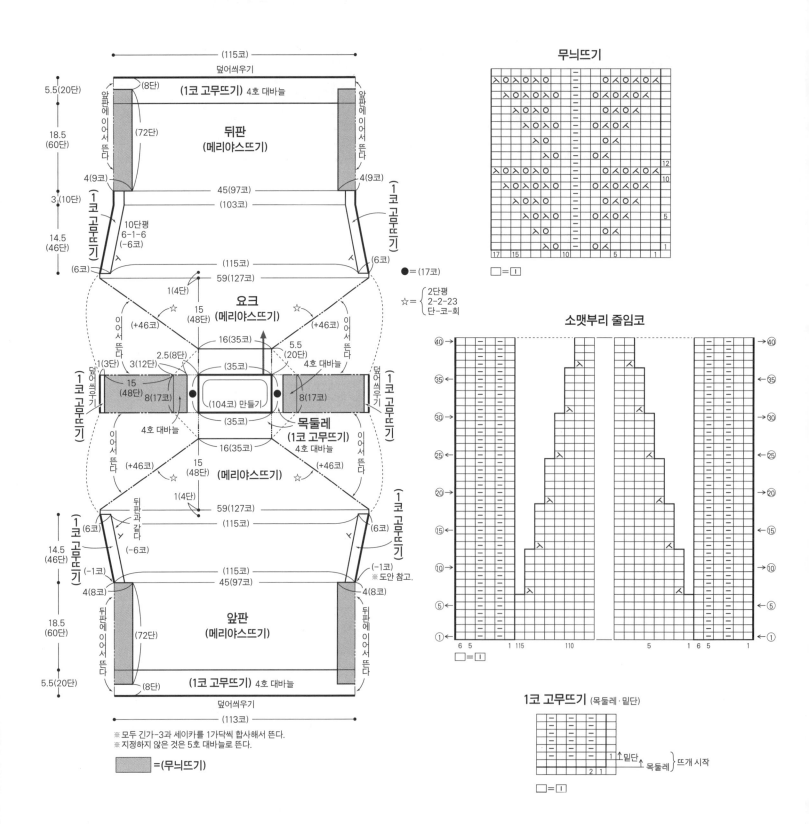

무늬뜨기

□=Ⅰ

소맷부리 줄임코

□=Ⅰ

1코 고무뜨기 (목둘레·밑단)

□=Ⅰ

※ 모두 긴가-3과 세이카를 1가닥씩 합사해서 뜬다.
※ 지정하지 않은 것은 5호 대바늘로 뜬다.

▨ =(무늬뜨기)

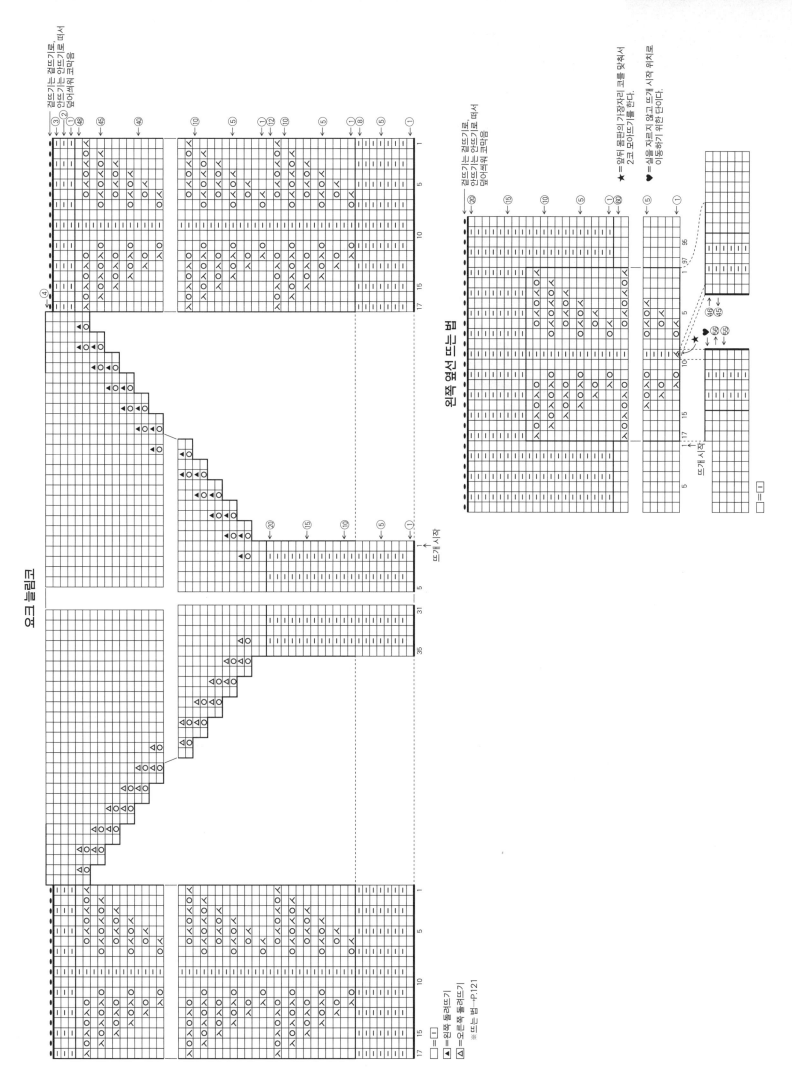

요크 늘림코

왼쪽 옆선 뜨는 법

★＝앞뒤 몸판의 가장자리 코를 맞춰서
2코 모아뜨기를 한다.
◆＝실을 자르지 않고 뜨개 시작 위치로
이동하기 위한 단이다.

겉뜨기는 겉뜨기로,
안뜨기는 안뜨기로 떠서
덮어씌워 코막음

겉뜨기는 겉뜨기로
안뜨기는 안뜨기로 떠서
덮어씌워 코막음

□＝□
◀＝왼쪽 돌려뜨기
◮＝오른쪽 돌려뜨기
※뜨는 법→P.121

□＝□

Color Palette
62·63 page ★★★

메이크메이크 100

짧은 이랑뜨기

※ 일본어 사이트

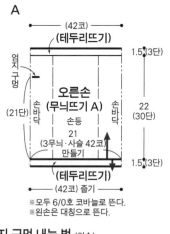

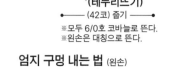

A

C B

E D

재료
올림포스 메이크메이크 100
A…파랑·초록 계열 그러데이션(1005) 75g 1볼
B…진초록·진홍색 계열 그러데이션(1030) 470g 5볼
C…오렌지·진초록 계열 그러데이션(1035) 270g 3볼
D…빨강·분홍 계열 그러데이션(1034) 180g 2볼
E…그레이 계열 그러데이션(1022) 370g 4볼

도구
코바늘 6/0호·7/0호

완성 크기
A…손바닥 둘레 21cm, 길이 25cm
B…기장 55cm, 화장 28.5cm
C…목둘레 74cm, 길이 54cm
D…목둘레 59cm, 길이 44cm
E…기장 55cm, 화장 22.5cm

게이지(10×10cm)
무늬뜨기 A 20코×13.5단(6/0호 코바늘), 무늬뜨기 A 19코×13단(7/0호 코바늘)

POINT
● A·C·D…사슬뜨기로 기초코를 만들어 뜨기 시작해 무늬뜨기 A를 원형으로 왕복뜨기합니다. A는 도안을 참고해서 지정 위치에 엄지가 들어갈 구멍을 만듭니다. 원으로 테두리뜨기를 계속합니다. 기초코 사슬에서 코를 주워 테두리뜨기를 같은 방법으로 합니다.

● B·E…사슬뜨기로 기초코를 만들어 뜨기 시작해 무늬뜨기 A·B를 합니다. 어깨 잇는 법은 도안을 참고하세요. 옆선·밑단·목둘레는 지정 콧수만큼 주워 테두리뜨기를 합니다. 끈을 떠서 지정 위치의 안면에서 꿰맵니다.

A

오른손 (무늬뜨기 A)
손등 / 손바닥 / 손바닥
엄지 구멍
(21단)
21 (3무늬·사슬 42코) 만들기
22 (30단)
(42코) (테두리뜨기)
1.5(3단)
1.5(3단)
(테두리뜨기)
(42코) 줍기

※모두 6/0호 코바늘로 뜬다.
※왼손은 대칭으로 뜬다.

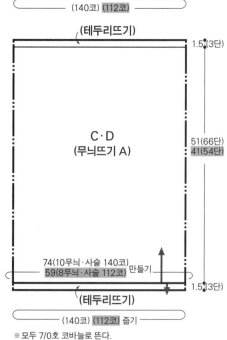

(140코) (112코)
(테두리뜨기)
1.5(3단)

C·D (무늬뜨기 A)

51(66단) / 41(54단)

74(10무늬·사슬 140코) 만들기
59(8무늬·사슬 112코) 만들기
1.5(3단)
(테두리뜨기)
(140코) (112코) 줍기

※모두 7/0호 코바늘로 뜬다.
※▨는 D, 그 외는 C 또는 공통.

엄지 구멍 내는 법 (오른손)

손바닥 중심
←㉑
→⑳

엄지 구멍 내는 법 (왼손)

손바닥 중심
←㉑
→⑳

B·E

15(28) 9(17코) / 24(45코) / 15(28) 9(17코)
목둘레 트임

앞뒤 몸판 (무늬뜨기 A)
(무늬뜨기 B) / (무늬뜨기 B)

53.5 (70단)

10(18코) 4(7코) / 34(4.5무늬·65코) / 10(18코) 4(7코)
54(사슬 101코) 42(사슬 79코) 만들기

※지정하지 않은 것은 7/0호 코바늘로 뜬다.
※▨는 E, 그 외는 B 또는 공통.

목둘레 (테두리뜨기)

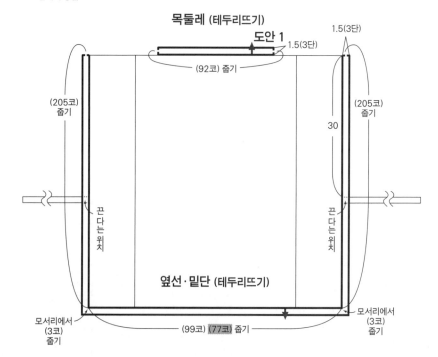

도안 1
1.5(3단)
(92코) 줍기
1.5(3단)

(205코) 줍기 / (205코) 줍기
30

끈 다는 위치 / 끈 다는 위치

옆선·밑단 (테두리뜨기)

모서리에서 (3코) 줍기
(99코) (77코) 줍기
모서리에서 (3코) 줍기

170

무늬뜨기 A (A·C·D)

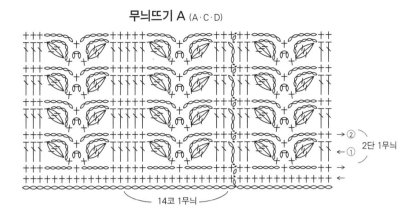

→②
←① 2단 1무늬

14코 1무늬

테두리뜨기 (공통)

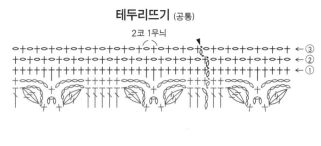

2코 1무늬

←③
←②
←①

무늬뜨기 B   무늬뜨기 A (B·E)   무늬뜨기 B

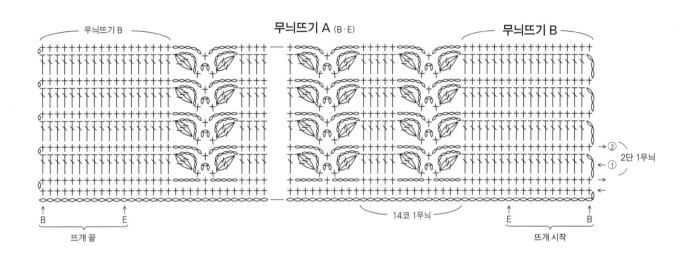

→②
←① 2단 1무늬

B   E   14코 1무늬   E   B

뜨개 끝   뜨개 시작

▷ =실 잇기
► =실 자르기

끈 각 4개
(짧은 이랑뜨기)
6/0호 코바늘

45
(70단)

짧은 이랑뜨기

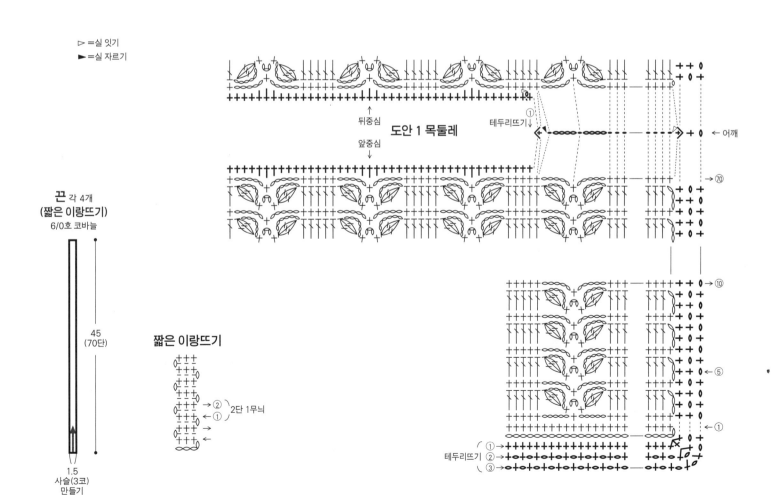

뒤중심
앞중심

도안 1 목둘레

테두리뜨기

①

어깨

⑩

⑤

①

→②
←① 2단 1무늬

1.5
사슬(3코)
만들기

테두리뜨기

① +++++
② +o+o+
③ o+o+o

자우어볼 크레이지

재료
쇼펠 자우어볼 크레이지 갈색·초록색·하늘색 계
열 그러데이션(1660 Riverbed) 190g 2볼
도구
대바늘 1호
완성 크기
56cm×56cm

게이지
모티브 크기는 도안 참고
POINT
● 본체는 67페이지를 참고해 모티브를 연결하며
뜹니다. 테두리 주변은 아이코드 코막음과 아이코
드로 뜨고, 뜨개 끝은 뜨개 시작과 메리야스 잇기
를 합니다.

블랭킷 (모티브 연결)

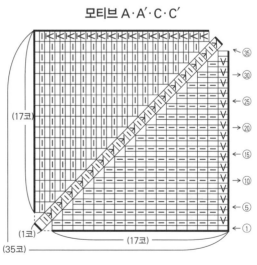

66C'	65C'	64C'	63C'	62C'	61C'	60C'	59C'	58C'	57C
49C	41C	37B		29C	8A'	12B'		20C'	28C'
50C'	42C'			30C'	7A'			19C'	27C'
51C'	43C'	38B'		31C'	6A'	11B'		18C'	26C'
52C'	44C'			32C'	5A'			17C'	25C'
53C'	45C'	39B'		33C'	4A'	10B'		16C'	24C'
54C'	46C'			34C'	3A'			15C'	23C'
55C'	47C'	40B'		35C'	2A'	9B		14C'	22C'
56C'	48C'			36C'	1A			13C	21C
67C'	68C'	69C'	70C'	71C'	72C'	73C'	74C'	75C'	76C'

55

55

※ 모두 1호 대바늘로 뜬다.
※ 모티브 안의 숫자는 연결하는 순서다.

모티브

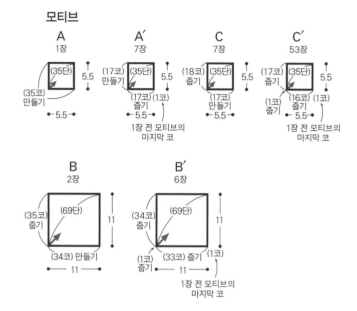

A
1장

A'
7장

C
7장

C'
53장

B
2장

B'
6장

모티브 A·A'·C·C'

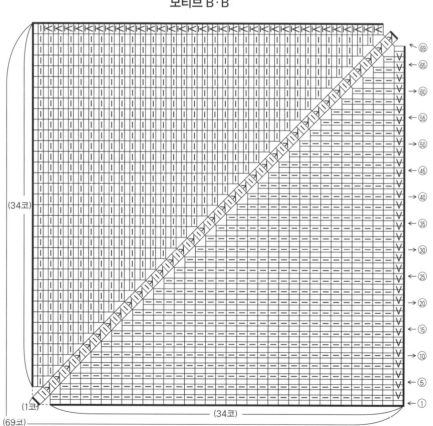

(17코)

(17코)

(35코)

(1코)

□ = ☐

Ⅴ = 걸러뜨기

Ⅴ = 걸러 안뜨기

모티브 B·B'

(34코)

(1코)

(69코)

(34코)

15C'

14C'

13C

75C'

10B'

9B

74C'

73C'

3A'

2A'

1A

72C'

34C'

35C'

36C'

71C'

(16코 줄기) (17코 줄기) (18코 줄기) (17코 만들기) (16코 줄기)

(33코 줄기) (34코 만들기) (17코 줄기)

(1코 줄기)

(34코 줄기) (35코 줄기) (1코 줄기) (16코 줄기)

(17코 줄기) (17코 줄기) (17코 줄기) (35코 만들기) (17코 줄기)

(17코 만들기) (1코 줄기) (17코 만들기) (1코 줄기) (17코 줄기) (1코 줄기) (16코 줄기)

(16코 줄기) (16코 줄기) (17코 줄기) (16코 줄기)

실 자르기

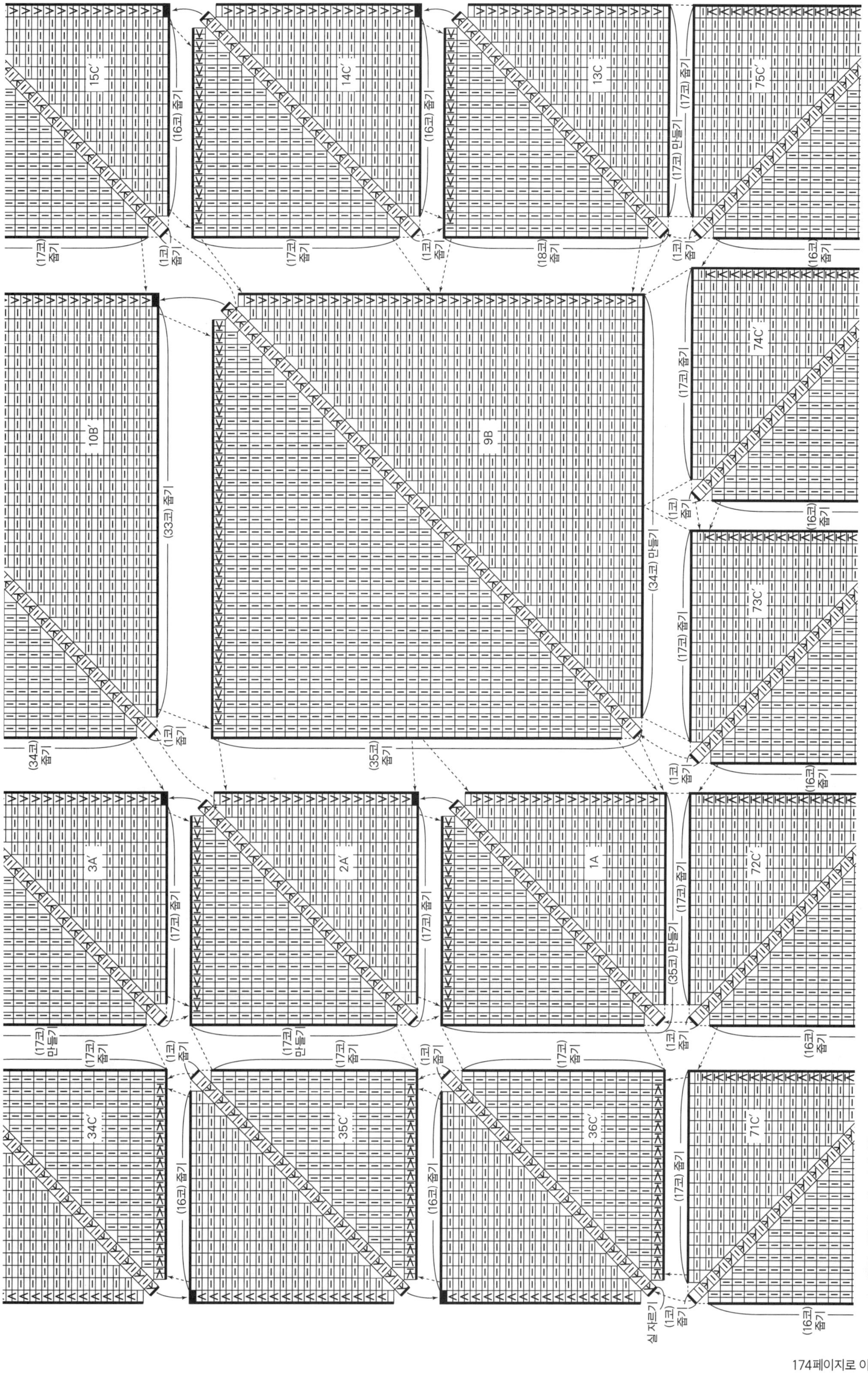

= 1장 전 모티브의 마지막 코

※ 단에서 줄는 코는 가장자리와 옆 코 사이에서 줄는다.

174페이지로 이어집니다. ▶

▶ 173페이지에서 이어집니다.

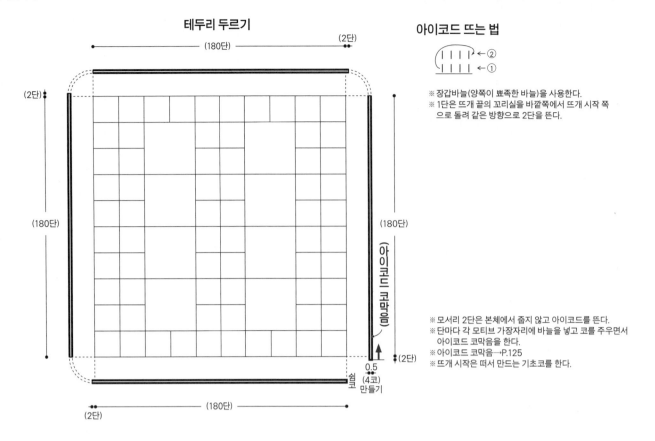

테두리 두르기

아이코드 뜨는 법

※ 장갑바늘(양쪽이 뾰족한 바늘)을 사용한다.
※ 1단은 뜨개 끝의 꼬리실을 바깥쪽에서 뜨개 시작 쪽으로 돌려 같은 방향으로 2단을 뜬다.

※ 모서리 2단은 본체에서 줄지 않고 아이코드를 뜬다.
※ 단마다 각 모티브 가장자리에 바늘을 넣고 코를 주우면서 아이코드 코막음을 한다.
※ 아이코드 코막음→P.125
※ 뜨개 시작은 떠서 만드는 기초코를 한다.

떠서 만드는 기초코(코에서 실을 빼낸다)

1 왼바늘에 1코를 만들고, 화살표 방향으로 코에 오른바늘을 넣은 다음 실을 걸어서 빼낸다.

2 빼낸 코에 화살표처럼 왼바늘을 넣고 오른바늘을 빼낸다.

3 오른바늘을 빼낸다.

4 2코를 만든 모습. 1~3을 반복해 필요한 콧수만큼 만든다.

도미노뜨기 모티브(→P.67) 뜨는 법

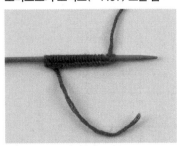

1 필요한 콧수인 21코를 만든 모습.

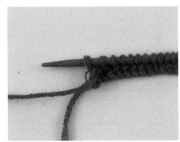

2 2단부터 겉면과 안면 모두 마지막 코는 안뜨기한다.

3 3단부터 겉면과 안면 모두 첫 코는 겉뜨기하듯이 바늘을 넣어 걸러뜨기를 한다.

4 2번째 코부터 겉뜨기한다.

5 가운데 3코는 오른코 겹쳐 3코 모아뜨기를 한다.

6 2단마다 중심 3코를 오른코 겹쳐 3코 모아뜨기를 한다.

7 9단 중심에서 3코 모아뜨기를 한 모습.

8 도미노뜨기 모티브를 완성했다. 마지막 코는 다음 모티브의 첫 코가 된다. 여기에서 끝나면 실을 자르고 코 중심을 통과시킨다.

가을 외출 스타일링

가을 외출 스타일링

89 page ★★★

시젠노쓰무기(병태)

시젠노쓰무기

재료
올림포스 시젠노쓰무기(병태) 그레이(107) 295g 3볼, 시젠노쓰무기 그레이(7) 190g 4볼

도구
대바늘 8호, 코바늘 6/0호

완성 크기
가슴둘레 108cm, 기장 54.5cm, 화장 65cm

게이지(10×10cm)
무늬뜨기 A 18.5코×27.5단, 무늬뜨기 B 21코×9.5단

POINT
● 몸판·소매…몸판은 손가락에 걸어서 만드는 기초코로 뜨기 시작하고, 무늬뜨기 A로 뜹니다.

진동둘레의 줄임코는 가장자리에서 2번째 코와 3번째 코를 2코 모아뜨기로 합니다. 늘림코는 1코 안쪽에서 돌려뜨기 늘림코를 합니다. 목둘레의 줄임코는 2코 이상은 덮어씌우기, 1코는 끝의 1코를 세우는 줄임코를 합니다. 어깨는 덮어씌워 잇기로 연결합니다. 소매는 몸판에서 코를 주워 무늬뜨기 B로 뜹니다. 소매 밑선의 줄임코는 도안을 참고하세요.

● 마무리…옆선은 떠서 꿰매기, 소매 밑선은 사슬뜨기와 짧은뜨기로 꿰매기를 합니다. 지정 콧수를 주워 밑단은 테두리뜨기 A, 소맷부리는 테두리뜨기 B, 목둘레는 테두리뜨기 C로 원형뜨기합니다. 목둘레의 분산 줄임코는 도안을 참고하세요.

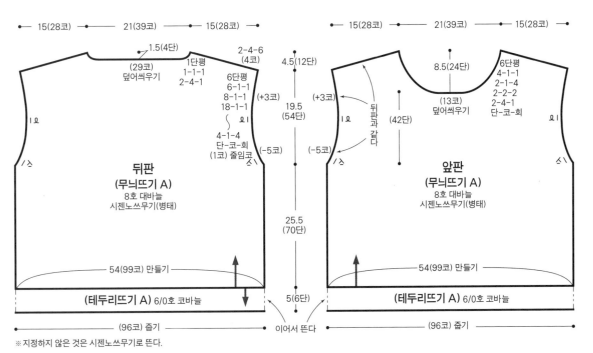

※지정하지 않은 것은 시젠노쓰무기로 뜬다.

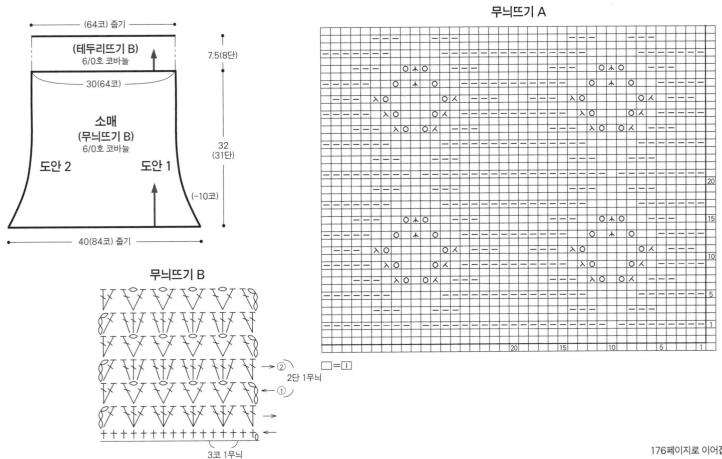

무늬뜨기 A

무늬뜨기 B

□=①

176페이지로 이어집니다. ▶
176페이지로 이어집니다. ▶

▶ 175페이지에서 이어집니다.

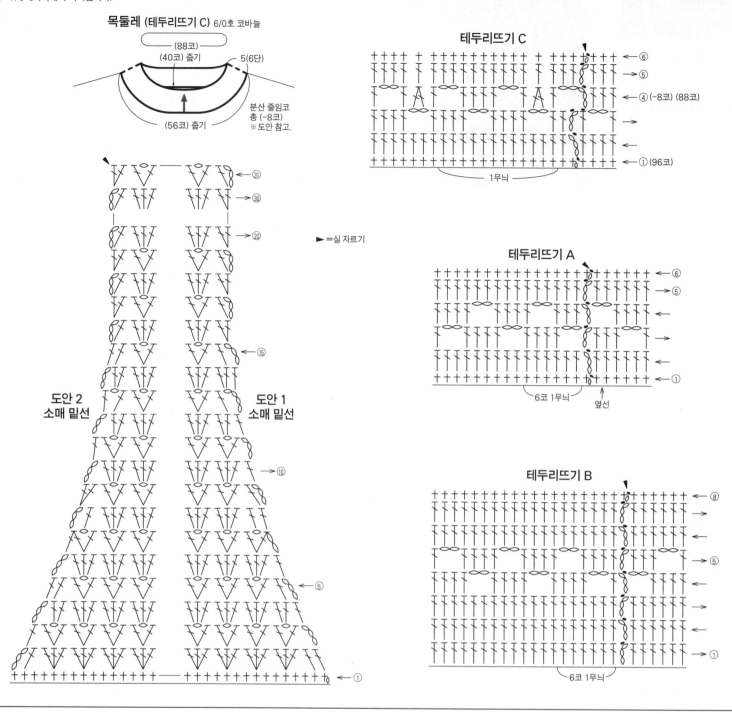

목둘레 (테두리뜨기 C) 6/0호 코바늘

(88코)
(40코) 줄기
5(6단)
분산 줄임코
총 (-8코)
※도안 참고.
(56코) 줄기

테두리뜨기 C

← ⑥
← ⑤
← ④ (-8코) (88코)
→
←
← ① (96코)
1무늬

▶=실 자르기

도안 2
소매 밑선

도안 1
소매 밑선

→ ③①
→ ③⓪
→ ②⓪
→ ⑮
→ ⑩
→ ⑤
← ①

테두리뜨기 A

← ⑥
→ ⑤
←
→
←
← ①
6코 1무늬
옆선

테두리뜨기 B

← ⑧
→
←
→ ⑤
→
←
← ①
6코 1무늬

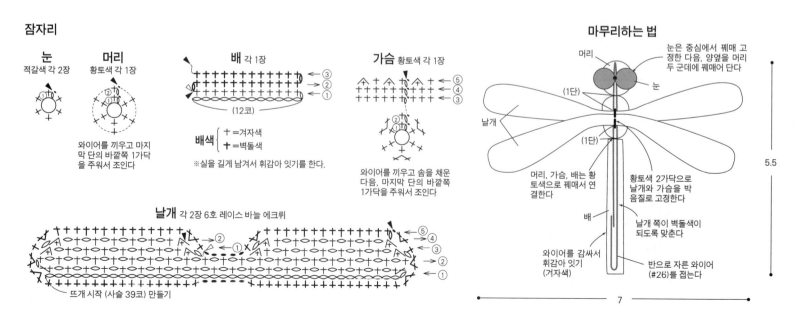

잠자리

눈
적갈색 각 2장

머리
황토색 각 1장

와이어를 끼우고 마지막 단의 바깥쪽 1가닥을 주워서 조인다

배 각 1장
→ ③
→ ②
← ①
(12코)

배색 + =겨자색
+ =벽돌색

※실을 길게 남겨서 휘감아 잇기를 한다.

가슴 황토색 각 1장
← ⑤
← ④
← ③

와이어를 끼우고 솜을 채운 다음, 마지막 단의 바깥쪽 1가닥을 주워서 조인다

날개 각 2장 6호 레이스 바늘 에크뤼
→ ⑤
→ ④
→ ③
→ ②
← ①
뜨개 시작 (사슬 39코 만들기)

마무리하는 법

머리

눈은 중심에서 꿰매 고정한 다음, 양옆을 머리 두 군데에 꿰매어 단다

눈
(1단)
날개
(1단)
배

머리, 가슴, 배는 황토색으로 꿰매서 연결한다

황토색 2가닥으로 날개와 가슴을 박음질로 고정한다

날개 쪽이 벽돌색이 되도록 맞춘다

와이어를 감싸서 휘감아 잇기 (겨자색)

반으로 자른 와이어 (#26)를 접는다

5.5

7

재료
올림포스 25번 자수실, 골드라벨 #40 레이스 얀.
※실의 색이름·색번호·사용량·부자재는 표를 참
고하세요.

도구
레이스 바늘 0호·6호

완성 크기
도안 참고

POINT
● 도안을 참고해 각 부분을 뜹니다. 마무리하는
법을 참고해서 완성합니다.

실 사용량과 부자재

구분	실이름	색이름(색번호)	사용량	부자재
코스모스 (8송이 분량)	25번 자수실	황록색(212)	10묶음	수예 솜…적당히 와이어(꽃철사)… #20/36cm 16개 와이어(꽃철사)… #26/36cm 8개 패브릭 본드…적당히
		로즈핑크(129)	4묶음	
		핑크(125)	4묶음	
		진핑크(127)	3묶음	
		연핑크(131)	2묶음	
		벚꽃색(101)	2묶음	
		노랑(503)	2묶음	
잠자리 (2마리 분량)	골드라벨 #40 레이스 얀	에크뤼(852)	2g 1볼	수예 솜…적당히 와이어(꽃철사)… #26/36cm 1개
	25번 자수실	황토색(712)	1묶음	
		적갈색(714)	1묶음	
		겨자색(563)	1묶음	
		벽돌색(755)	1묶음	

※지정하지 않은 것은 모두 레이스 바늘 0호로 뜬다.

코스모스

꽃받침 황록색 각 1장

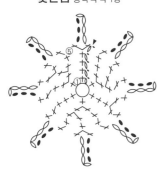

▷=실 잇기
►=실 자르기

②솜을 채우고, 꽃받침
과 꽃술을 합쳐서 꽃
잎을 뜬다

꽃술
꽃받침
와이어(#20)

①꽃받침에 와이어 2개를
끼우고 끝부분을 각각
구부린다

3.5

꽃술 각 1장

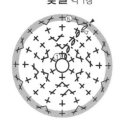

배색
+ =노랑
+ =A~E 로즈핑크
　 F 연핑크
　 G 벚꽃색

※5단은 앞단의 앞쪽 1가닥과 꽃받침 5단의
짧은뜨기를 함께 주워서 뜬다.

잎 황록색 A·D·F 각 2장
B·E·G 각 1장
C 4장

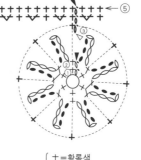

뜨개 시작

와이어(#26)를 반으로 잘
라 두 겹으로 접은 다음, 짧
은뜨기로 감싸며 뜬다

꽃봉오리 B 로즈핑크, E 핑크, G 벚꽃색 각 1개

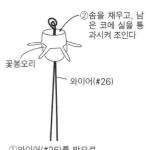

배색
+ =황록색
+ =B 로즈핑크
　 E 핑크 G 벚꽃색

※마지막 단에 실을 통과시켜 조인다.

②솜을 채우고, 남
은 코에 실을 통
과시켜 조인다

꽃봉오리
와이어(#26)

①와이어(#26)를 반으로
잘라 두 겹으로 접은 다
음, 윗부분을 둥글게 만
들어 꽃받침에 끼운다

꽃잎

A·B 로즈핑크 각 1장, C 진핑크 2장
D·E 핑크 각 1장, F 연핑크 1장, G 벚꽃색 1장

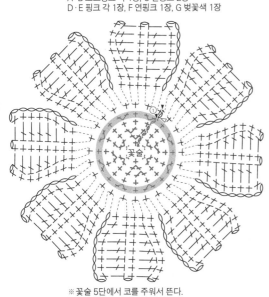

꽃술

※꽃술 5단에서 코를 주워서 뜬다.

마무리하는 법

A·D·F 각 1송이
C 2송이

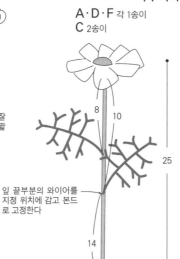

8　10

25

14

잎 끝부분의 와이어를
지정 위치에 감고 본드
로 고정한다

B·E·G 각 1송이

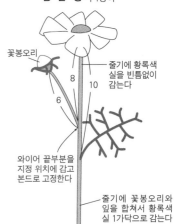

꽃봉오리

줄기에 황록색
실을 빈틈없이
감는다

8　10

6

와이어 끝부분을
지정 위치에 감고
본드로 고정한다

줄기에 꽃봉오리와
잎을 합쳐서 황록색
실 1가닥으로 감는다

시젠노쓰무기(병태)

오른쪽으로 빼낸
매듭뜨기(3코일 때) | 되돌아 짧은뜨기

※일본어 사이트 | ※일본어 사이트

재료

실…올림포스 시젠노쓰무기(병태) 오렌지색(109)
710g 8볼

단추…지름 23mm×5개, 지름 18mm×2개

도구

대바늘 8호, 코바늘 7/0호

완성 크기

가슴둘레 100.5cm, 어깨너비 42cm, 기장
52.5cm, 소매길이 49cm

게이지(10×10cm)

무늬뜨기 A 20코×29단, 무늬뜨기 B 25.5코×
23단

POINT

● 몸판·소매…손가락에 걸어 만드는 기초코로 뜨
기 시작하고, 도안을 참고해 각 부분을 무늬뜨기 A

또는 B로 뜹니다. 줄임코는 2코 이상은 덮어씌우
기, 1코는 끝의 1코를 세우는 줄임코를 하고, 늘림
코는 1코 안쪽에서 돌려뜨기 늘림코를 합니다.

● 마무리…각 부분과 소매 밑선은 떠서 꿰매기로
합칩니다. 어깨는 지정 콧수에 줄임코를 하면서 덮
어씌워 잇기로 연결합니다. 앞단·밑단, 목둘레, 소
맷부리는 테두리뜨기합니다. 오른쪽 앞단과 목둘
레의 지정 위치에 단춧구멍을 만듭니다. 주머니는
몸판과 같은 방법으로 뜨기 시작하고, 무늬뜨기 C
로 뜹니다. 뜨개 끝의 겉뜨기는 겉뜨기로, 안뜨기
는 안뜨기로 덮어씌워 코막음합니다. 주머니 옆선
과 바닥에 빼뜨기합니다. 주머니 입구는 테두리뜨
기로 뜨고, 지정 위치에 단춧구멍을 만듭니다. 주
머니는 감침질로 몸판에 답니다. 소매는 반박음질
로 몸판과 연결합니다. 단추를 달아 완성합니다.

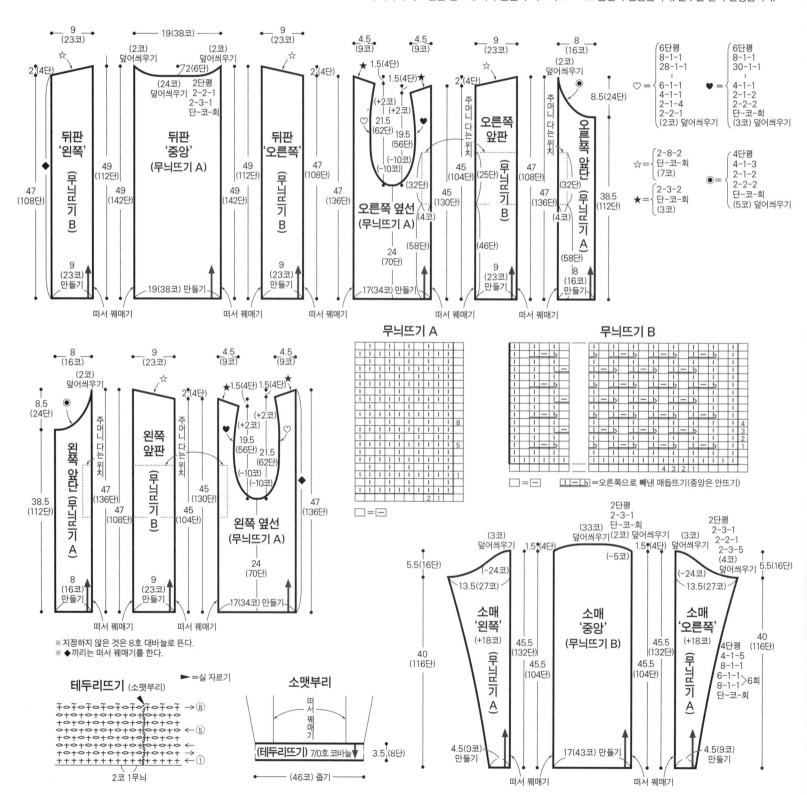

오른쪽 옆선의 진동둘레와 어깨 경사 뜨는 법

□ = □
오 = 돌려뜨기 늘림코

▷ = 실 잇기
► = 실 자르기

옆선

무늬뜨기 C

□ = □

단춧구멍과 모서리 뜨는 법

(2코)(3코)
(15코)
(2코)
(18코)
(18코)
(2코)
(18코)
(2코)
(1코)

앞단·밑단, 목둘레
(테두리뜨기) 7/0호 코바늘

앞뒤 몸판 모두 (25코)에서
줄임코를 하면서 덮어씌워 잇기
(37코) 줄기
3.5(8단)
(28코) 줄기
(3코)
(15코)
앞판에
단추를 꿰매어 단다
단추
(지름 18mm)
감침질
(78코) 줄기
단춧구멍(2코)
떠서 꿰매기
모서리(1코)
▲ = (18코)
(46코) 줄기
(1코)
3.5(8단)
뒤판에서 (101코) 줄기

※ 왼쪽 앞단·목둘레에는 단추
(지름 23mm)를 단다.

주머니 2장

단춧구멍(2코)
(테두리뜨기) ← (22코) 줍기
7/0호 코바늘 (10코)(10코)
(무늬뜨기 C) 덮어씌우기 2.5(6단)
8.5(20단)
빼뜨기 1단에서
정돈한다
7/0호 코바늘
11(27코)
만들기

단춧구멍 (주머니 입구)

(10코) (10코)
(2코)

테두리뜨기 (앞단·밑단, 목둘레)

キ = 되돌아 짧은뜨기
2코 1무늬

179

가을 외출 스타일링
90 page ★★★

스트리셰

스키 태즈메이니안 폴워스

한길 긴 앞걸어뜨기

※ 일본어 사이트

한길 긴 뒤걸어뜨기

※ 일본어 사이트

재료
스키 얀 스트리셰 그레이·초록·보라 계열 그러데이션(1) 355g 8볼, 스키 태즈메이니안 폴워스 에크뤼(7002) 75g 2볼

도구
코바늘 6/0호·5/0호

완성 크기
가슴둘레 108cm, 기장 52.5cm, 화장 72cm

게이지(10×10cm)
무늬뜨기 A 21코×12단

POINT
● 몸판·소매…사슬뜨기로 기초코를 만들어 뜨기 시작하고, 무늬뜨기 A로 뜹니다. 증감코는 도안을 참고하세요. 밑단·소맷부리는 기초코 사슬에서 코를 주워 무늬뜨기 B로 뜹니다.
● 마무리…어깨는 사슬뜨기와 빼뜨기로 잇기, 옆선·소매 밑선은 사슬뜨기와 빼뜨기로 꿰매기를 합니다. 목둘레는 지정 콧수를 주워 무늬뜨기 B로 원형뜨기합니다. 소매는 빼뜨기로 잇기로 몸판과 합칩니다.

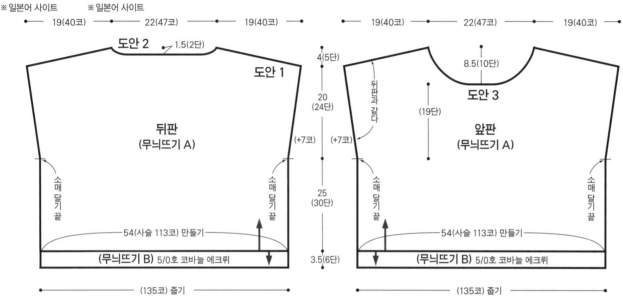

※ 지정하지 않은 것은 그러데이션, 6/0호 코바늘로 뜬다.

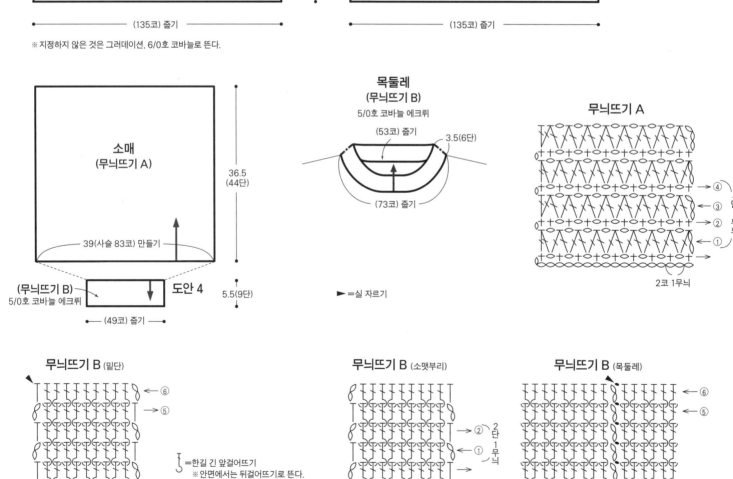

180

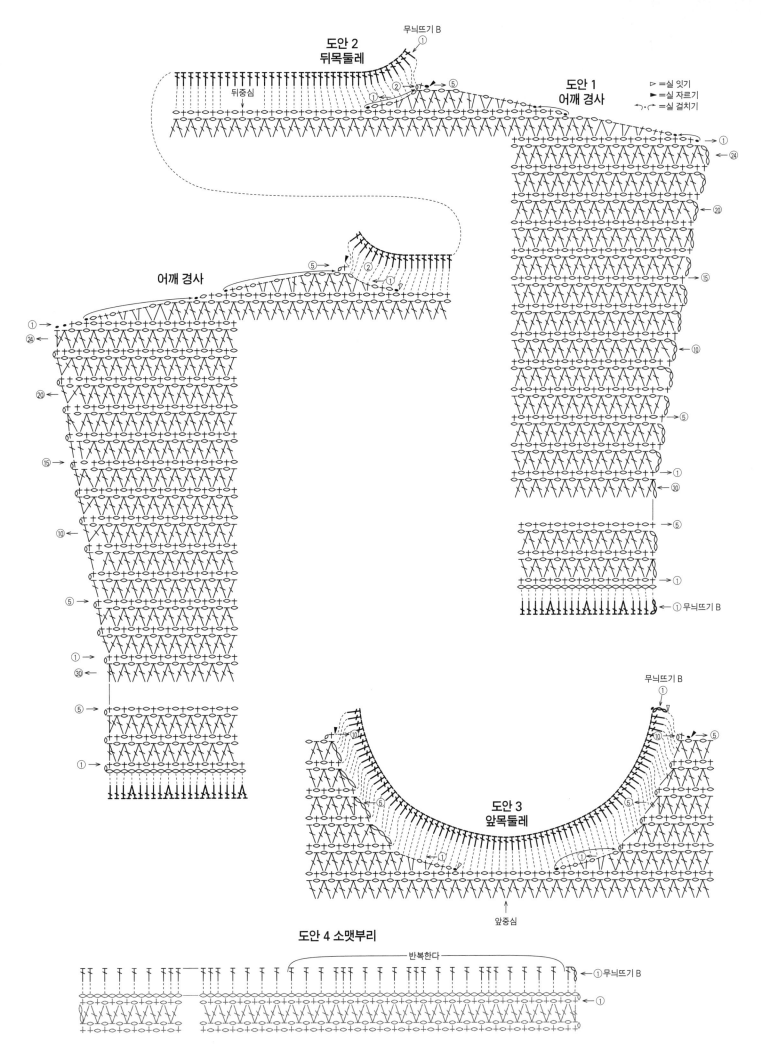

무늬뜨기 B

도안 2
뒤목둘레

뒤중심

도안 1
어깨 경사

▷ =실 잇기
► =실 자르기
⌒ =실 걸치기

어깨 경사

①무늬뜨기 B

무늬뜨기 B

도안 3
앞목둘레

앞중심

도안 4 소맷부리

반복한다

①무늬뜨기 B

181

스키 카랄

한길 긴 앞걸어뜨기　한길 긴 뒤걸어뜨기

※ 일본어 사이트　※ 일본어 사이트

재료
스키 얀 스키 카랄 파랑(7310) 180g 6볼, 테라코타 핑크(7306) 130g 5볼, 에크뤼(7301)·연노랑(7305)·회하늘색(7308) 각 115g 각 4볼

도구
코바늘 5/0호

완성 크기
가슴둘레 110cm, 어깨너비 45cm, 기장 66.5cm, 소매길이 57cm

게이지
줄무늬 무늬뜨기 1무늬 5코=1.6cm, 13.5단=10cm

POINT
● 몸판·소매…사슬뜨기로 기초코를 만들어 뜨기 시작하고, 줄무늬 무늬뜨기로 뜹니다. 실은 색을 바꿀 때마다 꼬리실을 남기고 자릅니다. 증감코는 도안을 참고하세요. 밑단·슬릿은 지정 콧수를 주워 테두리뜨기로 뜹니다.
● 마무리…어깨는 사슬뜨기와 빼뜨기로 잇기를 합니다. 옆선·소매 밑선은 남겨뒀던 꼬리실로 감침질합니다. 목둘레·소맷부리는 지정 콧수를 주워 테두리뜨기로 원형뜨기합니다. 소매·몸판은 몸판에 남겨두었던 꼬리실이나 다른 실을 잇고, 짧은뜨기끼리 맞춰서 감침질합니다. 슬릿 옆선은 몸판에 감침질합니다.

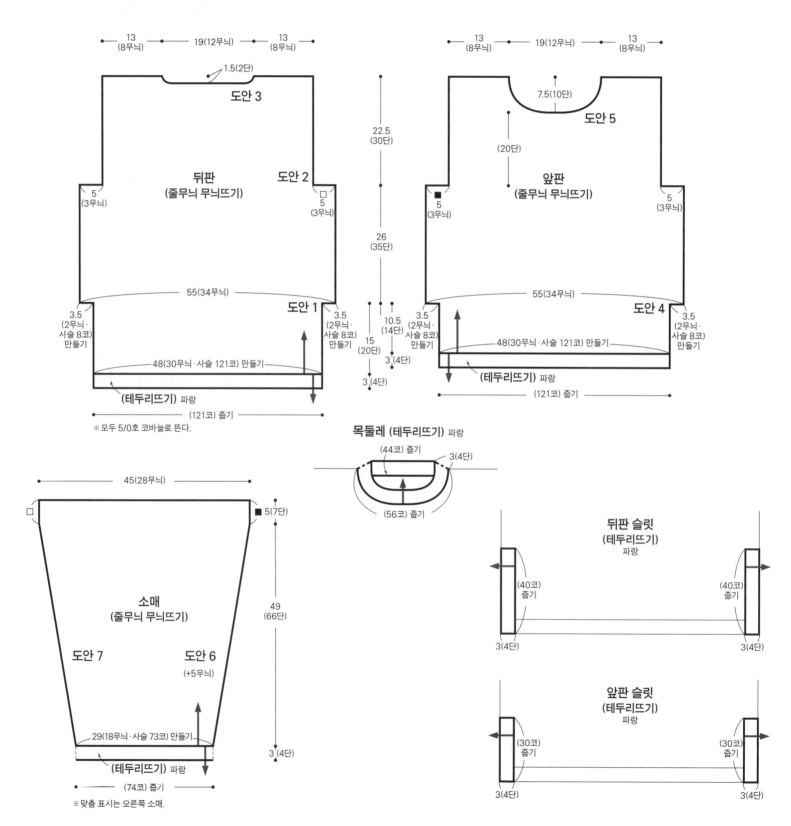

182

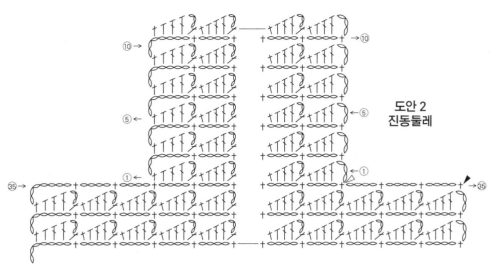

도안 2
진동둘레

▷ =실 잇기
► =실 자르기

도안 1
뒤판 슬릿

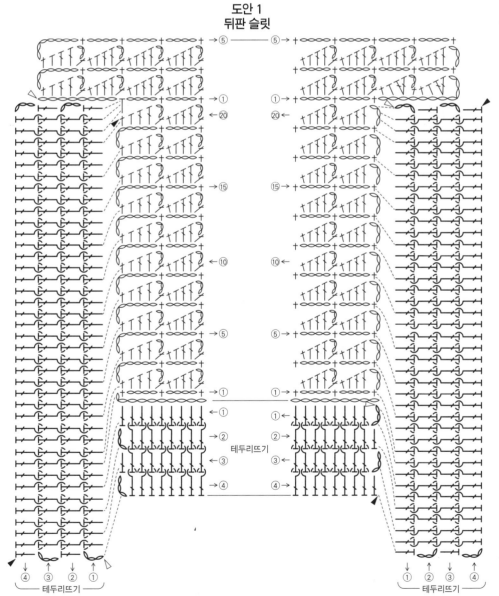

테두리뜨기

테두리뜨기

줄무늬 무늬뜨기

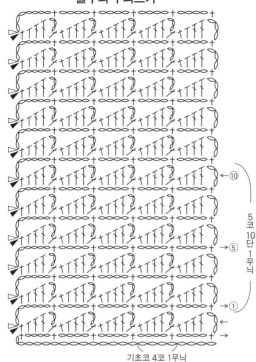

5코 10단 1무늬

기초코 4코 1무늬

※ 배색실은 꼬리실을 약 8cm 남기고 자른 다음, 뜨지 않고 그대로 남겨둔다.
※ 3단부터 가장자리의 짧은뜨기는 기둥코인 사슬을 갈라서 줍는다. 그 외는
다발에서 줍는다.

줄무늬 무늬뜨기의 배색

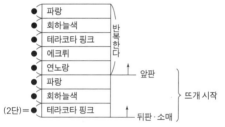

● 파랑	
● 회하늘색	반복한다
● 테라코타 핑크	
● 에크뤼	
● 연노랑	
● 파랑	↑ 앞판
● 회하늘색	뜨개 시작
(2단)= ● 테라코타 핑크	↑ 뒤판·소매

테두리뜨기 (밑단)

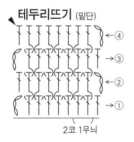

2코 1무늬

테두리뜨기 (목둘레·소맷부리)

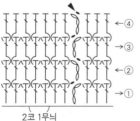

2코 1무늬

※ 단의 끝부분은 기둥코인 사슬 아래쪽
공간에 코바늘을 넣어 빼뜨기한다. 마
지막 단은 제외.

⊤ =한길 긴 앞걸어뜨기
  ※안면에서는 뒤걸어뜨기로 뜬다.

⊥ =한길 긴 뒤걸어뜨기
  ※안면에서는 앞걸어뜨기로 뜬다.

184페이지로 이어집니다. ▶

▶ 183페이지에서 이어집니다.

도안 3
뒤목둘레

테두리뜨기 ①
중심
②→
①→③⓪
②→
①←
②←⑤

도안 5
앞목둘레

테두리뜨기
①
⑩→⑩
①→
중심
⑤←⑤←
①←①←②⓪
①←
①⑤←

▷ =실 잇기
► =실 자르기
← =실 걸치기

도안 4
앞판 슬릿

⑤→⑤→
①→①→
①←⑭⑭←①→
⑩←⑩←
⑤→⑤→
①→①→
①←
①←①→
①→①←
②→②←
테두리뜨기
③←③←
④→④→

④③②①①②③④
테두리뜨기 테두리뜨기

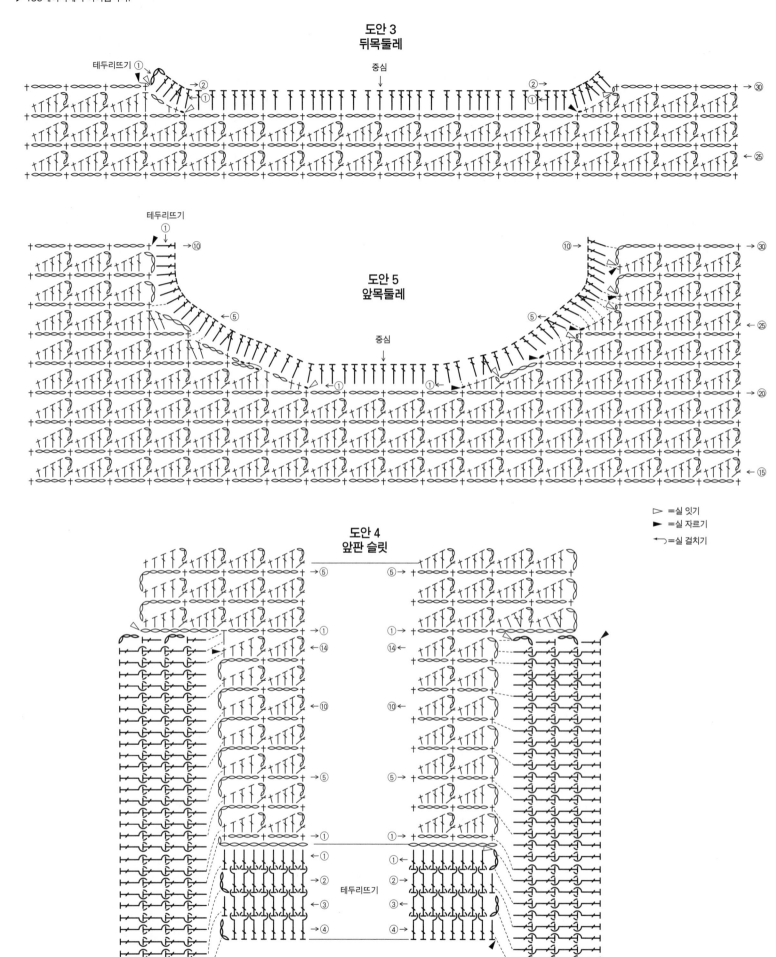

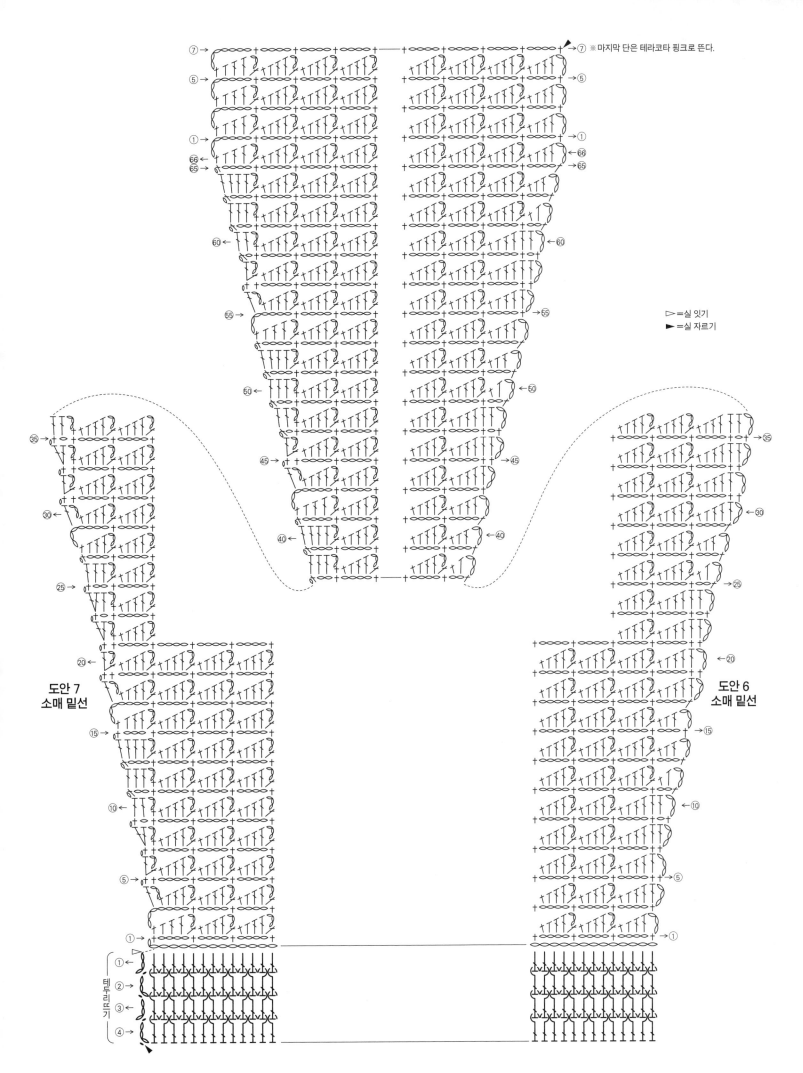

※마지막 단은 테라코타 핑크로 뜬다.

▷=실 잇기
►=실 자르기

도안 7
소매 밑선

도안 6
소매 밑선

테두리뜨기

재료
데오리야 e-wool 회갈색(19) 215g, 코랄핑크(07)
50g, 회하늘색(23) 50g
도구
대바늘 6호·4호
완성 크기
가슴둘레 106cm, 기장 47cm, 화장 64.5cm
게이지(10×10cm)
줄무늬 무늬뜨기 19.5코×32단, 무늬뜨기 19.5
코×31단

POINT
● 몸판·소매…손가락에 걸어서 만드는 기초코로
뜨기 시작하고, 테두리뜨기, 줄무늬 무늬뜨기, 무
늬뜨기로 뜹니다. 래글런선과 목둘레의 줄임코는
도안을 참고하세요. 소매 밑선의 늘림코는 1코 안
쪽에서 돌려뜨기 늘림코를 합니다.
● 마무리…래글런선·옆선·소매 밑선은 떠서 꿰
매기, 거싯의 코는 메리야스 잇기로 연결합니다. 목
둘레는 겉뜨기 무늬가 이어지게끔 코를 줍고 테두
리뜨기로 뜹니다. 뜨개 끝은 겉뜨기는 겉뜨기로, 안
뜨기는 안뜨기로 떠서 덮어씌워 코막음합니다.

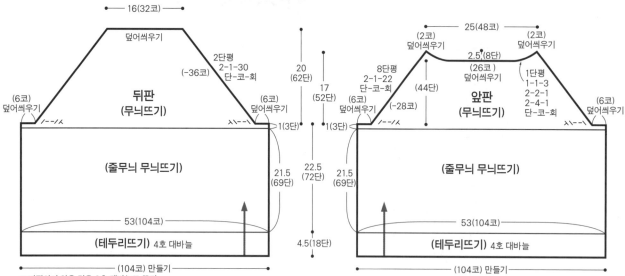

※ 지정하지 않은 것은 6호 대바늘로 뜬다.
※ 지정하지 않은 것은 회갈색으로 뜬다.

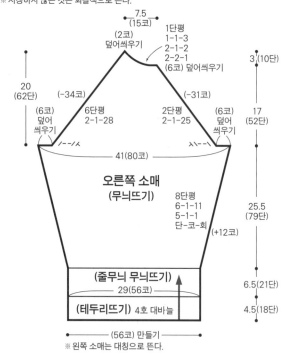

※ 왼쪽 소매는 대칭으로 뜬다.

줄무늬 무늬뜨기

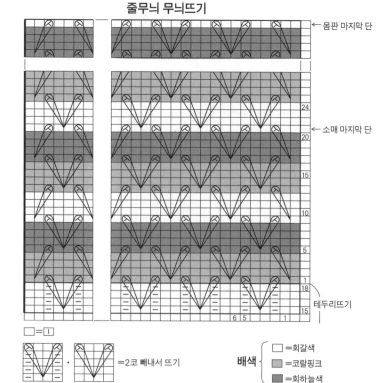

□=□

⊗ · ⊗ =2코 빼내서 뜨기

배색
□=회갈색
▨=코랄핑크
■=회하늘색

목둘레 (테두리뜨기) 4호 대바늘

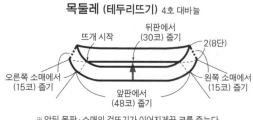

※ 앞뒤 몸판·소매의 겉뜨기가 이어지게끔 코를 줍는다.

테두리뜨기

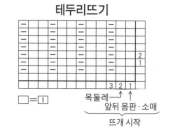

□=□

목둘레←
앞뒤 몸판·소매
뜨개 시작

무늬뜨기

□=□

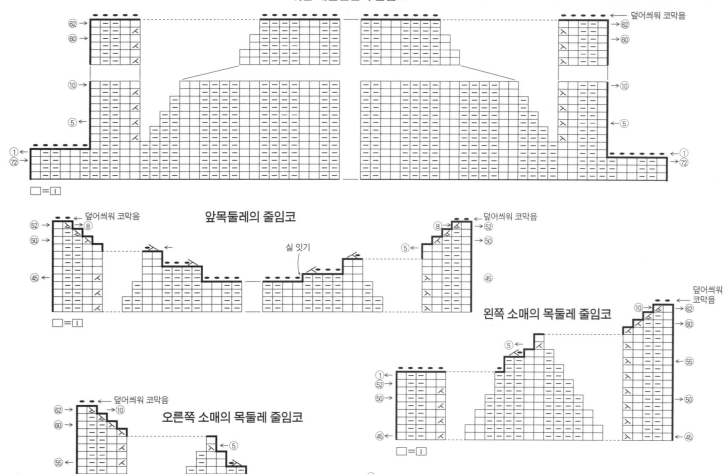

뒤판 래글런선의 줄임코

□=Ⅰ

앞목둘레의 줄임코

실 잇기

덮어씌워 코막음

왼쪽 소매의 목둘레 줄임코

덮어씌워 코막음

□=Ⅰ

오른쪽 소매의 목둘레 줄임코

덮어씌워 코막음

□=Ⅰ

2코 빼내서 뜨기

1 메리야스뜨기를 4단 뜬다. 5단은 색을 바꿔서 겉뜨기를 3코 뜬 다음, 1단의 4번째 코와 5번째 코 사이에 바늘을 넣어 실을 길게 빼낸다.

2 빼낸 코와 1의 3번째 코에 화살표 방향으로 바늘을 넣어 코를 왼바늘로 돌려놓는다.

3 3번째 코에 빼낸 코를 덮어씌운다.

4 3의 코를 오른바늘로 옮긴다. 빼내서 뜨기를 1코 완성한 모습. 다음 겉뜨기를 2코 뜬다.

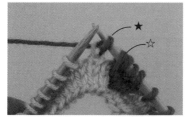

5 계속해서 1과 같은 위치에 바늘을 넣어 실을 길게 빼낸 다음(☆), 겉뜨기를 1코 뜬다(★).

6 5의 ★코는 코의 방향을 바꾸지 않은 상태에서 왼바늘로 돌려놓는다. ☆코는 뒤쪽에서 바늘을 넣어 왼바늘로 돌려놓는다.

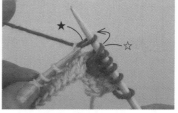

7 6에서 왼바늘로 돌려놓은 2코를 그대로 오른바늘로 옮긴 다음, ☆코를 ★코에 덮어씌운다.

8 2코 빼내서 뜨기를 완성했다.

인칸토

왼코에 꿴 매듭뜨기
(3코일 때)

※ 일본어 사이트

재료
나이토상사 인칸토 보라색·하늘색·오렌지색 계열 그러데이션(107) 345g 9볼

도구
대바늘 10호·8호

완성 크기
가슴둘레 102cm, 어깨너비 44cm, 기장 54.5cm, 소매길이 47cm

게이지(10×10cm)
무늬뜨기 24코×25단

POINT
● 몸판·소매…몸판은 별도 사슬로 기초코를 만

들어 뜨기 시작하고, 무늬뜨기로 뜹니다. 목둘레와 어깨 경사는 도안을 참고하세요. 밑단은 기초코의 사슬을 풀어 코를 줍고, 1코 고무뜨기로 뜹니다. 뜨개 끝은 1코 고무뜨기 코막음을 합니다. 어깨는 덮어씌워 잇기로 연결합니다. 소매는 몸판에서 코를 주워 무늬뜨기로 뜹니다. 소맷부리는 도안을 참고해 1단에서 줄임코를 하고, 1코 고무뜨기로 뜹니다. 뜨개 끝은 밑단과 같은 방법으로 합니다.
● 마무리…옆선·소매 밑선은 떠서 꿰매기, 거싯은 코와 단 잇기로 연결합니다. 목둘레는 지정 콧수를 주워 1코 고무뜨기로 원형뜨기합니다. 뜨개 끝은 밑단과 같은 방법으로 합니다.

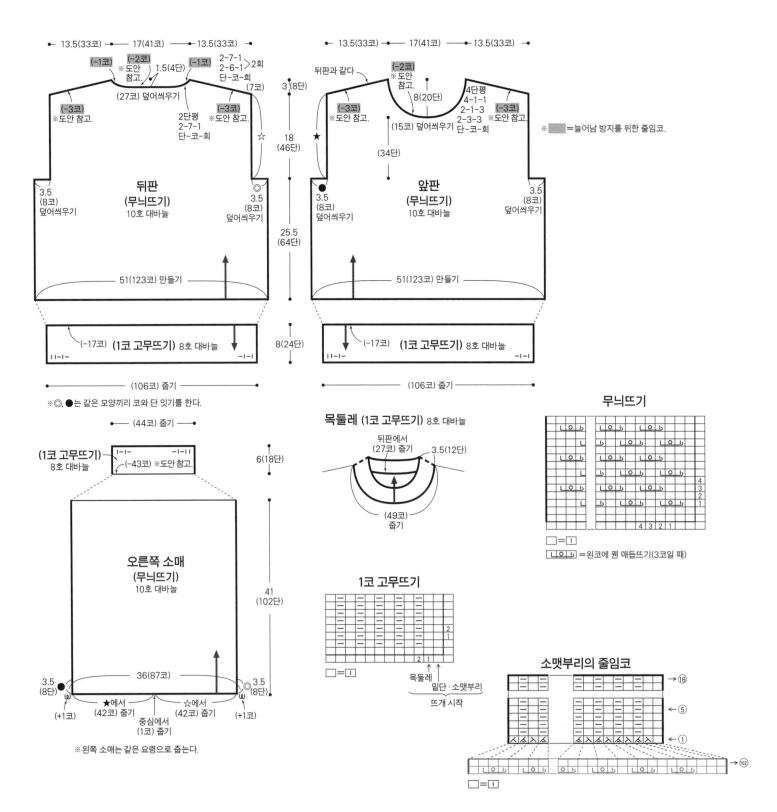

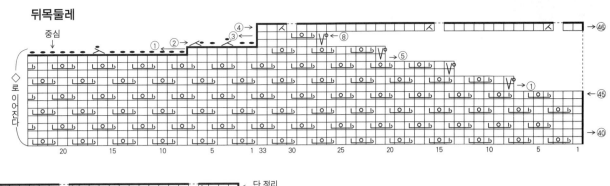

뒤목둘레

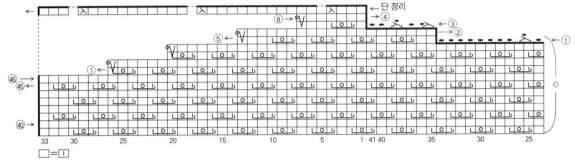

190페이지에서 이어집니다. ◀

□ = Ⅰ

앞목둘레

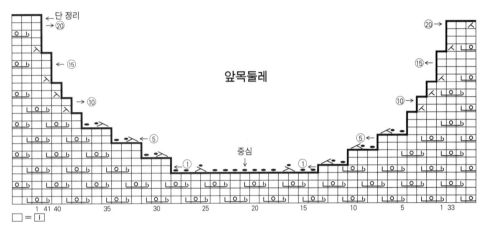

□ = Ⅰ

뒤목둘레

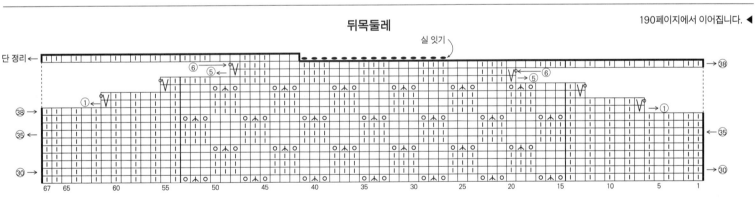

목둘레 줍는 법

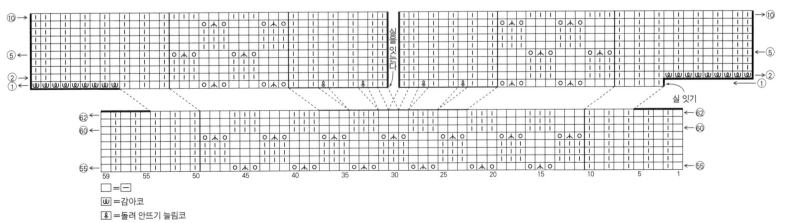

□ = ─

ʊ = 감아코

♀ = 돌려 안뜨기 늘림코

재료
나이토상사 라자 차콜그레이(FJ1452) 140g 3볼
도구
대바늘 10호·8호
완성 크기
가슴둘레 94cm, 어깨너비 52cm, 기장 59.5cm
게이지(10×10cm)
무늬뜨기 13코×21.5단
POINT
● 몸판…손가락에 걸어서 만드는 기초코로 뜨기

시작하고, 1코 고무뜨기, 무늬뜨기로 원형뜨기합니다. 62단까지 뜨면 거싯의 코를 쉼코로 하고, 뒤판과 왼쪽 앞판, 오른쪽 앞판을 나눠 왕복뜨기합니다. 소맷부리는 감아코로 코를 만듭니다.
● 마무리…어깨는 덮어씌워 잇기로 연결합니다. 뒤목둘레는 맞춤 표시(△)끼리 맞춰 빼뜨기로 잇기, ●와 ◉는 같은 모양끼리 코와 단 잇기로 합칩니다. 거싯의 쉼코는 앞뒤 몸판을 이어서 덮어씌워 코막음합니다.

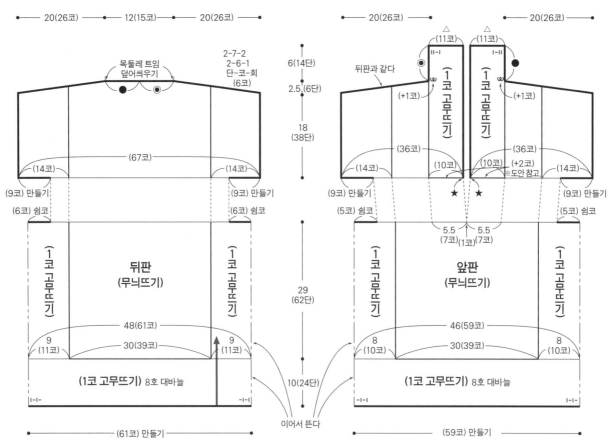

※ 지정하지 않은 것은 10호 대바늘로 뜬다.
※ 총 (120코)를 만든다.
※ △끼리 빼뜨기로 잇기, ●와 ◉는 같은 모양끼리 코와 단 잇기를 한다.
※ ★는 앞단 중심의 코에서 각 (1코)를 줍는다.

1코 고무뜨기

□=□

무늬뜨기

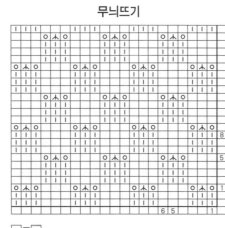

□=□

마무리하는 법

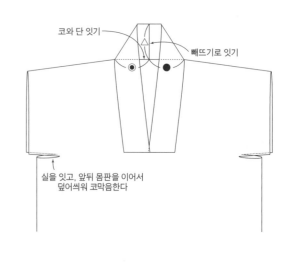

◀ 189페이지로 이어집니다.

다이아 태즈메이니안 메리노

다이아 타탄

재료
다이아몬드케이토 다이아 태즈메이니안 메리노
겨자색(759) 195g 5볼, 다이아 타탄 연베이지
(3402) 120g 4볼, 차콜그레이(3410) 80g 3볼
도구
대바늘 4호, 코바늘 5/0호
완성 크기
가슴둘레 102cm, 어깨너비 44cm, 기장 62.5cm
게이지(10×10cm)
배색무늬뜨기 A·B, 무늬뜨기 A·B 22코×12.5단
POINT
● 몸판…사슬뜨기로 기초코를 만들어 뜨기 시작

하고, 배색무늬뜨기 A·B, 무늬뜨기 A·B를 배치
해 뜹니다. 배색무늬뜨기는 실을 세로로 걸치는
방법으로 뜹니다. 진동둘레·목둘레의 줄임코는
도안을 참고하세요. 무늬뜨기 A·B에 빼뜨기를 합
니다. 밑단은 지정 콧수를 주워 1코 고무뜨기로 뜹
니다. 뜨개 끝은 1코 고무뜨기 코막음을 합니다.
● 마무리…어깨는 떠서 잇기, 옆선은 떠서 꿰매기
로 연결합니다. 목둘레·진동둘레는 지정 콧수를
주워 각각 1코 고무뜨기, 줄무늬 1코 고무뜨기로
원형뜨기합니다. 뜨개 끝은 밑단과 같은 방법으로
합니다.

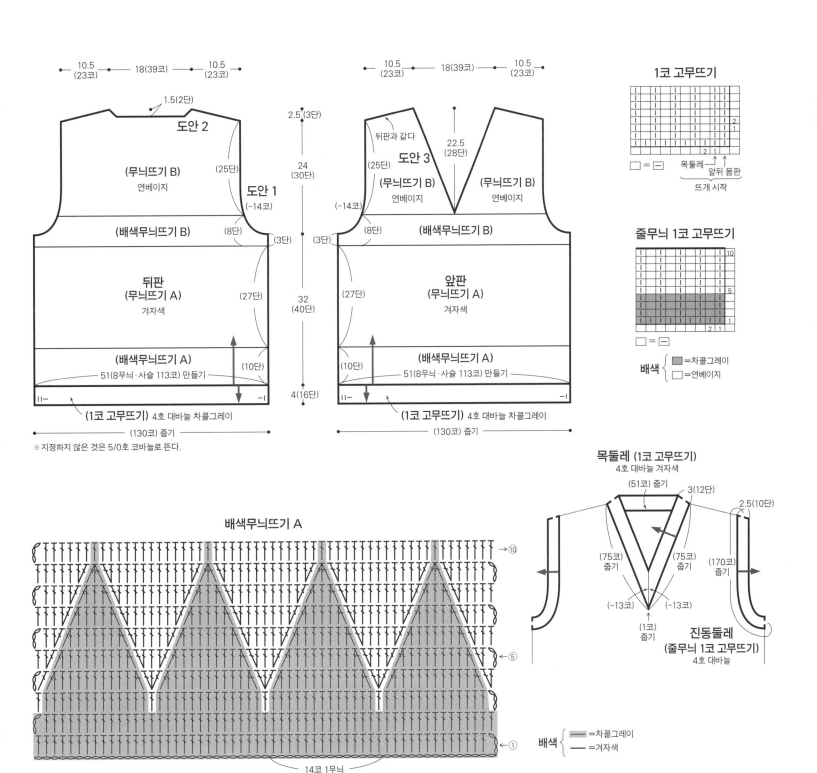

192페이지로 이어집니다. ▶

▶ 191페이지에서 이어집니다.

무늬뜨기 A·B

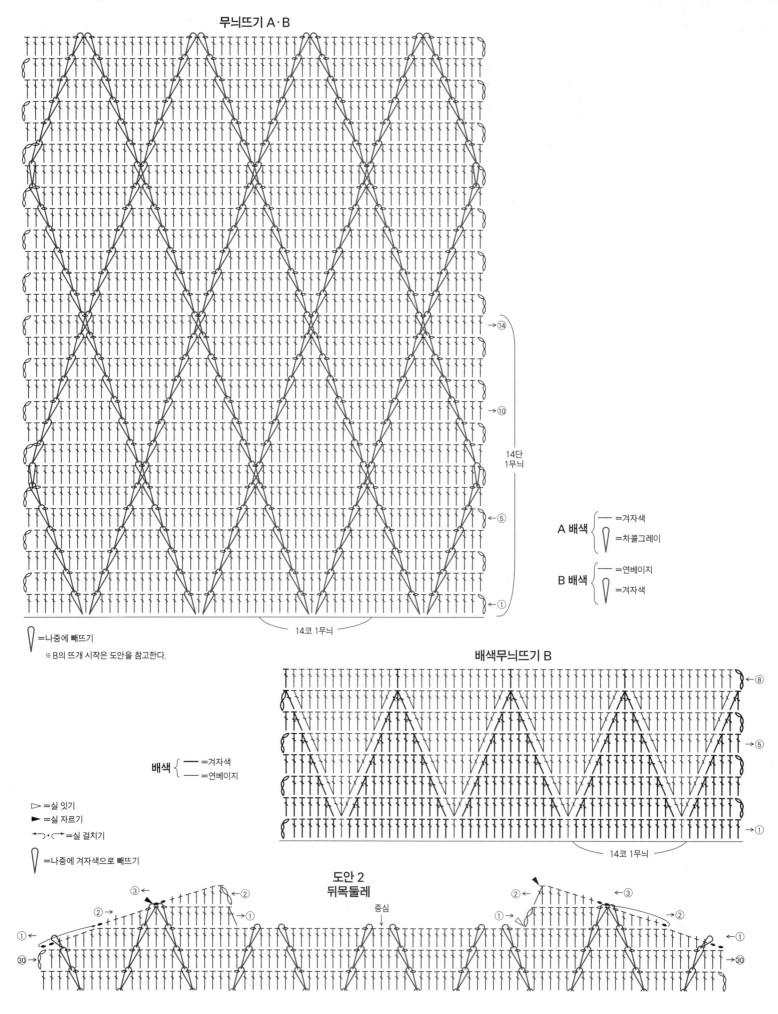

14단
1무늬

14코 1무늬

⑭
⑩
⑤
①

A 배색 { ── =겨자색   =차콜그레이

B 배색 { ── =연베이지   =겨자색

=나중에 빼뜨기

※B의 뜨개 시작은 도안을 참고한다.

배색 { ── =겨자색   ── =연베이지

▷=실 잇기
►=실 자르기
←·→=실 걸치기

=나중에 겨자색으로 빼뜨기

배색무늬뜨기 B

14코 1무늬

⑧
⑤
①

도안 2
뒤목둘레

중심

③← ②→ ①→ ② ① ②→ ③←
① ←   → ①
㉚→   →㉚

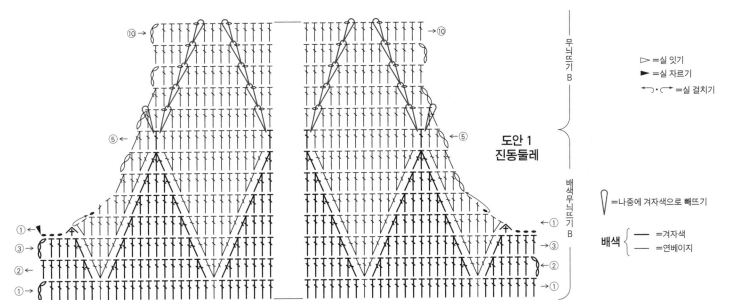

▷ = 실 잇기
► = 실 자르기
↩ · ↪ = 실 걸치기

도안 1
진동둘레

∇ = 나중에 겨자색으로 빼뜨기

배색 { ─ = 겨자색
       ─ = 연베이지 }

무늬뜨기 B

배색무늬뜨기 B

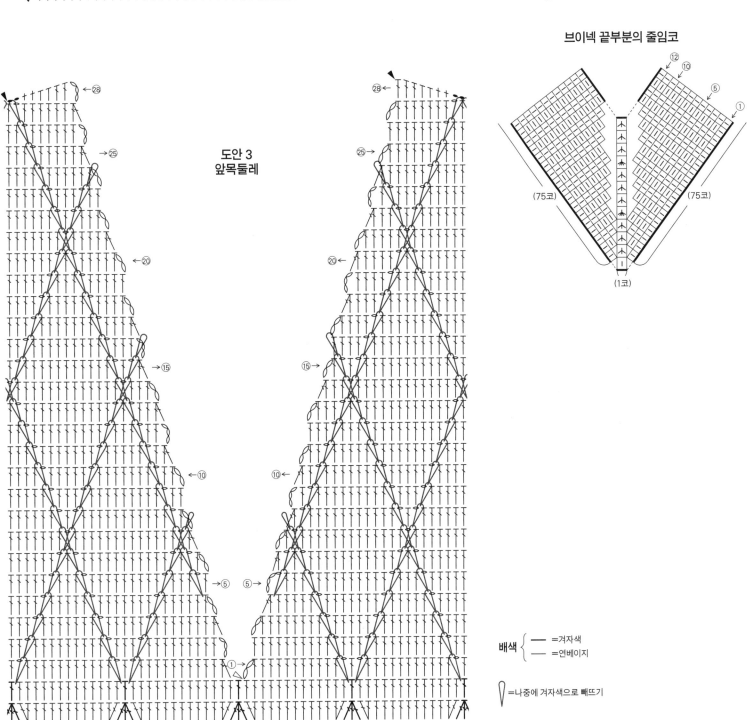

도안 3
앞목둘레

브이넥 끝부분의 줄임코

(75코)   (75코)

(1코)

배색 { ─ = 겨자색
       ─ = 연베이지 }

∇ = 나중에 겨자색으로 빼뜨기

다이아 에포카

다이아 코프렛

실을 가로로 걸치는
배색무늬뜨기

※ 일본어 사이트

재료
실…다이아몬드케이토 다이아 에포카, 다이아 코프렛. ※실의 색이름·색번호·사용량은 표를 참고하세요.
단추…지름 28mm×3개

도구
대바늘 6호·5호·4호

완성 크기
가슴둘레 101cm, 기장 47.5cm, 화장 62cm

게이지(10×10cm)
줄무늬 무늬뜨기 A 23.5코×45단, 배색무늬뜨기 23.5코×26.5단

POINT
● 몸판·소매…별도 사슬로 기초코를 만들어 뜨기 시작하고, 왼쪽 뒤판·왼쪽 앞판을 각각 줄무늬 무늬뜨기 A로 뜹니다. 지정 단수만큼 뜨면 앞뒤 몸

판을 이어서 줄무늬 무늬뜨기 B, 배색무늬뜨기, 줄무늬 무늬뜨기 A로 뜹니다. 배색무늬뜨기는 실을 가로로 걸치는 방법으로 뜹니다. 옆선은 쉼코, 이어서 왼쪽 소매를 뜹니다. 소맷부리는 1코 고무뜨기로 뜹니다. 뜨개 끝은 1코 고무뜨기 코막음을 합니다. 오른쪽 앞판·오른쪽 뒤판·오른쪽 소매는 같은 요령으로 뜨는데, 오른쪽 앞판에는 단춧구멍을 만듭니다.
● 마무리…뒤중심은 기초코 사슬을 풀어서 메리야스 잇기를 합니다. 옆선·목둘레 옆선은 메리야스 잇기, 소매 밑선은 떠서 꿰매기를 합니다. 밑단·목둘레 가장자리는 가터뜨기로 뜹니다. 뜨개 끝은 덮어씌워 코막음합니다. 앞단은 기초코 사슬을 풀어서 코를 줍고 줄무늬 무늬뜨기 B로 뜹니다. 뜨개 끝은 안면에서 덮어씌워 코막음하고, 안쪽에 감침질합니다. 단추를 달아 완성합니다.

실 사용량

구분		색이름(색번호)	사용량
다이아 에포카		차콜그레이(359)	370g 10볼
		황록색(364)	105g 3볼
		청록색(340)	35g 1볼
		보라색(385)	30g 1볼
다이아 코프렛		황록색 계열 그러데이션(3604)	65g 3볼
		연보라 계열 그러데이션(3601)	50g 2볼

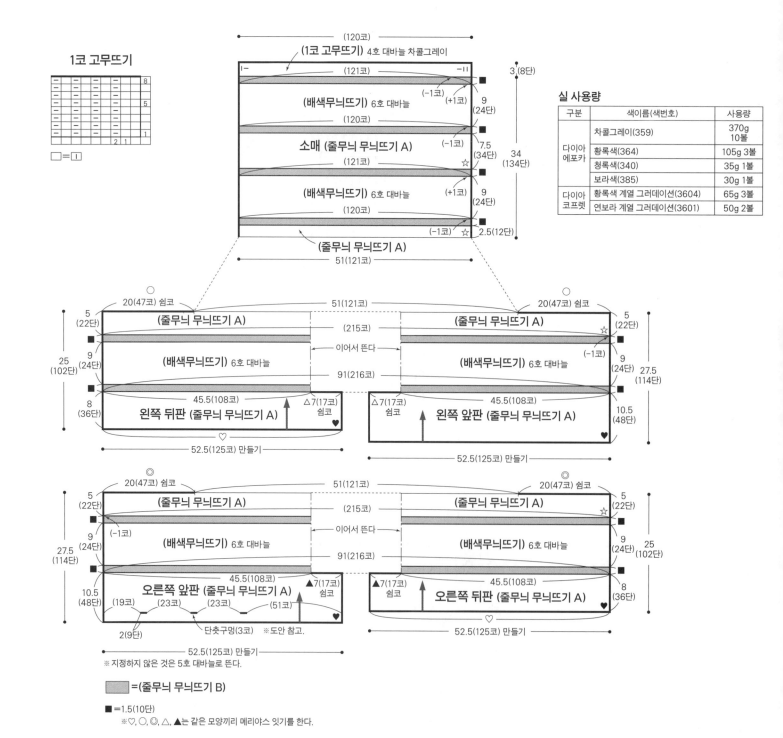

1코 고무뜨기

□ = ▯

(1코 고무뜨기) 4호 대바늘 차콜그레이
(120코)
(121코)
(배색무늬뜨기) 6호 대바늘
(120코)
소매 (줄무늬 무늬뜨기 A)
(121코)
(배색무늬뜨기) 6호 대바늘
(120코)
(줄무늬 무늬뜨기 A)
3(8단)
9(24단)
7.5(34단)
9(24단)
2.5(12단)
34(134단)
51(121코)

20(47코) 쉼코
(줄무늬 무늬뜨기 A)
(215코)
이어서 뜬다
(배색무늬뜨기) 6호 대바늘
91(216코)
왼쪽 뒤판 (줄무늬 무늬뜨기 A)
45.5(108코)
△7(17코) 쉼코
5(22단)
9(24단)
8(36단)
25(102단)
52.5(125코) 만들기

20(47코) 쉼코
(줄무늬 무늬뜨기 A)
(배색무늬뜨기) 6호 대바늘
왼쪽 앞판 (줄무늬 무늬뜨기 A)
45.5(108코)
△7(17코) 쉼코
5(22단)
9(24단)
10.5(48단)
27.5(114단)
52.5(125코) 만들기

20(47코) 쉼코
(줄무늬 무늬뜨기 A)
(215코)
이어서 뜬다
(배색무늬뜨기) 6호 대바늘
91(216코)
오른쪽 앞판 (줄무늬 무늬뜨기 A)
45.5(108코)
(19코) (23코) (23코) (51코)
2(9단)
단춧구멍(3코) ※도안 참고.
▲7(17코) 쉼코
5(22단)
9(24단)
10.5(48단)
27.5(114단)
52.5(125코) 만들기

20(47코) 쉼코
(줄무늬 무늬뜨기 A)
(배색무늬뜨기) 6호 대바늘
오른쪽 뒤판 (줄무늬 무늬뜨기 A)
45.5(108코)
▲7(17코) 쉼코
5(22단)
9(24단)
8(36단)
25(102단)
52.5(125코) 만들기

※ 지정하지 않은 것은 5호 대바늘로 뜬다.

▨ =(줄무늬 무늬뜨기 B)

■=1.5(10단)

※ ♡, ○, ◎, △, ▲는 같은 모양끼리 메리야스 잇기를 한다.

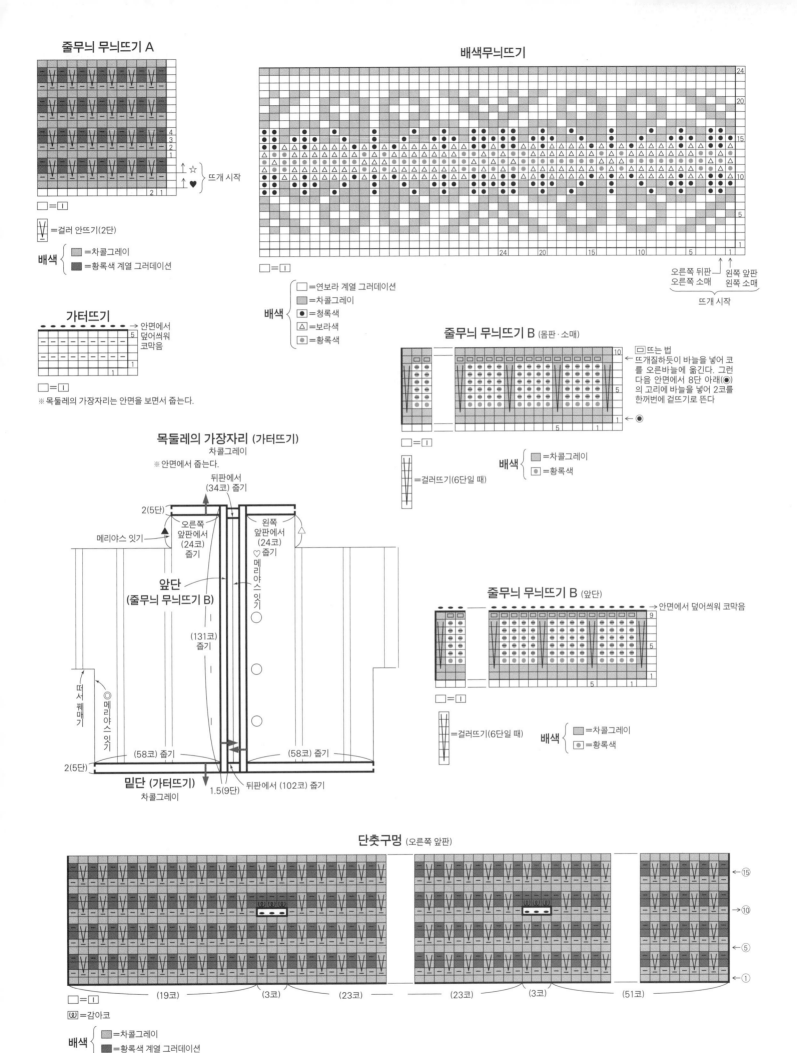

줄무늬 무늬뜨기 A

□=▢

Ⅴ=걸러 안뜨기(2단)

배색 { ▨=차콜그레이
       ▧=황록색 계열 그러데이션 }

배색무늬뜨기

배색 { □=연보라 계열 그러데이션
       ▨=차콜그레이
       ●=청록색
       △=보라색
       ◉=황록색 }

오른쪽 뒤판
오른쪽 소매

왼쪽 앞판
왼쪽 소매

뜨개 시작

가터뜨기

→ 안면에서
덮어씌워
코막음

□=▢

※ 목둘레의 가장자리는 안면을 보면서 줍는다.

줄무늬 무늬뜨기 B (몸판·소매)

□뜨는 법
← 뜨개질하듯이 바늘을 넣어 코를 오른바늘에 옮긴다. 그런 다음 안면에서 8단 아래(◉)의 고리에 바늘을 넣어 2코를 한꺼번에 겉뜨기로 뜬다

□=▢

⫰=걸러뜨기(6단일 때)

배색 { ▨=차콜그레이
       ◉=황록색 }

목둘레의 가장자리 (가터뜨기)

차콜그레이

※ 안면에서 줍는다.

뒤판에서
(34코) 줍기

2(5단)

메리야스 잇기

오른쪽
앞판에서
(24코)
줍기

왼쪽
앞판에서
(24코)
♡ 줍기

메리야스 잇기

앞단
(줄무늬 무늬뜨기 B)

(131코)
줍기

떠서
꿰매기

◎메리야스
잇기

(58코) 줍기

(58코) 줍기

2(5단)

밑단 (가터뜨기)
차콜그레이

1.5(9단)

뒤판에서 (102코) 줍기

줄무늬 무늬뜨기 B (앞단)

→ 안면에서 덮어씌워 코막음

□=▢

⫰=걸러뜨기(6단일 때)

배색 { ▨=차콜그레이
       ◉=황록색 }

단춧구멍 (오른쪽 앞판)

←⑮

→⑩

←⑤

←①

(19코) (3코) (23코) (23코) (3코) (51코)

□=▢

ⓦ=감아코

배색 { ▨=차콜그레이
       ▧=황록색 계열 그러데이션 }

재료
실…데오리야 모크 울 B 연두색(18) 505g, 초록색
(17) 155g
단추…지름 23mm×7개

도구
대바늘 8호·6호

완성 크기
가슴둘레 117cm, 기장 67.5cm, 화장 78.5cm

게이지(10×10cm)
메리야스뜨기 17코×25.5단, 무늬뜨기 20코×
24단, 줄무늬 무늬뜨기 17코×35단

POINT
● 요크·몸판·소매…요크는 별도 사슬로 기초코
를 만들어 뜨기 시작하고 무늬뜨기, 줄무늬 무늬
뜨기로 뜹니다. 분산 늘림코는 도안을 참고하세요.
뒤판의 앞뒤 단차를 뜨면 앞뒤 몸판을 이어서 메

리야스뜨기, 가터뜨기, 1코 돌려 고무뜨기로 뜨는
데, 가터뜨기의 1단에서 미리 떠두었던 주머니의
쉼코를 겹쳐서 줍습니다. 뜨개 끝은 1코 돌려 고
무뜨기 코막음을 합니다. 소매는 요크와 몸판에서
코를 주워 메리야스뜨기, 줄무늬 무늬뜨기, 가터
뜨기, 1코 돌려 고무뜨기로 원형뜨기합니다. 소매
밑선의 줄임코는 도안을 참고하세요. 뜨개 끝은 밑
단과 같은 방법으로 합니다.
● 마무리…앞단은 지정 콧수를 주워 1코 돌려 고
무뜨기로 뜹니다. 오른쪽 앞단에는 단춧구멍을 만
듭니다. 뜨개 끝은 앞단과 같은 코를 떠서 덮어씌
워 코막음합니다. 목둘레는 기초코의 사슬을 풀어
코를 줍고, 분산 줄임코를 하면서 가터뜨기, 1코
돌려 고무뜨기로 뜹니다. 뜨개 끝은 밑단과 같은
방법으로 합니다. 단추를 달아 완성합니다.

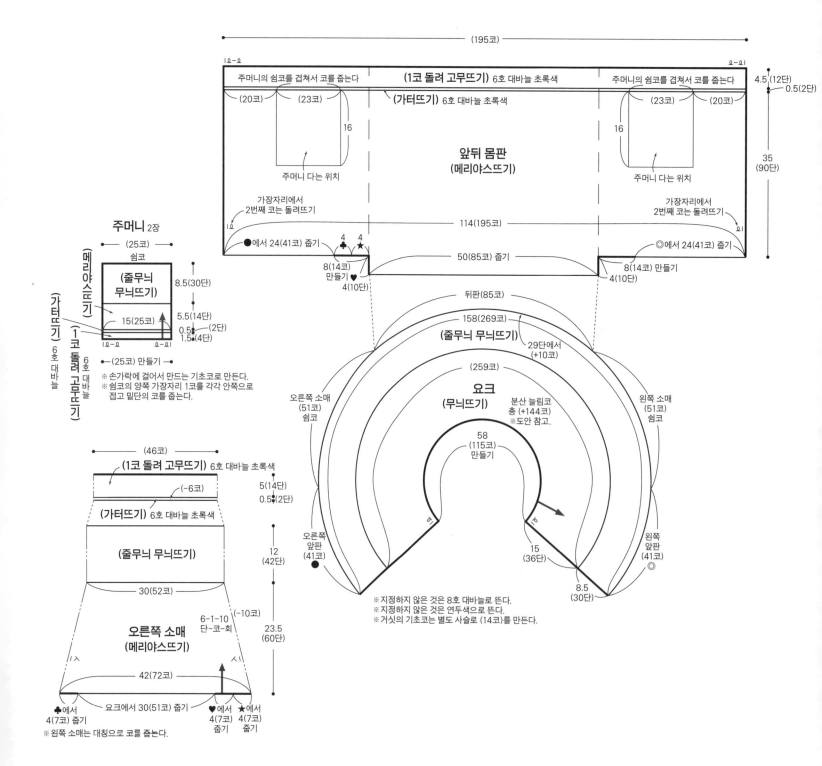

196

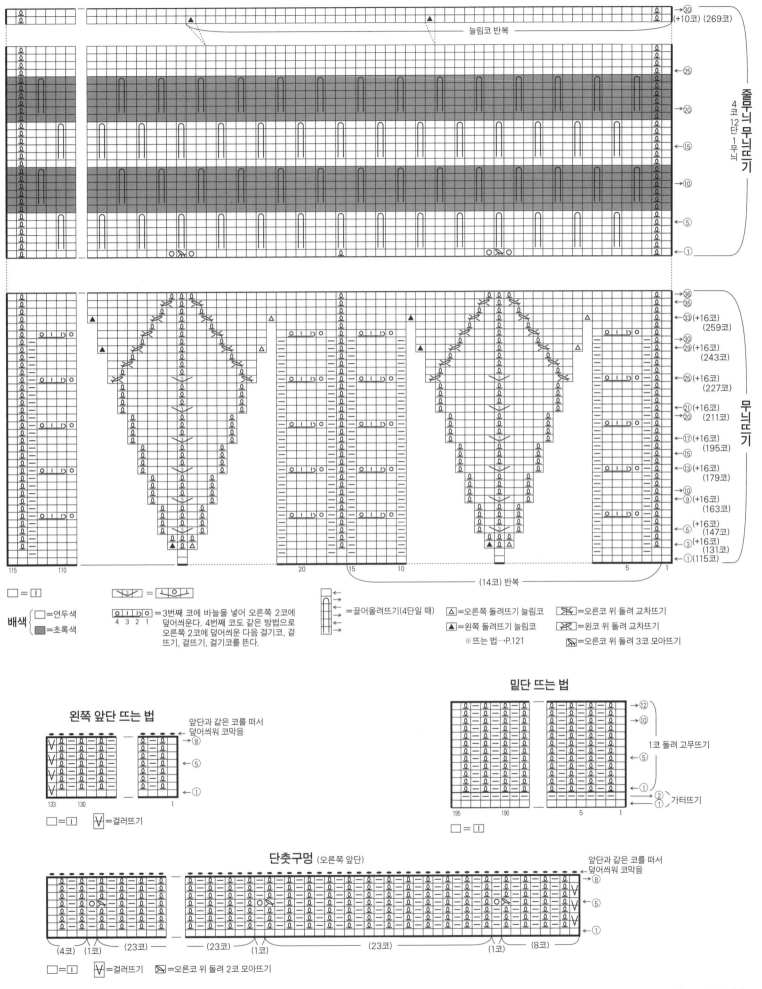

요크의 분산 늘림코

늘림코 반복

(+10코) (269코)

줄무늬 무늬뜨기
4코
12단
1무늬

무늬뜨기

(14코) 반복

□=□

배색 { □=연두색 □=초록색 }

=3번째 코에 바늘을 넣어 오른쪽 2코에 덮어씌운다. 4번째 코도 같은 방법으로 오른쪽 2코에 덮어씌운 다음 걸기코, 겉뜨기, 겉뜨기, 걸기코를 뜬다.

=끌어올려뜨기(4단일 때)

△=오른쪽 돌려뜨기 늘림코
▲=왼쪽 돌려뜨기 늘림코
※뜨는 법→P.121

=오른코 위 돌려 교차뜨기
=왼코 위 돌려 교차뜨기
=오른코 위 돌려 3코 모아뜨기

왼쪽 앞단 뜨는 법

앞단과 같은 코를 떠서 덮어씌워 코막음

□=□   V=걸러뜨기

밑단 뜨는 법

1코 돌려 고무뜨기

가터뜨기

□=□

단춧구멍 (오른쪽 앞단)

앞단과 같은 코를 떠서 덮어씌워 코막음

(4코) (1코) (23코) (23코) (1코) (23코) (1코) (8코)

□=□   V=걸러뜨기   =오른코 위 돌려 2코 모아뜨기

198페이지로 이어집니다. ▶

▶ 197페이지에서 이어집니다.

주머니 뜨는 법

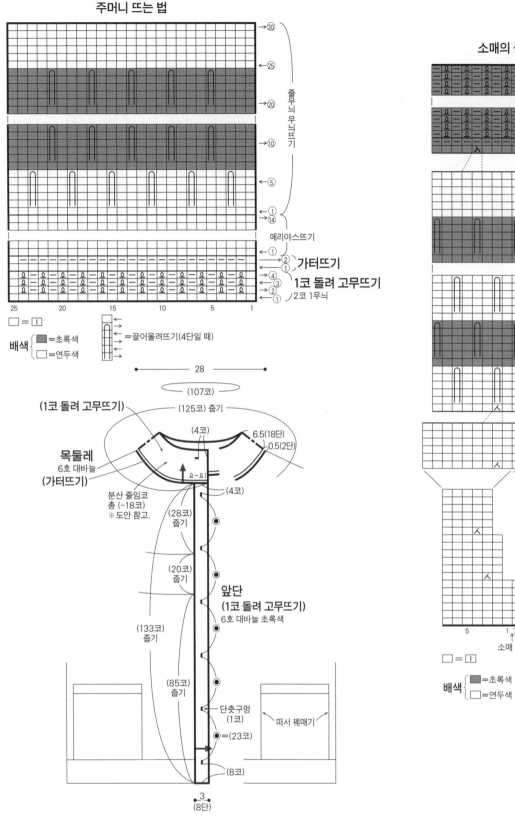

줄무늬 무늬뜨기

메리야스뜨기

→① ←②←① } 가터뜨기
→④←③→②←① } 1코 돌려 고무뜨기
→① } 2코 1무늬

25 20 15 10 5 1

□ = ①
배색 ■=초록색
      □=연두색

28
(107코)

(1코 돌려 고무뜨기)
(125코) 줍기

목둘레
6호 대바늘
(가터뜨기)

6.5(18단)
0.5(2단)
(4코)

분산 줄임코
총 (-18코)
※도안 참고.

(28코) 줍기
(20코) 줍기
(133코) 줍기
(85코) 줍기

앞단
(1코 돌려 고무뜨기)
6호 대바늘 초록색

단춧구멍
(1코)

●=(23코)

떠서 꿰매기

(8코)

3
(8단)

소매의 줄임코

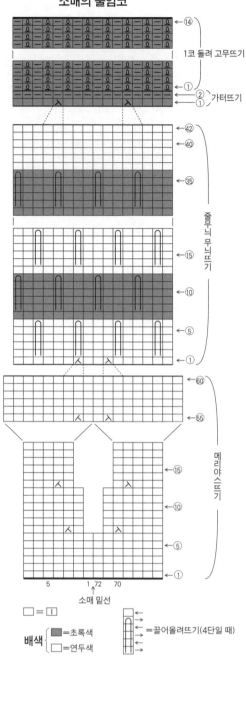

1코 돌려 고무뜨기

가터뜨기

줄무늬 무늬뜨기

메리야스뜨기

5   1 72 70
소매 밑선

□ = ①
배색 ■=초록색
      □=연두색

=끌어올려뜨기(4단일 때)

목둘레의 분산 줄임코와 단춧구멍

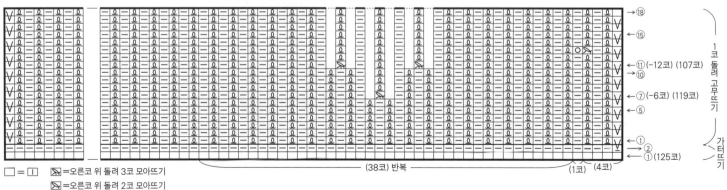

→⑱
←⑮
←⑪ (-12코) (107코)
→⑩
←⑦ (-6코) (119코)
←⑤
→①←②←①(125코)

1코 돌려 고무뜨기
가터뜨기

□ = ①
☒=오른코 위 돌려 3코 모아뜨기
☒=오른코 위 돌려 2코 모아뜨기

(38코) 반복
(1코) (4코)

에어리 라쿤

카펠리니

재료
실…K's K 에어리 라쿤 베이지(2) 345g 1볼, 카펠
리니 핑크(975) 15g 1볼, 남색(985) 10g 1볼
스냅 단추…지름 14mm×1쌍
플라워용 와이어(No.26)…12cm×5개

도구
대바늘 12호, 코바늘 3/0호

완성 크기
가슴둘레 104cm, 기장 50cm, 화장 54.5cm

게이지(10×10cm)
무늬뜨기 11코×18.5단

POINT
● 몸판·소매…몸판은 별도의 사슬코로 뜨기 시

작해 가터뜨기, 무늬뜨기로 뜹니다. 늘림코는 1코
안쪽에서 돌려뜨기로 늘림코합니다. 앞목둘레선
의 줄임코는 도안을 참고하세요. 앞섶에 이어 뒤목
둘레, 리본을 뜹니다. 밑단은 시작코의 사슬을 풀
어 안면에서 덮어씌워 코막음합니다. 어깨는 덮어
씌워 잇기를 합니다. 소매는 몸판에서 코를 주워
무늬뜨기와 가터뜨기로 뜹니다. 마지막은 안면에
서 덮어씌워 코막음합니다.
● 마무리…옆선·소매 밑선은 떠서 꿰매기를 합니
다. 뒤목둘레는 코와 단 잇기로 몸판과 합칩니다.
끈, 리본 장식, 꽃을 뜨고 마무리하는 법을 참고해
몸판에 붙입니다. 스냅 단추를 달아서 완성합니다.

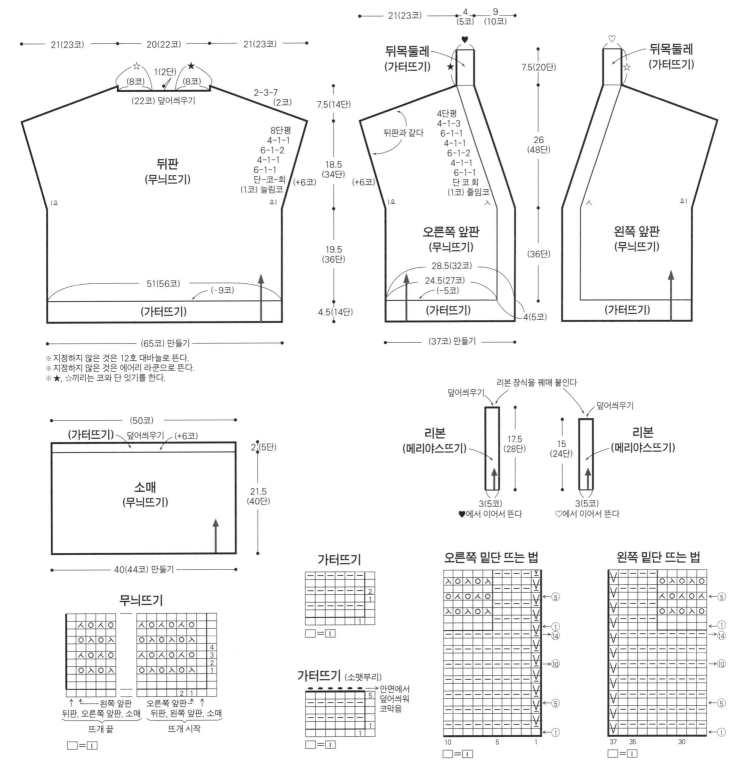

※ 지정하지 않은 것은 12호 대바늘로 뜬다.
※ 지정하지 않은 것은 에어리 라쿤으로 뜬다.
※ ★, ☆끼리는 코와 단 잇기를 한다.

200페이지로 이어집니다. ▶

▶ 199페이지에서 이어집니다.

어깨 경사와 뒤목둘레선 뜨는 법

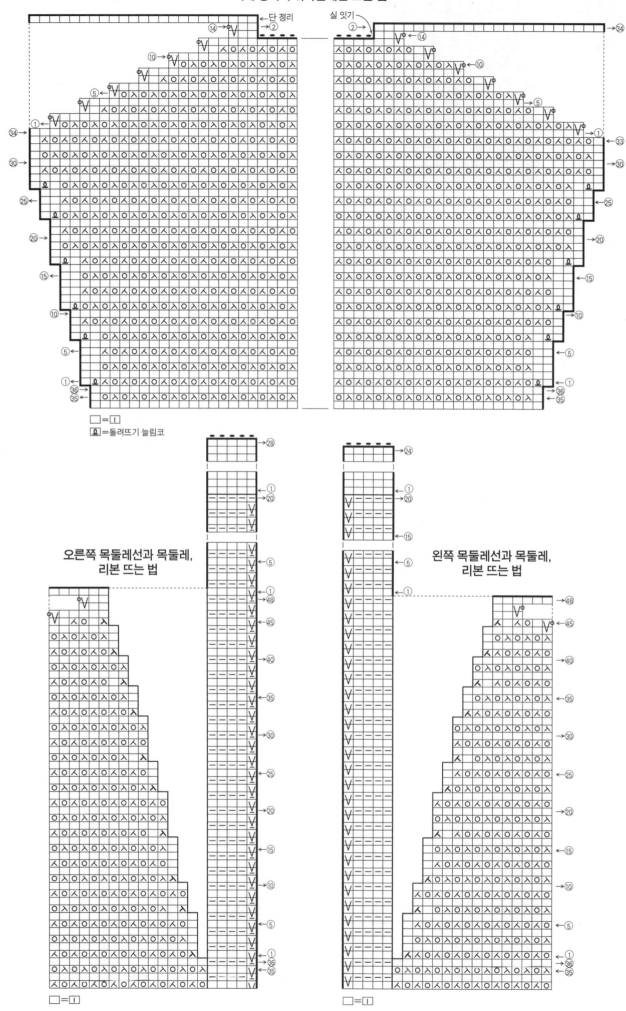

□=□
🐾=돌려뜨기 늘림코

오른쪽 목둘레선과 목둘레,
리본 뜨는 법

왼쪽 목둘레선과 목둘레,
리본 뜨는 법

□=□

□=□

리본 장식 3/0호 코바늘

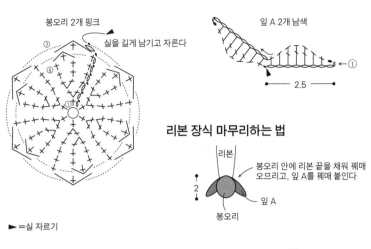

봉오리 2개 핑크
⑦ ⑥ ⑪
실을 길게 남기고 자른다 ▶

잎 A 2개 남색
← ①
— 2.5 —

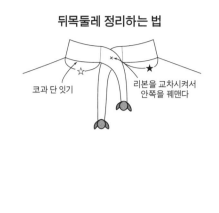

뒤목둘레 정리하는 법

☆ 코과 단 잇기 × ★ 리본을 교차시켜서 안쪽을 꿰맨다

리본 장식 마무리하는 법

리본
2
봉오리 안에 리본 끝을 채워 꿰매 오므리고, 잎 A를 꿰매 붙인다
잎 A
봉오리

▶=실 자르기

꽃 3/0호 코바늘

잎 B 10개 남색
뿌리쪽 ② ① 잎끝
2.5
— 5.5 —

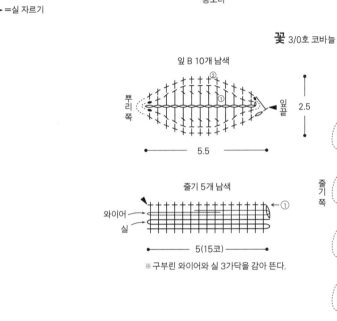

줄기 5개 남색
← ①
와이어 실
— 5(15코) —
※ 구부린 와이어와 실 3가닥을 감아 뜬다.

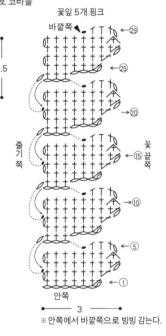

꽃잎 5개 핑크
바깥쪽 ← ㉙
← ㉕
→ ⑳
줄기쪽 꽃끝쪽 → ⑮
→ ⑩
← ⑤
← ①
안쪽
— 3 —
※ 안쪽에서 바깥쪽으로 빙빙 감는다.

꽃 마무리하는 법

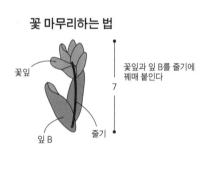

꽃잎
7
꽃잎과 잎 B를 줄기에 꿰매 붙인다
잎 B 줄기

마무리하는 법

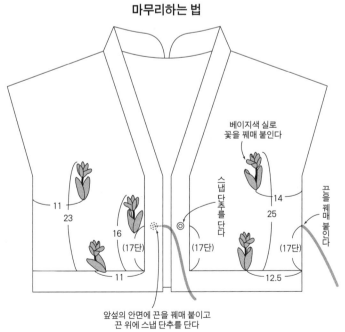

베이지색 실로 꽃을 꿰매 붙인다

11
23
16
(17단)
11
14
25
(17단)
스냅 단추를 단다
(17단)
끈을 꿰매 붙인다
12.5

앞섶의 안면에 끈을 꿰매 붙이고 끈 위에 스냅 단추를 단다

끈 2개 (메리야스뜨기)

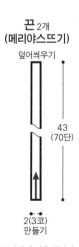

덮어씌우기
43 (70단)
2(3코) 만들기
※ 손가락에 실을 걸어서 기초코를 만든다.

에어리 라쿤

감아코

※ 일본어 사이트

재료
K's K 에어리 라쿤 황토색(3) 330g 7볼

도구
대바늘 13호·11호

완성 크기
가슴둘레 100cm, 기장 49cm, 화장 33cm

게이지
멍석뜨기(10×10cm) 13코×20단, 무늬뜨기 C 18코×20단, 무늬뜨기 A는 1무늬 9코=5cm, 20단=10cm

POINT
● 몸판…별도의 사슬코로 뜨기 시작해 뒤판은 멍석뜨기, 무늬뜨기 A·B, 앞판은 멍석뜨기, 무늬뜨기 A·B·C를 배합해서 뜹니다. 뒤판은 좌우를 나

눠서 뜨고, 지정 단수를 떴으면 좌우를 이어서 뜹니다. 늘림코는 도안을 참고하세요. 줄임코는 2코 이상은 덮어씌우기, 1코는 가장자리 1코를 세우는 줄임코를 합니다.
● 마무리…어깨는 덮어씌워 잇기, 옆선은 떠서 꿰매기를 합니다. 밑단은 시작코의 사슬을 풀어서 코를 줍고, 1코 돌려 고무뜨기로 뜹니다. 마지막은 1코 고무뜨기 코막음합니다. 뒤트임선·목둘레·소맷부리는 지정 콧수를 주워 1코 돌려 고무뜨기로 뜹니다. 마지막은 밑단과 같은 방식으로 합니다. 벨트는 손가락에 실을 걸어서 기초코를 만들어 뜨기 시작해 1코 돌려 고무뜨기로 뜹니다. 마지막은 밑단과 같은 방식으로 하고, 지정 위치에 꿰매 붙입니다.

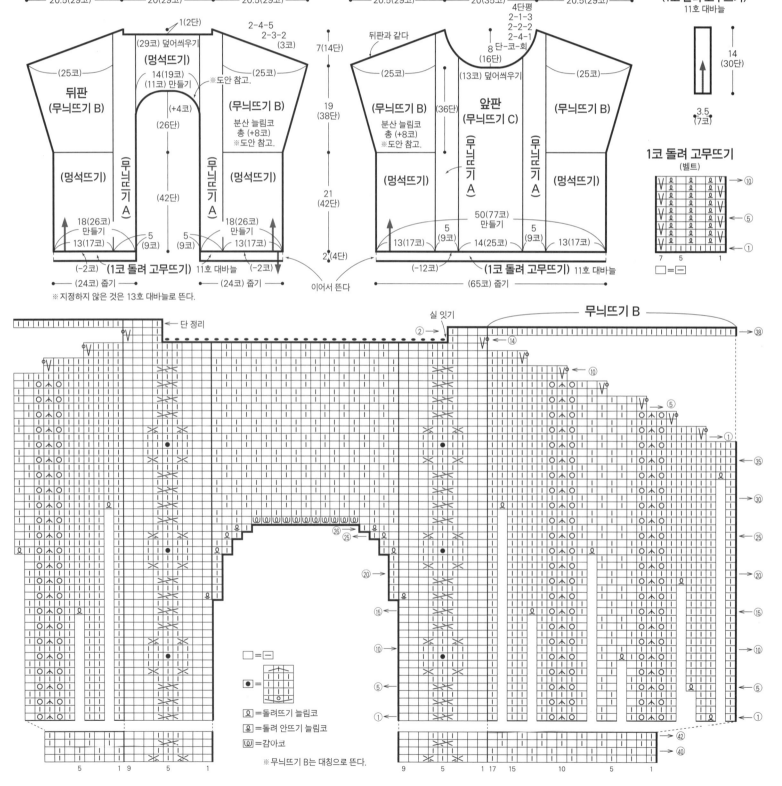

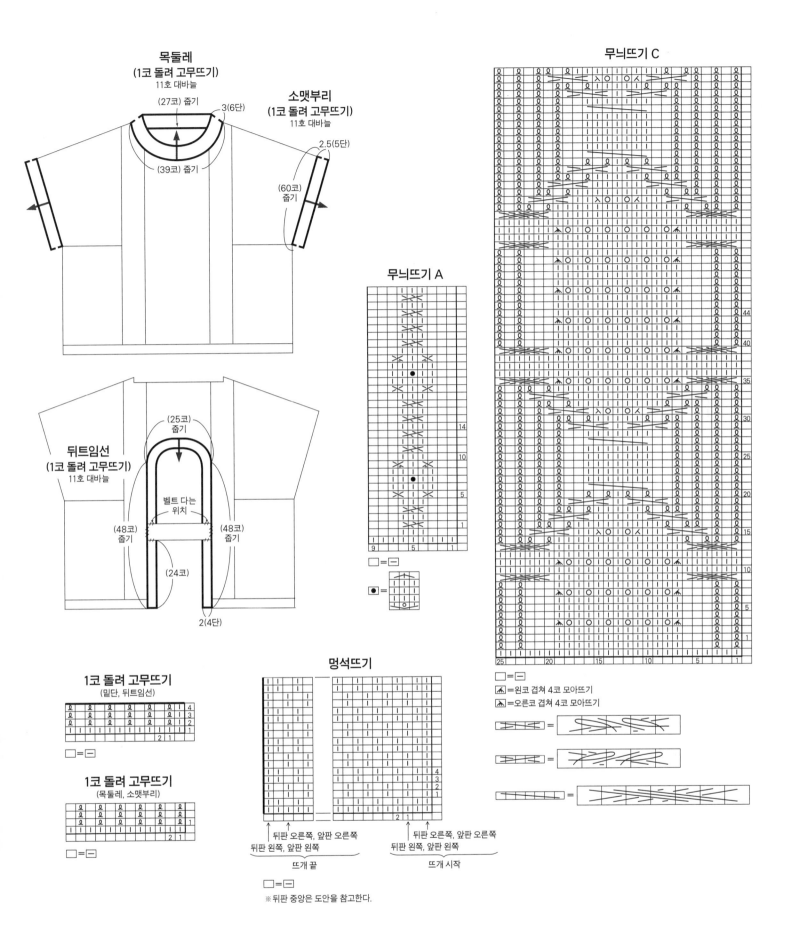

목둘레
(1코 돌려 고무뜨기)
11호 대바늘

(27코) 줍기
3(6단)
(39코) 줍기

소맷부리
(1코 돌려 고무뜨기)
11호 대바늘

2.5(5단)
(60코) 줍기

뒤트임선
(1코 돌려 고무뜨기)
11호 대바늘

(25코) 줍기
벨트 다는 위치
(48코) 줍기 ... (48코) 줍기
(24코)
2(4단)

무늬뜨기 A

□ = ⊟

● = (도안 참고)

무늬뜨기 C

44
40
35
30
25
20
15
10
5
1

25 20 15 10 5 1

□ = ⊟
⊼ = 왼코 겹쳐 4코 모아뜨기
⊼ = 오른코 겹쳐 4코 모아뜨기

1코 돌려 고무뜨기
(밑단, 뒤트임선)

4
3
2
1
2 1

□ = ⊟

1코 돌려 고무뜨기
(목둘레, 소맷부리)

1
2 1

□ = ⊟

멍석뜨기

4
3
2
1
2 1

뒤판 오른쪽, 앞판 오른쪽
뒤판 왼쪽, 앞판 왼쪽
뜨개 끝

뒤판 오른쪽, 앞판 오른쪽
뒤판 왼쪽, 앞판 왼쪽
뜨개 시작

□ = ⊟

※ 뒤판 중앙은 도안을 참고한다.

다이아 타탄

재료
다이아몬드 모사 다이아 타탄 심녹색(3408)
365g 11볼
도구
대바늘 7호·5호
완성 크기
가슴둘레 108cm, 기장 52.5cm, 화장 42.5cm
게이지
무늬뜨기 A·A′ 1무늬 11코=3.5cm, 32단=10cm.
무늬뜨기(10×10cm) B 31.5코×32단, 무늬뜨기 C
26.5코×31.5단
POINT
● 몸판·소매…앞뒤 몸판은 별도의 사슬코로 뜨

기 시작해 무늬뜨기 A·B·A′로 뜹니다. 목둘레의
줄임코는 2코 이상은 덮어씌우기, 1코는 가장자리
1코를 세우는 줄임코를 합니다. 어깨는 덮어씌워
잇기를 합니다. 지정 위치에서 코를 주워 옆선과
소매를 이어서 무늬뜨기 C와 2코 고무뜨기로 뜹
니다. 줄임코는 도안을 참고하세요. 마지막은 2코
고무뜨기 코막음을 합니다.
● 마무리…밑단은 옆선과 기초코 사슬을 푼 코를
주워 2코 고무뜨기를 합니다. 마지막은 소맷부리
와 같은 방식으로 합니다. 옆선은 덮어씌워 잇기,
소매 밑선은 떠서 꿰매기를 합니다. 밑단은 지정
콧수를 주워 2코 고무뜨기로 원형뜨기합니다. 마
무리는 소맷부리와 같은 방식으로 합니다.

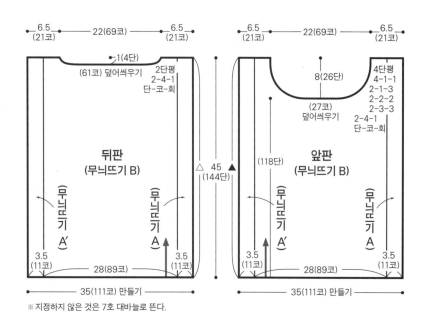

※ 지정하지 않은 것은 7호 대바늘로 뜬다.

2코 고무뜨기

□ = ⊟
ⓦ = 감아코
밑단
소맷부리, 목둘레
뜨개 시작

※ 왼쪽 앞뒤 옆선과 왼쪽 소매는 같은 요령으로 뜬다.

앞목둘레 뜨는 법

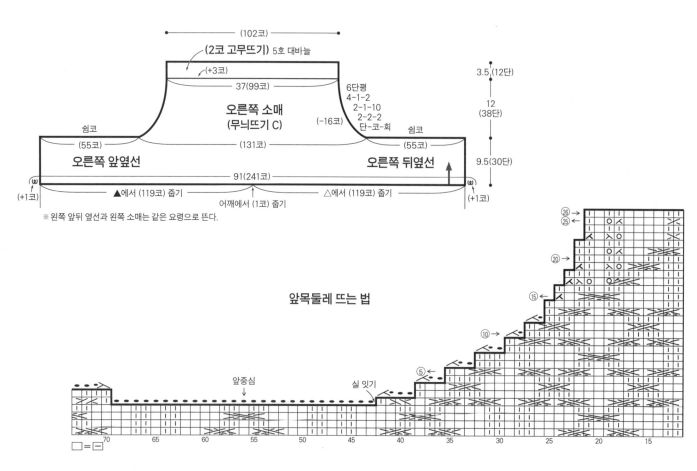

□ = ⊟

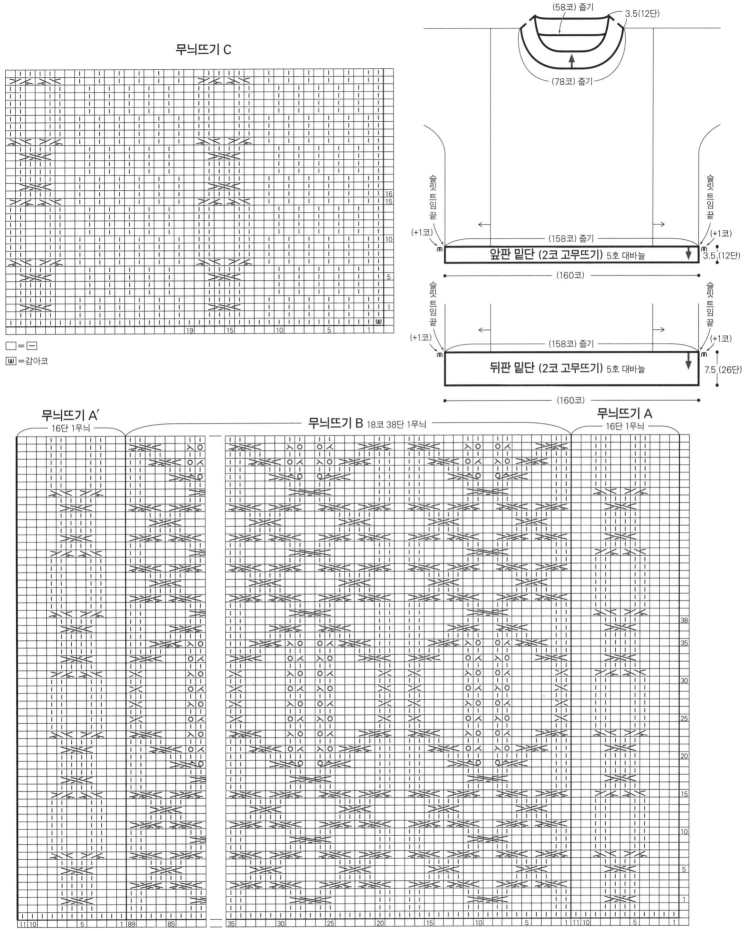

목둘레 (2코 고무뜨기) 5호 대바늘

(58코) 줍기
3.5(12단)
(78코) 줍기

슬릿 트임 끝
(+1코)

(158코) 줍기

앞판 밑단 (2코 고무뜨기) 5호 대바늘
3.5(12단)

(160코)

슬릿 트임 끝
(+1코)

(158코) 줍기

뒤판 밑단 (2코 고무뜨기) 5호 대바늘
7.5(26단)

(160코)

무늬뜨기 C

□ = −

ⓦ = 감아코

무늬뜨기 A′
16단 1무늬

무늬뜨기 B 18코 38단 1무늬

무늬뜨기 A
16단 1무늬

□ = −

= 1·2 코를 꽈배기바늘로 옮겨 뒤쪽에 두고, 1·2 코를 왼코 겹쳐 2코 모아뜨기, 걸기코를 한다.

= 1·2 코를 꽈배기바늘에 옮겨 앞쪽에 두고, 걸기코, 3·4 코를 오른코 겹쳐 2코 모아뜨기, 1·2의 코를 겉뜨기로 뜬다.

= 오른코 위 2코 교차뜨기(중앙에 안뜨기 1코 넣기)

206페이지로 이어집니다. ▶

▶ 205페이지에서 이어집니다.

소매 밑선 뜨는 법

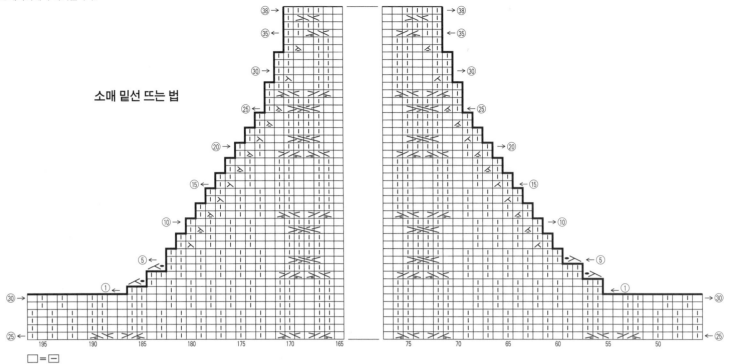

□ = ─

셰헤라자드

스타메

스이돈 강좌
109 page ★★★

재료
리치 모어 셰헤라자드 검은색·오렌지색·녹색 계열 그러데이션(8) 140g 3볼, 스타메 검은색(19) 60g 2볼

도구
아미무메모(6.5mm)

완성 크기
가슴둘레 112cm, 기장 50cm, 화장 31cm

게이지(10×10cm)
메리야스뜨기 13.5코×19단

POINT
● 몸판…1코 고무뜨기 기초코로 뜨기 시작해

1코 고무뜨기, 메리야스뜨기로 뜹니다. 목둘레는 2코 이상은 되돌아뜨기, 1코는 줄임코를 하며 뜹니다. 어깨는 되돌아뜨기로 뜹니다. 되돌아뜨기는 110페이지를 참고하세요.
● 마무리…목둘레·소맷부리는 몸판과 같은 방식으로 뜨기 시작해 1코 고무뜨기로 뜹니다. 오른쪽 어깨는 기계 잇기를 합니다. 목둘레는 기계 잇기로 몸판과 합칩니다. 왼쪽 어깨를 기계 잇기 합니다. 소맷부리는 기계 잇기로 몸판과 합칩니다. 옆선, 소맷부리 아래, 목둘레 옆선은 떠서 꿰매기를 합니다.

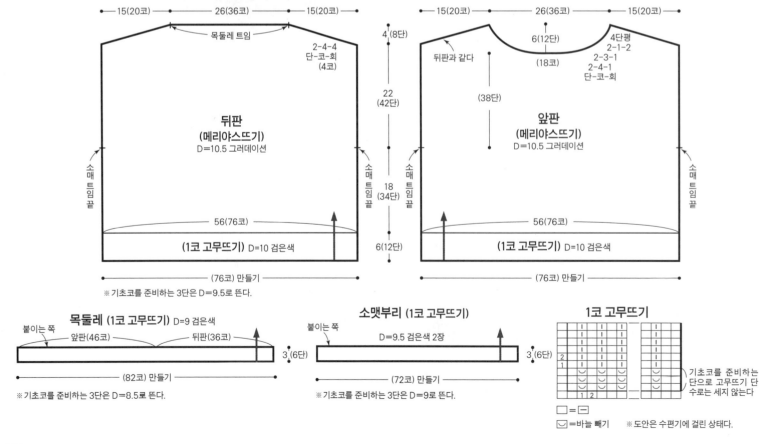

재료
다이아몬드 모사 다이아 타스마니안 메리노 에크
뤼(702) 300g 8볼, 다이아 라벤나 보라색 계열 믹
스(1507) 50g 2볼

도구
아미무메모(6.5mm), 코바늘 3/0호

완성 크기
가슴둘레 94cm, 기장 54cm, 화장 65cm

게이지(10×10cm)
메리야스뜨기 23.5코×30단(D=6), 안메리야스뜨
기 20.5코×27단

POINT
● 몸판·소매·옆선…몸판은 버림실뜨기로 뜨기
시작합니다. 밑단은 메리야스뜨기로 12단을 떴으
면 뜨기 시작한 쪽의 실을 바늘에 걸고 2겹으로

만듭니다. 이어서 메리야스뜨기로 뜹니다. 목둘레
는 2코 이상은 되돌아뜨기, 1코는 줄임코를 하면
서 뜹니다. 어깨는 되돌아뜨기로 뜹니다. 되돌아뜨
기는 110페이지를 참고하세요. 소매는 1코 바늘
빼기 기초코로 뜨기 시작해 테두리뜨기 A, 메리야
스뜨기로 뜹니다. 소매 밑선은 늘림코를 합니다.
옆선은 되돌아뜨기하면서 안메리야스뜨기로 뜹니
다. 옆선 밑단은 테두리뜨기 B를 떠서 정리합니다.
● 마무리…목둘레는 버림실뜨기로 뜨기 시작해
메리야스뜨기로 뜹니다. 오른쪽 어깨는 기계 잇기
를 합니다. 목둘레는 기계 잇기로 몸판과 합칩니
다. 왼쪽 어깨를 기계 잇기 합니다. 옆선·소매는 기
계 잇기로 몸판과 합치는데, 옆선 밑단은 몸판과
감칩니다. 소매 밑선, 거싯은 떠서 꿰매기합니다.

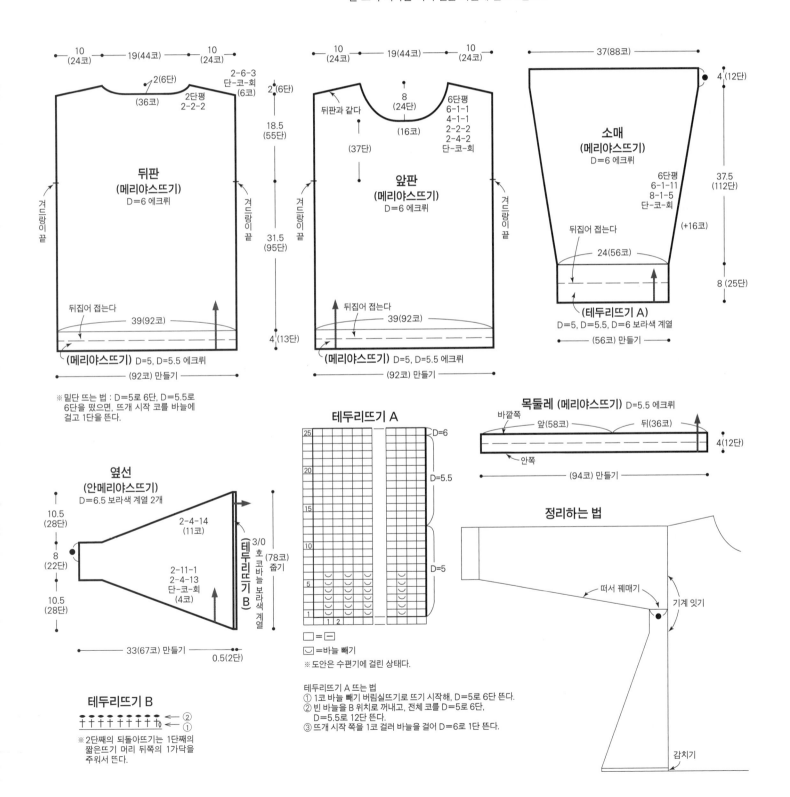

한스미디어의
수예 도서 시리즈

 대바늘 뜨개

**쉽게 배우는
새로운 대바늘 손뜨개의 기초**

일본보그사 저 | 김현영 역 | 16,000 원

**마마랜스의
일상 니트**

이하니 저 | 22,000 원

**니팅테이블의
대바늘 손뜨개 레슨**

이윤지 저 | 18,000 원

**그린도토리의
숲속 동물 손뜨개**

명주현 저 | 18,000 원

52 주의 뜨개 양말

레인 저 | 서효령 역 | 29,800 원

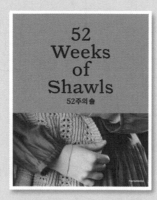

52 주의 숄

레인 저 | 조진경 역 | 33,000 원

**매일 입고 싶은
남자 니트**

일본보그사 저 | 강수현 역 | 14,000 원

**M, L, XL 사이즈로 뜨는
남자 니트**

리틀 버드 저 | 배혜영 역 | 13,000 원

유러피안 클래식 손뜨개

표도 요시코 저 | 배혜영 역 | 15,000 원

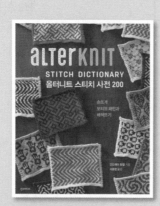

올터니트 스티치 사전 200

안드레아 랑겔 저 | 서효령 역
18,000 원

**쿠튀르 니트
대바늘 손뜨개 패턴집 260**

시다 히토미 저 | 남궁가윤 역
18,000 원

대바늘 비침무늬 패턴집 280

일본보그사 저 | 남궁가윤 역
20,000 원

🧶 코바늘 뜨개

대바늘 아란무늬 패턴집 110
일본보그사 저 | 남궁가윤 역
18,000 원

쿠튀르 니트
대바늘 니트 패턴집 250
시다 히토미 저 | 남궁가윤 역
20,000 원

쉽게 배우는
새로운 코바늘 손뜨개의 기초
일본보그사 저 | 김현영 역 | 16,000 원

쉽게 배우는
새로운 코바늘 손뜨개의 기초
[실전편 : 귀여운 니트 소품 77]
일본보그사 저 | 이은정 역 | 15,000 원

매일매일 뜨개 가방
최미희 저 | 20,000 원

손뜨개꽃길의
사계절 코바늘 플라워
박경조 저 | 22,000 원

쉽게 배우는
모티브 뜨기의 기초
일본보그사 저 | 강수현 역 | 13,800 원

실을 끊지 않는
코바늘 연속 모티브 패턴집
일본보그사 저 | 강수현 역 | 16,500 원

실을 끊지 않는
코바늘 연속 모티브 패턴집 II
일본보그사 저 | 강수현 역 | 18,000 원

쉽게 배우는
코바늘 손뜨개 무늬 123
일본보그사 저 | 배혜영 역 | 15,000 원

대바늘과 코바늘로 뜨는
겨울 손뜨개 가방
아사히신문출판 저 | 강수현 역
13,000 원

광고 문의 070-4678-7118

털실타래 Vol.5 2023년 가을호

1판 1쇄 인쇄 2023년 9월 13일
1판 1쇄 발행 2023년 9월 21일

지은이 (주)일본보그사
옮긴이 김보미, 김수연, 남가영, 배혜영
펴낸이 김기옥

실용본부장 박재성
편집 실용2팀 이나리, 장윤선
마케터 이지수
판매 전략 김선주
지원 고광현, 김형식, 임민진

한국어판 기사 취재 정인경(inn스튜디오)
한국어판 사진 촬영 김태훈(TH studio)
취재 협력 낙양모사, 콘텐츠그룹 재주상회, 코와코이로이로

본문 디자인 푸른나무디자인
표지 디자인 형태와내용사이
인쇄·제본 민언프린텍

펴낸곳 한스미디어(한즈미디어(주))
주소 121-839 서울시 마포구 양화로 11길 13(서교동, 강원빌딩 5층)
전화 02-707-0337 | **팩스** 02-707-0198 | **홈페이지** www.hansmedia.com
출판신고번호 제 313-2003-227호 | **신고일자** 2003년 6월 25일

ISBN 979-11-6007-963-0 13590

책값은 뒤표지에 있습니다.
잘못 만들어진 책은 구입하신 서점에서 교환해드립니다.